互联网+时代的教育信息化理论发展丛书　　主编　胡钦太

本丛书系教育部－中国移动科研基金“教育信息化理论研究”项目（MCM20121011）成果

引领与推动：教育信息化绩效评价

Yinling yu Tuidong

谢幼如　郑云翔　宋灵青　等著

高等教育出版社·北京

图书在版编目(CIP)数据

引领与推动:教育信息化绩效评价/谢幼如等著. --
北京:高等教育出版社,2016.7
(互联网+时代的教育信息化理论发展丛书/胡钦太
主编)
ISBN 978-7-04-044712-5

Ⅰ.①引… Ⅱ.①谢… Ⅲ.①教育工作-信息化-研
究-中国 Ⅳ.①G52

中国版本图书馆CIP数据核字(2016)第018986号

策划编辑 王玉衡　责任编辑 王玉衡　封面设计 张 志　版式设计 童 丹
插图绘制 黄建英　责任校对 胡美萍　责任印制 耿 轩

出版发行	高等教育出版社	网　　址	http://www.hep.edu.cn
社　　址	北京市西城区德外大街4号		http://www.hep.com.cn
邮政编码	100120	网上订购	http://www.hepmall.com.cn
印　　刷	大厂益利印刷有限公司		http://www.hepmall.com
开　　本	787mm×1092mm 1/16		http://www.hepmall.cn
印　　张	17		
字　　数	290千字	版　　次	2016年7月第1版
购书热线	010-58581118	印　　次	2016年7月第1次印刷
咨询电话	400-810-0598	定　　价	42.00元

本书如有缺页、倒页、脱页等质量问题,请到所购图书销售部门联系调换

物 料 号　44712-00

总　序

科学技术创新在推动社会发展的同时，也推动着教育的变革。信息技术作为一种基础性、变革性的技术，改变了人类知识创造与传播的方式，改变了整个教育生态，影响着教育的理念、模式以及走向。信息技术在教育中的广泛渗透与应用，将促进人类教育的第三次革命。

教育信息化是教育在信息时代发展与转型的过程，是教育体系发生深层变革的过程。教育信息化既是我国当前教育发展路径的战略选择，也是学校传统教育变革的实践领域，更是当代教育与学习科学研究需要解决的重大课题。

教育信息化作为一个研究领域，需要从宏观、中观、微观多个层次、多个角度去开展研究。在宏观层面，需要解决政府的发展政策、发展路径、资源配置等问题；在中观层面，需要解决如何应用信息技术促进学校的基础性变革，构建信息时代的学校教育教学模式等问题；在微观层面，需要研究学习者在信息技术环境下的认知与学习规律、学习行为，指导并重新设计教学。

“互联网+”战略的提出为教育信息化研究提供了新的思路。在线教育与学校教育的融合，是教育信息化发展的新趋势。“互联网+”教育发展战略的核心是应用互联网的创新思维、创新成果与教育教学的本质规律相结合，形成对教育政策、机制体制、学校、课程与教学等因素的重新定位与思考，探索应用互联网思维改造传统教育的方法与途径。

2012年，教育部-中移动科研基金启动了教育信息化的专项研究课题，本人有幸作为主持人，负责“教育信息化理论研究（编号：MCM20121011）“课题的研究。其目标是针对”如何构建与应用教育信息化理论，指导和促进中国教育信息化良性发展”这一重大问题，围绕教育信息化的理论框架、发展战略、绩效评价体系、标准体系、学校实践等领域开展系列研究，形成教育信息化的系统理论、方法与实践模式，指导我国教育信息化的实践与创新。

本套丛书是该研究课题成果的梳理与总结，是整个课题组共同努力的结果。丛书围绕着“信息技术对教育具有革命性影响”这一命题，既论述了“互联网+”时代教育信息化发展的基本理论、发展战略、技术规范与绩效评价，又论述了智慧校园、电子书包、信息化环境建设与应用；同时论述了资源建设、新型教育教学模式等内容。丛书由课题的子课题负责人参与撰写。

本课题在研究过程中得到了教育部科技司，课题研究合作单位清华大学、北京大学、中山大学、西北师范大学相关学者、教授的支持，在此一并表示感谢！

胡钦太

2015年10月28日

目　录

第一章
教育信息化绩效评价概述

教育信息化建设的根本目标在于支撑和引领教育改革与发展,从而带动教育现代化的实现。立足于教育信息化建设的总体目标和价值追求,开展教育信息化绩效评价,是促进教育信息化可持续发展的关键。近年来,我国教育信息化在基础设施、平台环境、软件资源、教育应用、人才队伍等各方面都取得了实质性的进展。随着“互联网+”时代的到来,教育信息化进程的不断深入,教育信息化建设中的高投入与低产出日益成为焦点矛盾。如何对我国教育信息化建设过程中的投入与产出进行绩效评价,找出制约教育信息化发展的关键因素,破解应用难题,提高应用效益,从而引导、监督和推动我国教育信息化的可持续发展,已成为目前我国教育信息化研究的重要问题。

第一节　教育信息化绩效评价的定义

教育信息化的绩效评价是推动和引领教育信息化发展的关键。那么,教育信息化绩效评价的内涵究竟是什么?

一、教育信息化

1. 教育信息化的定义

20 世纪 60 年代,“信息化”(Informationization)一词开始出现在日本的一些学术文献中,当时的研究主要是从产业角度对“信息化”这一概念进行阐述和界定。随着科学技术的迅速发展,信息技术开始不断地渗透到人类社会生活的各个领域,改变着人们的生活方式、生产方式以及思维方式,使人类迈入了信息化时代。在这个时代,信息化的影响力延伸到了教育领域,20 世纪90 年代,由于美国“信息高速公路”(Information Superhighway)的提出产生了教育信息化的概念,信息技术在教育中的应用成为推动 21 世纪教育改革的重要途径①。

① 吴琼.四川省中小学教育信息化现状及评价指标体系研究[D].成都:四川师范大学,2005.

目前,教育信息化一词已在我国普遍使用,但是对于这一概念的内涵尚未形成统一的观点。

针对教育信息化,不同研究者都提出了自己的观点。南国农教授认为教育信息化是在教育中普遍运用现代信息技术,开发教育资源,优化教育过程,以培养和提高学生的信息素养,促进教育现代化的过程(南国农,2002)。李克东教授认为教育信息化是在教育与教学领域的各个方面,积极开发并充分应用信息技术与信息资源,培养适应信息社会需求的人才,以推动教育现代化进程(李克东,2004)。祝智庭教授认为教育信息化是在教育领域广泛而深入地应用现代信息技术,促进教育变革与发展的过程,其结果必然形成一种全新的教育形态——信息化教育(祝智庭,2002)。黄荣怀教授也认为教育信息化是在教育领域中全面深入地运用现代信息技术来促进教育改革与教育发展的过程(黄荣怀,2002)。黎加厚教授认为教育信息化是以现代信息技术为基础的新教育体系,包括教育观念、教育组织、教育内容、教育模式、教育技术、教育评价、教育环境等一系列的改革与变化(黎加厚,2002)。

教育部 2007 年底下发教政法厅函[2007]66 号文件,启动了教育部教育改革和发展战略与政策研究重大课题——“教育信息化建设与应用研究”的研究工作。课题组从教育战略上定位教育信息化,指出:“教育信息化是在教育领域充分利用信息技术,开发利用信息资源,促进信息交流和知识共享,促进教育现代化的过程。”①

2. 教育信息化的内涵

何克抗教授认为,“教育信息化”的基本内涵是指“信息与信息技术在教育、教学领域和教育、教学部门的普遍应用与推广”②。关于教育信息化的这一内涵,应当把握以下三点:

(1) 教育信息化是信息与信息技术这两个方面在教育、教学中的应用与推广,而非仅仅指信息技术这一个方面在教育、教学中的应用与推广。

(2) 信息与信息技术在教育、教学中的应用与推广涉及教育、教学领域和教育、教学部门这两大范畴(前者侧重教育、教学的应用,后者侧重教育行政管理与教学管理的应用);而非仅仅涉及教育、教学领域或者教育、教学部门一个范畴。

---

① 教育信息化建设与应用研究课题组.我国教育信息化建设与应用现状调研与战略研究报告[M].北京:高等教育出版社,2010:30.

② 何克抗.我国教育信息化理论研究新进展[J].中国电化教育,2011(1):1-19.

(3) 教学活动是具有一定时空限制、一定组织形式并有教师参与的特定教育活动,教学是最重要也是最普遍的一种教育形式。教育信息化在强调将信息与信息技术在整个教育领域和教育部门中应用与推广的同时,必须把重点放在教学领域(教学过程、教学资源、教学评价等)的应用与推广上。不抓住这个重点,教育信息化就会本末倒置,就会迷失方向,就不可能取得显著成效。

3. 教育信息化的基本内容

国家信息化体系框架包括信息资源、国家信息网络、信息技术应用、信息技术与产业、信息化人才、信息化政策法规和标准六个方面。国家信息化体系框架的内容可作为界定教育信息化基本内容的依据。《我国教育信息化建设与应用现状调研与战略研究报告》在对我国教育信息化发展状况的基本分析中突出体现了五个方面:基础设施、资源建设、关键应用、信息化人才培养、管理及政策机制。《国家中长期教育改革和发展规划纲要(2010—2020 年)》中关于教育信息化突出了基础设施、资源开发与应用、教育管理信息系统三个方面。

《教育信息化十年发展规划(2011—2020 年)》编写组组长、华中师范大学校长杨宗凯教授,对我国教育信息化未来十年的发展方向做过清晰的梳理,指出教育信息化行动应包括以下几方面:

(1) 教育信息化基础建设行动:超前部署教育信息网络;国家教育卫星宽带传输网络建设;国家教育云基础平台建设;开放大学信息化支撑平台建设。

(2) 国家教育管理信息系统建设行动:建立国家级教育管理基础数据库和信息系统;推动地方政府建立教育管理基础数据库和信息系统;推动学校管理信息系统的建设与应用;实现系统整合与数据共享。

(3) 优质数字教育资源建设与共享行动:建设国家数字教育资源公共服务平台;建设各级各类优质数字教育资源;建立数字教育资源共建共享机制。

(4) 学校信息化能力建设与提升行动:中小学校和中等职业学校标准化建设;高校数字校园建设;教育信息化创新与改革试点。

(5) 教育信息化可持续发展能力建设行动:实施教育技术能力培训;推广应用教育信息化标准;建立教育信息化技术支持和战略研究体系;增强教育信息化后备人才培养能力。

二、绩效评价

1. 绩效

绩效由英文 performance 翻译而来,可以理解为性能、表现、执行、功绩、成绩等,目前对于绩效的定义尚无统一的标准。

关于绩效,心理学认为它是指与内在心理相对的外部行为表现;管理学认为它是组织期望的结果,是组织为实现其目标而关注不同方面的有效输入输出,可分为个人绩效和组织绩效①。

在绩效技术领域中,绩效不仅包括行为过程,同时强调行为的结果。具有“绩效技术之父”之称的美国绩效技术研究奠基人吉尔伯特(Gilbert T F)认为绩效是由行为付出而引发的有价值的成就,具体可用公式表示为:绩效=有价值的成就/付出的行为②。国内学者梁林梅认为绩效是与企业组织目标及价值追求一致的成就和业绩,是一种可测量的行为结果,与组织的总体目标与主流价值相关,是组织中投入和产出关系的体现③。

绩效包括“行为”和“价值”两个方面的含义。行为是人们做某事并且完成某事的成本或代价,是为了达到成就而付出的努力。然而,并非所有的行为都可以进行绩效的分析或评价,只有那些与组织目标或价值有关的行为才适合做绩效分析或评价,忙碌的工作不一定是有价值的工作,辛勤的劳动可能成效甚微,也可能适得其反。在绩效的理念中,只能用业绩来衡量工作行为。价值是绩效概念的基本属性之一,是效益,是期望的成效或有价值的结果。所谓有价值是指工作行为必须取得组织系统所期望的、符合组织发展总体目标要求的成效。作为“行为”与“价值”的统一体,绩效关注的是行为所产生的有价值的“输出”,即工作业绩。

综合上述观点,本书中的绩效指与组织总体目标及价值追求相一致的行为倾向和业绩成就。绩效是与组织相连的,与组织总体目标和主流价值观相关;绩效是组织中投入产出关系的体现;绩效具有可测量性;绩效与行为相关,但并不是所有的行为都可以进行绩效分析或评价,只有那些与目标或价值有关的行为才适合做绩效分析或评价。

2. 绩效评价

“绩效评价”(Performance Evaluation)又可以翻译为 performance review、performance appraisal、performance assessment 等。美国学者韦恩·蒙迪(Mondy R W)和罗伯特·诺埃(Noe R M)等对“绩效评价”的定义是“定期考察和评价个人或小

---

① 王海,解月光,张喜艳等.农村基础教育信息化 EEE 模型的构建与解析[J].中国电化教育,2013(6):39-44.

② Harold D Stolovich,Erica J Keeps,Stolovich H D,Keeps E T.Handbook of human performance technology[M].San Francisco:Jossey-Bass Pfeiffer,1999.

③ 梁林梅.教育技术学视野中的绩效技术研究[D].广州:华南师范大学,2004.

组工作业绩的一种正式制度”。[①] 这个定义倾向组织化、制度化,把绩效评价作为一种制度而不是活动或者过程来考量,把绩效评价上升到一个更高的高度。也有人将工作潜力的考察纳入绩效评价的范围。[②] 企业的信息化绩效评价是指根据统一的标准,建立特定指标体系,运用数理统计、运筹学等方法,按照一定的程序,通过定性定量对比分析,对一定经营期间的管理过程表现和管理效果做出客观、公正和准确的综合评判。[③]

绩效评价是绩效管理系统中最为重要的一个环节。教育信息化绩效评价的一个重要目标就是把绩效观引入信息化软、硬件资源建设和应用的各个领域,通过评价促使教育领域内的管理人员、技术人员、教师很好地对效益意识进行吸收和内化,从而指导行动,使教育信息化的投入产生最大效益。

绩效评价作为组织控制的手段、管理决策的依据、人力资源开发的途径、绩效改进的动力,具有强大的反馈、控制、激励和开发功能。绩效评价在实践中的作用主要体现在以下四个方面[④]。

(1) 计划辅助:组织的管理计划和具体目标的确定要参照多方面的信息,其中就包括组织前一阶段的绩效状况。绩效管理满足了这方面的信息需求,某一阶段的绩效评价结果为下一阶段计划的科学制定提供了基础。

(2) 监控支持:管理工作进入实施阶段后,必须经常对执行情况进行严密的监控,如发现背离计划的情况,就要预测它的可能后果并采取相应的控制措施,绩效评价的结果为实施监控提供了重要的信息来源。

(3) 激励:绩效评价的结果为激励提供了依据,只有掌握了组织在某一阶段的绩效状况,才有可能奖励先进、鞭策后进,不断把组织绩效推向更高层次。

(4) 资源优化配置:在缺乏关于组织经营效果的客观资料的情况下,管理者在分配各种资源时,难免会出现随意性和盲目性,绩效评价有助于科学设定目标,优化资源配置。

三、教育信息化绩效评价的含义

在教育领域,教育信息化系统作为教育的子系统有其特殊的复杂性。教育信息化不仅是一个动态发展的过程,还是一个多投入多产出的过程,其发展

---

① 雷忠.我国高校人才战略绩效评价研究[D].武汉:武汉理工大学,2011.

② 殷雅竹,李艺.论教育绩效评价[J].电化教育研究,2002(9):20-24.

③ 贺湘硕.中小企业信息化绩效评价指标体系研究[J].中国商贸,2010(22):91-92.

④ 祝智庭,尚春光,郭炯.教育技术与教育创新——绩效评价的理论、系统与实践[M].北京:高等教育出版社,2011:31.

过程中存在着许多隐形的、无法分离的、难以测量的绩效。管理学中的“投入产出比”或“成本收益比”无法更好地表征教育信息化绩效。而经济学中的效果、效率和效益代表绩效的不同层面，能够更加全面、准确地衡量绩效，同时照顾到隐性绩效的测量。为此，我们将其引入对教育信息化问题的研究之中①。

有学者认为教育信息化绩效体现了投入与产出的对比关系，它是教育信息化实践活动所产生的、可度量的行为与结果。也有学者认为，针对教育信息化做出绩效评价，就是指运用科学、规范的绩效评价方法，对照统一的评价标准，按照绩效的内在原则，对教育信息化行为的过程及其效果（包括经济、政治和社会效果）进行的科学、客观、公正的衡量、比较和综合评判。②

张喜艳等将教育信息化绩效的内涵概括为教育信息化实践活动所产生的、与信息化投入有对比关系的、可以度量的、对人们有益的结果。她认为，教育信息化绩效是结果和行为的统一，在考察教育信息化的绩效时，既要考虑教育信息化的成效，即目标达成情况，又要考虑目标达成的过程和方法以及教育系统内部各个领域参与人员的行为表现③。

国内不少学者在研究教育领域的绩效时引入了经济学和管理学中的“三效原则”。所谓“三效原则”是指将绩效看成是效果、效率和效益的统一，强调在进行教育信息化绩效评价时，要从教育信息化效果、教育信息化效率和教育信息化效益三方面进行全面、准确、综合的考察。教育信息化效果主要体现在信息化环境建设和信息化应用方面；教育信息化效率主要体现在主体完成教育信息化目标（或取得收益）所占用的时间；教育信息化效益主要体现在教育所培养的人才对社会所产生的利益等。④

基于上述观点，本书中的教育信息化绩效评价就是指对与教育信息化的总体目标与价值追求相一致的行为与业绩成就进行科学、客观、公正的衡量、比较与综合评判的过程，它既关注教育信息化建设、应用的行为过程，又关注教育信息化所产生的效果、效益，同时也要考虑教育信息化发展进程中投入与产出的对比。⑤

---

① 王海，解月光，张喜艳等.农村基础教育信息化 EEE 模型的构建与解析[J].中国电化教育，2013(6)：39-44.

② 邵国良，王满四.基于平衡记分卡的教育信息化绩效评价体系之构建[J].教育导刊，2008(3)：26-29.

③ 张喜艳，解月光，魏俊杰等.教育信息化绩效特征结构解析[J].中国电化教育，2011(8)：24-27.

④ 张喜艳，解月光，魏俊杰等.教育信息化绩效特征结构解析[J].中国电化教育，2011(8)：24-27.

⑤ 谢幼如，常亚洁.绩效导向的教育信息化评价模型的构建[J].中国电化教育，2015(1)：56-61，92.

第二节　教育信息化绩效评价的内容

《教育信息化十年发展规划(2011—2020年)》明确指出了近阶段教育信息化的发展任务与行动计划,信息化环境建设、数字教育资源建设与共享、信息技术与教育深度融合、信息化队伍建设等是当前教育信息化发展的核心内容。因此,教育信息化环境建设与应用、资源建设与应用、信息技术教育应用、人才队伍建设是教育信息化绩效评价的关键领域。

一、教育信息化环境建设绩效评价

信息化环境建设作为教育信息化发展的基础保障和重要任务,其建设成果与应用成效决定着整个教育信息化发展的宏观水平。

教育信息化环境主要有三大类:硬件环境、软件环境和人文环境(即精神环境)。其中,教育信息化硬件环境是指由各种信息化设备、场所和网络等基础设施组成的环境,包括各种计算机、服务器、移动终端、电子阅览室、多媒体教室、教师电子备课教室、语音实验室等硬件设施和场所,以及用于支持师生教学的国家、区域、学校等各级教育网;教育信息化软件环境包括各类工具、网络教学平台(例如学习管理系统)、资源服务平台、管理服务平台(例如教务管理系统、考试质量监控分析系统)等软件系统,也包括为教育教学服务、维持教育教学系统正常运行的各类办公软件、杀毒与安全软件等辅助性软件。

本书在深入分析教育信息化环境内涵的基础上,根据《国家中长期教育改革和发展规划纲要(2010—2020年)》与《教育信息化十年发展规划(2011—2020年)》中对教育信息化环境建设部分的有关论述,借鉴已有的教育信息化环境建设绩效评价成果,主要从信息化硬件环境和信息化软件环境两个维度探讨信息化环境建设的绩效评价。

二、教育信息化资源建设绩效评价

教育信息化资源建设是保证教育信息化持续良性发展的基本条件。

随着网络信息技术及学习理论的不断发展和教育信息化建设整体的逐步推进,教育信息化资源建设的脚步也必须迎头赶上,同步向前发展。教育信息化资源建设是教育信息化建设系统工程中的一个重要组成部分。近年来,国家在深化教育教学改革、推行现代化教学进程中,积极开展并投入了巨大资本进行教育资源的信息化建设,从资源的规划、引进、开发、管理及应用等方面进行了一系列的探索和实践,并取得了一定效果。

本书主要按照教育部教育信息化技术标准委员会发布的《教育资源建设技术规范》(CELTS-41),借鉴已有的教育信息化资源建设绩效评价成果与经验,探讨微课、多媒体课件、优课、专题学习网站、网络课程、精品课程、精品资源共享课、精品视频公开课、专业课程群、虚拟仿真系统、专业资源库等各类信息化教育资源的建设绩效评价,涵盖了学前教育、基础教育、职业教育、高等教育、继续教育等领域的信息化资源建设的绩效评价。

三、信息技术教育应用绩效评价

教育信息化是在教育领域充分利用信息技术,开发利用信息资源,促进信息交流和知识共享,促进教育现代化的过程。① 信息技术在教育教学各个领域中的应用是教育信息化发展的核心动力。

《教育信息化十年发展规划(2011—2020年)》和《我国教育信息化建设与应用现状调研与战略研究报告》均指出,教育信息化主要应用于教育教学、科学研究、教育管理、社会服务四个方面。因此,本书中的信息技术教育应用绩效评价内容主要探讨了信息技术应用于教育教学、信息技术应用于科学研究、信息技术应用于教育管理以及信息技术应用于社会服务四个方面的绩效评价。

四、教育信息化队伍建设绩效评价

人才队伍建设是教育信息化发展的基本保障,也是教育信息化可持续发展的关键。

依据《教育信息化十年发展规划(2011—2020年)》,教育信息化队伍主要涉及教师队伍、专业队伍和管理队伍三个层面。教师队伍是指具有先进教学理念,能有效利用信息技术开展教学的教师,具体建设内容主要包括:建立和完善各级各类教师教育技术能力标准;对各级各类教师实施培训、考核和认证一体化的教师教育技术能力建设;加快全国教师教育网络联盟公共服务平台的建设,开展教师职前、职后相衔接的远程教育与培训。信息化教学能力是教育信息化教师队伍绩效评价的主要衡量指标。专业队伍是指为教师和管理人员提供技术支持与保障服务的专门人员,具体建设内容主要包括:开展各级各

---

① 教育信息化建设与应用研究课题组.我国教育信息化建设与应用现状调研与战略研究报告[M].北京:高等教育出版社,2010:30.

类教育信息化专业人员能力培训,实现教育信息化专业人员信息化能力达标,能有效开展教育信息化系统建设、软件开发、系统运营维护以及技术服务等工作。信息化能力是教育信息化专业技术人员绩效评价的主要指标。管理队伍是指各级各类教育行政部门、专业机构和学校的管理者,具体建设内容主要包括:建立教育行政部门、专业机构和学校管理者的定期培训制度,开展管理人员教育技术能力培训和教育信息化领导力培训,提升信息化规划能力、管理能力和执行能力。信息化领导力是教育信息化管理人员绩效评价的关键指标。

开展教育信息化队伍建设的绩效评价,可检视教育信息化过程中队伍建设存在的问题,进而加强队伍建设,增强信息化应用与服务能力,促进教育信息化可持续发展。目前,培训是我国大幅度提高教育信息化队伍的信息化应用与服务能力的主要途径。因此,本书所研究的教育信息化队伍建设绩效评价主要从培训过程和培训结果两个维度展开。

第二章
国内外教育信息化绩效评价现状与趋势

教育信息化的绩效评价是推动和引领教育信息化发展的关键。本章通过对国内外教育信息化绩效评价研究的现状分析，剖析教育信息化绩效评价的发展趋势，为进一步完善我国教育信息化绩效评价的理论与实践提供借鉴和参考。

第一节　国内教育信息化绩效评价现状

目前我国教育信息化绩效评价研究仍处于探索阶段。一方面，教育信息化绩效评价过程具有复杂性、多元性和动态性的特点，其中隐性的投入与产出不易用量化指标来衡量；另一方面，这一领域的相关研究缺乏较为成熟的理论指导，及合理的测量方法与工具。本节将从教育信息化绩效评价的对象和内容、模型和指标体系、过程和方法、管理和制度四个方面来分析国内教育信息化绩效评价相关研究。

一、教育信息化绩效评价的对象和内容

1. 教育信息化绩效评价的对象

通过文献研究，国内教育信息化绩效评价的对象主要包括学前教育信息化、基础教育信息化、职业教育信息化、高等教育信息化、成人教育信息化、区域教育信息化等。目前我国相关研究较多关注的是基础教育信息化。

杨璐帆①结合幼儿园教育信息化发展现状，构建了幼儿园教育信息化评价指标体系，并在此基础上，选择了灰色多层次综合评价方法来构建幼儿园教育信息化综合评价模型，之后在湖南省长沙市选择了6所不同层次的幼儿园进行应用研究。有研究者基于我国基础教育信息化的发展现状，以解决我国基础教育信息化中出现的问题为研究目标，对我国基础教育信息化绩效评价特

① 杨璐帆.幼儿园教育信息化评价指标体系及综合评价模型构建研究[D].长沙：湖南师范大学，2013.

别是评价中指标体系和评价模型进行了研究[①]。孙祯祥等[②]基于中小学校长信息化领导力评价标准的国内外研究成果，从注重愿景的评价、关注师生发展和环境建设、注重有效的信息化教学、注重对信息化的推动和落实等方面对我国标准的制定提出了建议。张建伟等[③]提出了一个中小学教师的教育信息技术绩效标准，从5个维度规定了教师的教育信息技术水平。李丹艳[④]在分析当前教育信息化评价研究现状的基础上，根据高职教育规律和高职院校特色，建立了绩效评价体系，并建立了基于模糊数据包络分析（DEA，Data Envelope Analyse）的高职院校教育信息化绩效评价模型。王河堂等[⑤]在概括总结了高校信息化发展历程的基础之上，从高校的根本使命（人才培养、科学研究和服务管理）的角度出发，系统性地提出了高校信息化绩效评价体系的架构、评价内容和评价指标，并简要给出了建立评价模型的方法。童夙文[⑥]以经济学、绩效管理学和新公共管理理论为基础，采用综合概括和具体评价相结合的方法，对成人教育学校绩效评价进行了深入研究，综合过程与结果评价的动态平衡，创新地把层次分析法引入成人教育学校绩效评价体系，着力构建了一个科学、可行的成人教育学校绩效评价模式。散国伟等[⑦]从区域层面出发，以襄阳市教育信息化为典型案例，从基础设施、资源与应用、培训和制度保障评价襄阳教育信息化绩效，分析了存在的问题，提出了措施与策略，并预测了教育信息化绩效评价的发展趋势。

综上所述，从国内教育信息化绩效评价的对象分析可知，国内教育信息化绩效评价覆盖面广、具有针对性，不仅达到从学前教育信息化到成人教育信息化的全覆盖，而且对区域教育信息化、中小学校长信息化领导力、中小学教师信息技术应用水平等方面进行了有针对性的绩效评价。然而，纵观不同阶段教育信息化的绩效评价研究，学前教育信息化、职业教育信息化、成人教育信息化的绩效评价研究相对较少，需要进一步深化研究。

---

① 董黎明.基础教育信息化绩效评价研究[D].北京：首都师范大学，2007.

② 孙祯祥.中小学校长信息化领导力评价标准的比较研究[J].电化教育研究，2013(3)：5-10.

③ 张建伟，师书恩，苗逢春等.中小学教师的教育信息技术绩效标准研究（上）[J].中国电化教育，2003(2)：17-20.

④ 李丹艳.基于模糊DEA的高职院校信息化建设绩效评价研究[D].长春：吉林大学，2014.

⑤ 王河堂，吴慧韫，王玉平.高校信息化绩效评价体系的研究[J].华东师范大学学报（自然科学版），2015(S1)：24-28，45.

⑥ 童夙文.成人教育学校绩效评价体系构建研究[D].杭州：浙江工业大学，2013.

⑦ 散国伟，周鹏，卢春.区域基础教育信息化发展评价机制研究——以襄阳市为例[J].中国教育信息化，2015(1)：69-72.

2. 教育信息化绩效评价的内容

近些年来,国内的教育信息化绩效评价研究方向主要集中在教育信息化绩效评价框架的建立、评价模式的分析、评价模型的构建、指标体系的建设等方面①。通过进一步分析发现,国内教育信息化绩效评价的具体内容主要包括教育信息化环境建设绩效评价、教育信息化资源建设绩效评价、信息技术教育应用绩效评价和人才队伍建设绩效评价四个方面。

在教育信息化环境建设绩效评价方面,教育部的改革和发展战略与政策研究重大课题——"教育信息化建设与应用研究"从教育信息化国家级公共基础设施建设情况、教育信息化省级公共基础设施建设情况和校园信息化基础设施建设情况三个维度出发,对教育信息化基础设施现状进行了分析。② 赵霞霞③在系统梳理国内外教育信息化环境建设现状调查相关研究的基础上,从甘肃省基础教育信息化环境建设的现状出发,构建了适合甘肃省实际的基础教育信息化环境建设指标体系,她运用调查研究方法,真实、理性地描述了甘肃省基础教育信息化环境建设现状,存在的问题并提出策略。祝智庭等④结合基础教育的特征,对技术支持的教育教学创新评价框架进行了设计,提出技术支持的教育教学创新绩效评价的核心指标,其中学习环境指标包括硬件设施、平台、工具和学科资源四个方面。

在教育信息化资源建设绩效评价方面,魏俊杰⑤以信息化教学资源为主要线索,在绩效视野下采用评价的方法考察了农村学校教育信息化发展中存在的问题,并寻求缓解甚至解决当前瓶颈的策略,为农村学校进一步的信息化教学资源建设与利用提供参考。黄琼珍⑥分析了信息化教学资源绩效评价存在的问题及原因,她综合国内外关于信息化教学资源的绩效评价,提出了信息化教学资源的绩效评价指标,认为信息化教学资源建设绩效评价应该从资源的投入成本与产出两部分来进行绩效评价。

---

① 吴海燕,蒋东兴,袁芳等.教育信息化绩效评价指标体系研究[J].武汉大学学报(理学版),2012(10):48-52.

② 教育信息化建设与应用研究课题组.我国教育信息化建设与应用现状调研与战略研究报告[M].北京:高等教育出版社,2010.

③ 赵霞霞.甘肃省基础教育信息化环境建设现状调查研究[D].兰州:西北师范大学,2014.

④ 祝智庭,尚春光,郭炯.教育技术与教育创新——绩效评价的理论、系统与实践[M].北京:高等教育出版社,2011:120.

⑤ 魏俊杰.农村学校信息化教学资源建设与利用绩效评价指标体系研究[D].长春:东北师范大学,2012.

⑥ 黄琼珍.信息化教学资源绩效评价研究[J].中国教育信息化,2010(5):27-30.

在信息技术教育应用绩效评价方面，左晓梅[①]从效益评价方法入手，全面剖析了国外研究机构对于信息技术教育应用效益评价的思路和操作步骤，从而为国内开展信息技术教育应用效益评价提供了有益的借鉴和启示。唐志勇[②]以绩效技术理论为基础，根据小学英语课程的特点，结合现代教育技术在小学英语教学应用的现状，对影响现代教育技术在课堂教学应用的绩效因素进行分析，并提出了干预措施。葛妍君[③]通过实地调查发现延安市信息技术教育的发展存在信息技术教育应用情况不理想，信息技术课程在师资、教法、评价体系等方面还不完善，教学资源配备不合理、使用不充分，开展信息技术与课程整合的能力较弱等问题，并借鉴绩效技术的理论和方法，提出了相应的解决措施。

在人才队伍建设绩效评价方面，张际平等[④]在分析国内外校长信息化领导力研究的基础上，提出了基于系统视角的校长信息化领导力评价指标结构和评价指标内容。刘佳[⑤]通过对目前我国高职院校师资建设绩效评价存在的问题进行深入探讨，在发现问题的基础上，根据高职院校师资建设绩效的特点，构建了高职院校师资建设绩效评价指标体系及研究模型，并进行了实证研究。刘洋[⑥]通过对当前高校教师绩效评价领域研究现状的分析，指出了我国高校教师绩效评价指标体系设计中存在的问题和不足，在此基础上，结合高校教师绩效的特点，提出运用层次分析法(Analytic Hierarchy Process，AHP)对绩效指标权重进行科学量化，以确保大学教师绩效评价指标体系的科学性。

综上所述，国内教育信息化绩效评价内容较多关注教育信息化环境建设、教育信息化资源建设、信息技术教育应用以及人才队伍建设等方面。其中教育信息化环境建设绩效评价研究多集中于硬件基础设施绩效评价体系及评价模型研究，缺乏对人文环境绩效评价的研究，不能充分体现教育信息化建设的总体目标与价值追求；在教育信息化队伍建设方面主要聚焦校长信息化领导力绩效评价的研究，对一线教师、学生教育信息化绩效评价关注不够，不能真实反映我国教育信息化队伍建设情况。

---

① 左晓梅.关于信息技术教育应用效益评价方法的研究[J].远程教育杂志，2012(6)：18-23.

② 唐志勇.现代教育技术在小学英语教学应用绩效研究[D].成都：四川师范大学，2008.

③ 葛妍君.延安市中小学信息技术教育绩效分析[D].延安：延安大学，2010.

④ 谢忠新，张际平.基于系统视角的校长信息化领导力评价指标研究[J].现代教育技术，2009(4)：73-77.

⑤ 刘佳.高职院校师资建设绩效评价研究[D].湘潭：湘潭大学，2010.

⑥ 刘洋.高校教师绩效评价指标体系的研究与实践[D].哈尔滨：哈尔滨工程大学，2008.

二、教育信息化绩效评价的模型和指标体系

1. 教育信息化绩效评价模型

立足我国教育信息化发展的国情和战略地位，国内教育信息化绩效评价模型纷纷涌现，比较有影响的绩效评价模型主要有六要素模型、CIPO（Context、Input、Process、Outcome）模型、成熟度模型、DEA 模型、EEE（Effect、Efficiency、Effectiveness）模型、元模型、生态评价模型等。

为了能够有效指导国家信息化的整体建设，原国务院信息化工作领导小组从我国国情出发，提出了国家信息化体系的六个要素，形成了最为广泛采用的教育信息化绩效评价六要素模型，如图 2-1 所示。其中“信息网络”要素是教育信息化的基础，“信息资源”要素是核心，“信息资源的利用与信息技术的应用”要素是目的，而“信息化人才”“信息技术产业”“信息化政策、法规和标准”三个要素是其保障[①]。CIPO 模型是张进宝[②]在教育信息化六要素的基础上提出的关注教育信息化语境和应用过程的评价模型，如图 2-2所示。

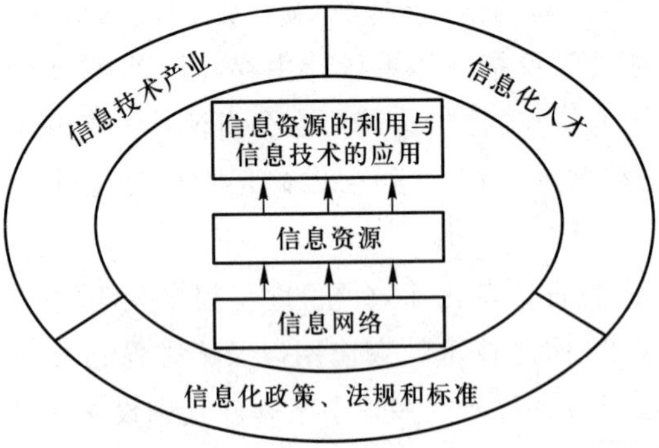

图 2-1　六要素模型

李新晖[③]在借鉴项目管理成熟度模型的基础上，提出教育信息化绩效成熟度模型。焦宝聪等[④]提出了基于 DEA 理论的教育信息化绩效评价模型。解月

---

① 吕新奎.中国信息化[M].北京：电子工业出版社，2002：42.

② 张进宝.从“六要素模型”到“CIPO 模型”：教育信息化研究思路的再审视[J].中国电化教育，2008(10)：5-9.

③ 李新晖.教育信息化绩效成熟度模型研究[J].电化教育研究，2008(7)：23-27.

④ 焦宝聪，赵意焕，董黎明.基于数据包络分析的教育信息化绩效评价模型[J].电化教育研究，2007(4)：38-41.

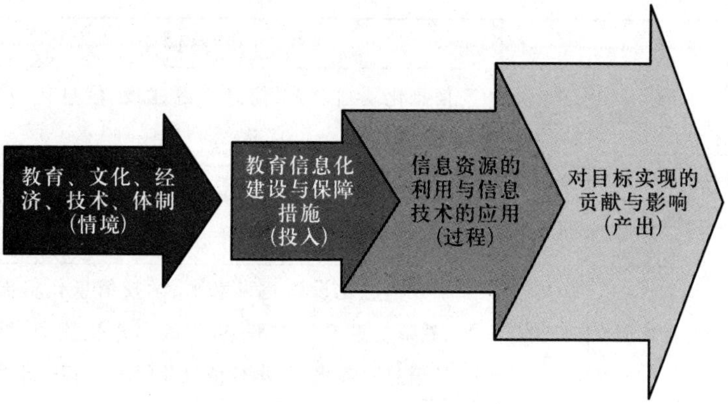

图 2-2 CIPO 模型

光等①借鉴美国 STaR(School Technology and Readiness)教育信息化绩效评价思路和英国 SRF(Self-Review Framework)的教育信息化绩效评价结构，构建了农村基础教育信息化绩效评价 EEE 模型。吴海燕等②根据教育信息化绩效评价的对象和教育信息化绩效内涵，从基础教育、职业教育、高等教育、教育行政管理四种教育类别的教育信息化业务模型出发，建立了教育信息化绩效评价元模型。谢幼如等③依据绩效理论和元建模技术，通过模型架构设计、模型构建和语义扩展等过程，构建了绩效导向的教育信息化生态评价模型。生态评价模型是立足生态学视角，从物质流、能量流和信息流出发构建的评价模型④。但目前国内教育信息化绩效评价模型的研究大多停留在理论建构阶段，在应用方法与实践过程方面缺少深入的研究，进而导致其可操作性和有效性有待进一步检验。

2. 教育信息化绩效评价指标体系

对于教育信息化绩效评价来说，建立科学合理的教育信息化绩效评价指标体系是核心，国内已有大量的相关研究，并针对不同的绩效评价对象构建了相应的评价指标体系，如表 2-1 所示。

---

① 张晓卉，解月光，王海.基于 EEE 模型的农村基础教育信息化绩效评价体系应用方法研究[J].中国电化教育，2013(1):30-35.

② 吴海燕，蒋东兴，袁芳等.教育信息化绩效评价指标体系研究[J].武汉大学学报(理学版)，2012(10):48-52.

③ 谢幼如，常亚洁.绩效导向的教育信息化评价模型的构建[J].中国电化教育，2015(1):56-61.

④ 杜娟，王宁.生态视野下基础教育信息化评价模型的构建研究[J].中国电化教育，2014(7):63-69.

表 2-1　国内教育信息化绩效评价指标概况

研究对象	作者	年份	核心指标
学前教育信息化	张琼	2013	信息化基础设施、信息资源建设、信息化应用、人才队伍建设
	杨璐帆	2013	基础设施、信息资源、信息化应用、信息化人才、保障体系
基础教育信息化	董黎明	2007	学校信息化设施建设水平、学校信息化资源建设水平、教师信息素养水平、学生的信息化能力、网络管理人员信息素养水平、学校信息化投入和管理水平
	成江荣	2011	学校信息化基础设施建设、学校信息资源开发利用、学校对教育信息化建设的重视程度、学校信息化人才队伍建设、学校信息化技术应用、信息化主体发展
	卢延强	2014	学校信息化硬件基础设施建设情况、学校信息化教学资源建设、教师的信息素养、学生的信息能力、学校信息化投入和管理水平
	李文光等	2014	教育信息化建设的基本情况、教育优质与均衡发展、学生能力培养、教师专业发展、政策与机制引导
职业教育信息化	李丹艳	2014	基础设施投入、教学资源投入、学校管理投入、毕业生人数、教学效益得分、管理效益得分
高等教育信息化	邓博	2010	构成和谐、组织和谐、内部环境和谐、外部环境和谐、主动适应机制
	张文娟	2013	教学、科研、职业道德、工作品质、学科建设、服务工作
	王河堂	2015	人才培养信息化绩效、科学研究信息化绩效、服务管理信息化绩效
成人教育信息化	童夙文	2013	薪酬指标、业务管理指标、服务社会指标、学习与发展指标
区域教育信息化	顾小清等	2007	用户、运营、财务、变革
	广东省教育厅	2008	基础设施建设及其应用情况、资源建设及其应用情况、应用系统建设与应用情况、信息技术教育与学科应用情况、人员技能建设情况、管理体制及运行机制情况
	秦泗海	2014	信息化环境、组织管理、信息化资源建设、信息化应用、信息化素养、信息化人才

成江荣、解月光[①]从教育信息化发展的关键因素出发，利用层次分析法构建了纵向发展阶段和横向发展水平的农村中小学教育信息化绩效评价指标体系。秦泗海[②]基于宁夏基础教育信息化发展水平现状，在文献搜集、实际调查的基础之上，构建了适用于宁夏地区的基础教育信息化绩效评价指标体系。罗卓笔[③]系统地阐述了基于校本的教育信息化运用水平绩效评价的相关理论、方法与应用模型，构建了基于校本的教育信息化绩效评价模式与指标体系，并通过网络编程实现了校本信息化运用绩效的网络化评价与智能化管理。李文光等[④]在调查分析专家意见的基础上，通过权重判断、数据统计分析等，对深圳市基础教育信息化建设与应用的绩效评价指标体系进行了探索。在广东省研制的《广东省基础教育信息化建设与应用现状调研问卷》中，一级指标包括基础设施建设及其应用情况、资源建设及其应用情况、应用系统建设与应用情况、信息技术教育与学科应用情况、人员（教师与学生）技能建设情况、管理体制及运行机制情况[⑤]。2007 年教育部启动了教育改革和发展战略与政策研究重大课题“教育信息化建设与应用研究”，该课题发布的重要研究成果《我国教育信息化建设与应用专题研究报告》，将基础教育信息化评价的一级指标分为：信息网络基础设施、资源建设、信息化应用系统建设、信息技术教育与学科应用、人才（教师）培养与技能、信息化规划与管理[⑥]。

综上，国内关于教育信息化绩效评价的模型和指标体系的研究比较多，但评价模型的研究大多只停留在理论建构阶段，缺乏进一步的实证研究。另外，国内教育信息化绩效评价指标体系的研究已比较深入细致，在基础教育信息化方面形成了较多的绩效评价指标体系，但其往往针对某一特定的评价情境，宏观通用性仍有待进一步验证。

三、教育信息化绩效评价的过程和方法

教育信息化绩效评价方法既是构建教育信息化绩效评价指标体系、模型

---

① 成江荣，解月光.农村中小学教育信息化绩效评价指标体系的构建[J].中国电化教育，2011(2)：47-52.

② 秦泗海.教育信息化绩效评价指标体系建构研究[D].银川：宁夏大学，2014.

③ 罗卓笔.基于校本的教育信息化绩效评价模式研究与系统设计[D].北京：首都师范大学，2008.

④ 李文光，范坤，赵莹.深圳市基础教育信息化建设与应用评价指标体系的探索[J].中国电化教育，2014(1)：40-44.

⑤ 广东省教育厅.关于开展全省基础教育信息化建设与应用现状调研的通知[EB/OL].http://www.gdhed.edu.cn/publicfiles/business/htmlfiles/gdjyt/jyxxjs/200809/142131.html.2015-12-26.

⑥ 教育信息化建设与应用研究课题组.我国教育信息化建设与应用专题研究报告[M].北京：高等教育出版社，2010：3-5.

的指南，同时也是数据处理与绩效分析的具体方法。经过文献的分析，可将国内教育信息化绩效评价的过程和方法分为两类：一类是针对教育信息化绩效评价的过程和步骤，另一类是针对教育信息化绩效评价数据的处理方法。

在教育信息化绩效评价过程和步骤的相关研究中，邵国良、王满四①针对教育信息化过程中的资源浪费现象，将平衡记分卡（Balanced Score Card，BSC）引入教育信息化绩效评价中，从价值贡献、用户满意度、内部过程、学习与革新四个方面开展绩效评价，从而构建起一个基于平衡记分卡的教育信息化绩效评价体系，并提出了具体的评价步骤：确定远景目标——因果关系分析——建立各层次平衡记分卡——构建指标体系——绩效评价——绩效跟踪和改进。张豪锋、白雪②提出一种由多个评价者对被评价体进行全面评价的全视角反馈评价方法，通过多方反馈对高校教育信息化绩效进行评价，有利于找出高校教育信息化中存在的具体问题，并根据这些问题提出切实可行的措施来改善教育信息化绩效。其实施步骤主要有：设计评价指标体系——培训评价者——实施反馈评价——反馈面谈——评价效果的评价。黄节③通过分析基础教育信息化绩效的影响因素，改进了现有误差反向传播算法（Error Back-Propagation Algorithm），并基于此提出教育信息化绩效评价建模流程。焦宝聪、赵意焕④等将数据包络分析法应用于教育信息化绩效评价中，制定了教育信息化绩效评价的步骤：确定教育信息化评价目标——确定教育信息化评价对象——确定教育信息化投入和产出指标体系——科学地收集和整理评价对象的数据——利用 C^2R 模型进行数据分析——对结果合理性进行判断——得出 DEA 分析评价结果并提出决策建议。

在教育信息化绩效评价数据的处理方法方面，温志华⑤采用评价研究法和 SPSS 软件中的主成分分析法，构建了中小学教育信息化绩效水平的综合评价模型与指标体系，并对北京市石景山区八所实验中学的教育信息化绩效水平进行了测评和实证分析。任晓燕⑥设计了一套符合我国实际的大学教育信息

---

① 邵国良，王满四.基于平衡记分卡的教育信息化绩效评价体系之构建[J].教育导刊，2008(3)：26-29.

② 张豪锋，白雪.全视角反馈评价在高校教育信息化绩效评价中的运用[J].现代教育技术，2008(7)：14-16.

③ 黄节.基于改进 BP 算法的基础教育信息化绩效评价研究及应用[D].长沙：湖南大学，2013.

④ 焦宝聪，赵意焕，董黎明.基于数据包络分析的教育信息化绩效评价模型[J].电化教育研究，2007(4)：38-41，46.

⑤ 温志华.中学教育信息化绩效评价研究[D].北京：首都师范大学，2005.

⑥ 任晓燕.大学教育信息化测度指标体系设计及应用[D].西安：西安理工大学，2006.

化测度指标体系，并以西安理工大学为例，运用模糊综合评价法对该校教育信息化水平进行了测算。郭伟刚、李亚娟[①]等设计了指标计算法模型，通过权重加权求和的方法获取各个指标的得分，然后利用数据包络分析法对一级指标进行投入产出分析，得出量化的效益。岑健林[②]通过采集佛山市部分学校和县区教育信息中心真实有效的数据，初步建立了佛山地区教育信息化绩效评价模型，重点对教育信息化的绩效进行系统的考查与分析，在对数据进行信度和效度分析的基础上，运用评价模型对这些数据进行了绩效分值计算、回归分析和 DEA 分析。

综上所述，我国教育信息化绩效评价的过程和方法采用定性评价和定量评价相结合的方式，科学性不断增强，提高了教育信息化绩效评价的质量。另外，不同评价方法有不同的数据处理与绩效分析的特点，因此方法的选择与使用要综合考虑评价目标需求、评价对象特点，同时还要注重多种评价方法的综合使用与相互验证。

四、教育信息化绩效评价的管理和制度

目前，我国尚未有系统的针对教育信息化绩效评价管理与制度的研究，个别地区的相关政策文件或者一些学者的研究主要是对教育绩效评价或者是针对教育项目绩效评价的研究。湖北省教育厅《教育项目绩效评价管理办法（试行）》指出，教育项目绩效评价要采取三种评价方式：项目组织单位自行评价、聘请专家评价和委托第三方中介机构评价。其中，自行评价指组织单位自行组织工作组开展评价，对实施单位提交的自评报告进行综合评价；聘请专家评价指专家通过现场检查、资料审核等方式，对项目实施、绩效目标实现情况等进行评价；委托第三方评价指委托会计师事务所或相关社会中介机构对项目实施情况进行系统评价，并提交评价报告。[③] 上海工程技术大学课题组根据上海教育绩效评价实际情况，借鉴国内外教育绩效评价的制度与方法，构建了上海教育绩效评价制度框架并进行实证分析，提出了构建完善的上海教育绩效评价制度的建议[④]：① 教育行政部门要转变教育评价观念；② 通过地方立法建

① 郭伟刚，李亚娟，岑健林等.学校教育信息化绩效评价模型的设计和应用[J].中国电化教育，2010(4)：36-40.

② 岑健林，郭伟刚，杨柱等.佛山地区教育信息化绩效评价的研究和实践[J].中国电化教育，2010(11)：32-35.

③ 武汉大学发展规划与学科建设办公室.湖北省教育厅教育项目绩效评价管理办法（试行）[EB/OL].http://fzghb.whu.edu.cn/xuekejianshe/shengjizhongdianxueke/2013-11-05/395.html.2015-07-28.

④ 上海工程技术大学课题组.史健勇，汪泓，张健明等.上海教育绩效评价制度研究[J].科学发展，2013(11)：44-60.

立长效的教育绩效评价制度;③ 建立专门的教育绩效评价机构;④ 建立教育绩效第三方评价机制;⑤ 建立科学的教育绩效评价体系;⑥ 建立教育绩效评价对教育投入的导向机制;⑦ 发挥教育绩效评价对教育发展的引导功能;⑧ 通过教育绩效评价理顺政府与学校之间的关系;⑨ 发挥各类学校在教育绩效管理中的主体作用。

上述关于教育绩效评价的管理与制度对我们构建教育信息化绩效评价管理与制度具有一定借鉴价值。教育信息化绩效评价是提高教育信息化投入和教育信息化政策实施效益的制度保障。随着国家教育信息化进程的不断推进,建立健全教育信息化绩效评价的管理与制度显得迫在眉睫,完备的教育信息化绩效评价管理与制度对保证教育信息化绩效评价活动的科学、规范进行,提高教育信息化投资决策水平、项目管理水平和投资效益,优化教育资源的有效配置,提高教育资源配置的公平性,[①]促进我国教育信息化可持续发展具有重要意义。

第二节 国外教育信息化绩效评价现状

国外有关教育信息化绩效评价的研究较多。目前,在世界各地开展的教育信息化绩效评价研究中,评价的范围和角度各不相同,绩效评价所用标准也有很大差异。但常见的评价要素主要有:政策法规、基础设施、财政投入、在课程中的应用、教师专业发展和学生学习成就等。[②] 下面从不同区域的教育信息化绩效评价项目和相关研究入手,分析国外教育信息化绩效评价的现状。

一、亚太地区教育信息化绩效评价

(一) 亚太地区教育信息化绩效评价指标体系研究

为了测量信息技术对亚太地区教育领域的影响,2002 年联合国教科文组织(United Nations Educational Scientific and Cultural Organization, UNESCO)在菲律宾召开专家研讨会,制订了亚太地区教育信息化绩效指标(Performance

① 杨大楷,杨晔,谈毅.关于上海义务教育绩效评价的调研报告[J].科学发展,2013(11):73-81.

② UNESCO.Examples of ICT indicators for education[EB/OL].http://www.unescobkk.org/index.php? id=825.2015-07-28.

Indicators on ICT Use in Education)，并在印度、菲律宾和泰国进行了初步试验。① 在其后的几年，该指标体系不断完善，逐步被亚太地区其他国家应用，并取得了很好的反响②。

1. 评价目的

① 科学地描述亚太地区教育信息化现状；

② 评价亚太地区信息技术在教育领域中的应用与影响；

③ 积极推动亚太地区教育信息化发展。

2. 评价对象和内容

评价对象为亚太地区各主要国家中小学以及其他非正规教育。评价内容主要围绕教育信息化政策、基础设施、人员、学习过程和效果等。

3. 评价指标体系

该指标体系共包含五大方面：基于信息技术的政策与策略、技术结构及其使用、信息技术课程、教学及教学支持人员、学习过程及成果等。

考虑到不同国家教育信息化发展阶段不同，该指标体系还确定了不同阶段应重点考察的绩效指标。该指标体系分为四个阶段：起步阶段、应用阶段、融合阶段、变革阶段，其核心指标体系如图 2-3 所示。

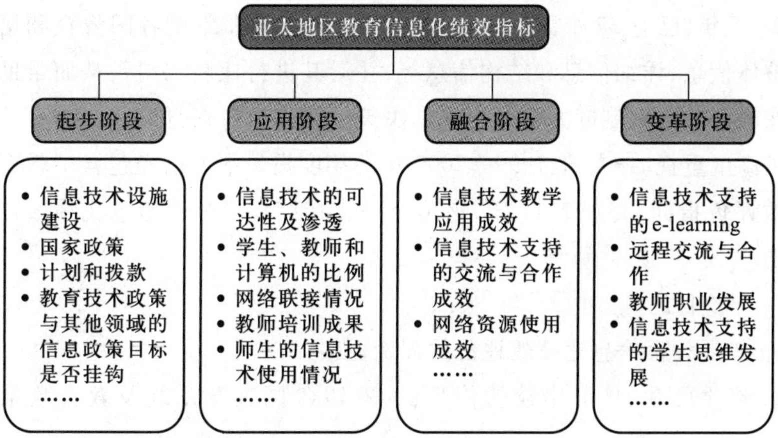

图 2-3　亚太地区教育信息化绩效指标体系

① ICT in education in the Asia-pacific region: progress and plans [R]. Bangkok: UNECO Bangkok, 2007.

② 卢丹，解月光，魏国宁.UNESCO 亚太地区教育信息化绩效指标体系的诠释与启示[J].外国教育研究，2013(5)：88—94.

（二）日本教育信息化绩效评价

日本在2010年发布了《教育信息化指南》，该指南提出从信息化管理、信息素养、信息技术在学习中的应用、信息技术在特殊教育中的应用、教师发展等方面对教育信息化进行评价，并依据该指南提出了日本教育信息化的发展规划。另外，有日本学者从人员、物质材料和使用情况三个维度构建了学校教育信息化指标体系，调查影响教育信息化综合实力的主要因素，并评定学校的信息化水平。其中，人员维度主要对学校校长信息化领导力、教师信息化能力培训、信息技术教师数量等方面进行评价；物质材料维度主要对信息技术费用、生机比、多媒体教室数量、数字资源、网络带宽、计算机实验室等方面进行评价；使用情况维度主要对校园网建设、信息交流、信息技术与学科教学等方面进行评价。①

二、欧洲教育信息化绩效评价

（一）欧洲信息技术教育应用绩效评价

欧洲信息技术教育应用绩效评价项目由欧洲教育信息网联（Eurydice）实施。欧洲教育信息网联是欧盟及其成员国建立的旨在促进教育合作的机构。截至2015年，已有37个国家参与，其主要职责是搜集欧盟各国教育和培训体系的整体信息、详细信息和结构信息等，并对其进行比较、分析，从而帮助欧盟各国在教育政策和制度方面做出科学决策。欧洲教育信息网联对教育信息化给予了高度重视。② 早在1999—2000年的年度报告中就已经包含了教育信息化绩效评价指标，直至2011年，该项目一直持续提供教育信息化绩效评价年度报告。③

1. 评价目的

① 扩展教育信息化绩效评价的理论框架；

② 产生可靠的、可比较的信息，为欧盟各国教育系统及教育政策提供依据；

③ 通过教育信息化评价，促进欧盟各国教育系统的相互理解，改进系统

---

① Aoki H，Kim J M，Lee W G.Propagation & level：Factors influencing in the ICT composite index at the school level[J].Computers & Education，2013，60(1)：310-324.

② Eurydice.Basic indicators on the incorporation of ICT into European education systems：Facts and figures，annual report[EB/OL].http：//www.eurydice.org.2000-01-18.

③ 祝智庭，尚春光，郭炯.教育技术与教育创新——绩效评价的理论、系统与实践[M].北京：高等教育出版社，2011：218-221.

的效能;

④ 揭示欧盟各国教育系统的多样性和共同点。

2. 评价对象和内容

此项目发布的教育信息化绩效评价报告中评价对象主要是初等教育信息化和中等教育信息化,评价内容主要围绕应用背景和内容、组织和结构、设备、教师、过程五个方面开展。

3. 评价指标体系

欧洲教育信息网联信息技术教育应用评价项目使用的指标主要有:背景和内容、组织和机构、设备、教师、过程五个部分。具体评价指标如表 2-2 所示。

表 2-2　欧洲教育信息网联"信息技术教育应用评价"项目使用的指标体系

一级指标	二级指标
背景和内容	• 学生家庭计算机拥有率 • 学生家庭计算机联网率 • 学生使用计算机的频率 • 学生在家里使用计算机的频率 • 学生使用计算机的用途
组织和机构	• 信息技术政策制定、监督机构的级别和数量 • 学校信息技术课程在课程体系中的地位 • 学校信息技术教育的方式和内容
设备	• 设备的购买和维护情况 • 预算分配情况 • 生机比及学校计算机化水平 • 学校计算机联网情况 • 学校计算机放置和使用情况
教师	• 学校配备信息技术专职教师情况 • 信息技术专职教师岗前培训的年限和层次情况 • 职前教师培训中信息技术课程的定位和主要内容
过程	• 学生在学校使用计算机的频率 • 学生在学校上网的频率 • 在学校每周至少使用一次计算机的学生中计算机的使用情况

4. 评价方法和过程

欧洲教育信息网联首先抽取了一定数量的校长和教师做为样本,该样本几乎覆盖了欧盟的每一个国家;然后采用访谈法,通过电话访谈的方式进行调查并收集数据,其中针对校长的访谈问题主要集中了解各学校的信息技术教育设备的基本情况,而对教师的访谈问题一方面旨在了解教学中使用计算机及互联网的情况,比如使用时间、使用频率、不用的理由等,另一方面是调查关于信息技术的使用对教学所产生的影响;最终,对这个项目的数据和欧盟其他项目中关于各国信息技术教育应用的数据进行整合和分析,形成欧盟地区教育信息化绩效评价年度报告。

(二) 欧洲 ICT 教育应用监控指标研究

2010 年,欧洲委员会教育视听文化执行署(Education Audiovisual and Culture Executive Agency,EACEA)在欧盟官网发布了对欧洲中小学信息通信技术(Information and Communication Technology,ICT)应用监控指标的研究报告。① 该报告对欧洲教育信息化中应用层面的潜能表示一定的认可,但也指出学校信息技术应用并没有对教育产生大规模的变革。该报告对国际现有的信息技术教育应用绩效评价相关数据进行了整理与分析,指出当前最缺乏学生能力与态度以及学习机会两方面的绩效评价数据以及收集这些数据的方法,而已有的学生数据主要为学生在校内外使用信息技术的一些笼统的数据。

为了有效评价、比较与监控欧盟各国信息技术教育应用与影响,有力推进信息技术的教育应用,该组织开展了国际 ICT 教育应用监控指标研究,并定义出适合国际层面评价 ICT 教育应用以及教育决策最需要的维度与指标②,如表 2-3 所示。

表 2-3　EACEA 的 ICT 教育应用监控维度与指标

维度	指标
1	学生学习 ICT 和使用 ICT 的机会
2	学生在 ICT 方面的能力与态度
3	应用 ICT 的教育教学法方面的支持
4	教师 ICT 应用能力的培训
5	学校应用 ICT 的领导能力

---

① EACEA.Indicators of ICT in primary and secondary education [EB/OL].http://ec.europa.eu/education/more-information/reports-and-studies_en.htm.2013-10-08.

② 吴砥,尉小荣,卢春等.教育信息化发展指标体系研究[J].开放教育研究,2014(1):92-99.

（三）英国学校信息化绩效自我评价

2006年英国教育通讯和技术署（British Educational Communications and Technology Agency，BECTA）发布了学校信息化自我评价指标体系，对学校的ICT应用和发展水平进行绩效评价，并为学校ICT应用的提升提供指导。[①]

1. 评价目的

督促学校自行评价信息化建设与应用成效，采取针对性的措施推进信息化发展，从而提升学校信息化水平；提升学生的信息素养，使学生能够利用ICT表达自我、发展思维。

2. 评价对象和内容

SRF的评价对象是英国基础教育信息化现状。评价内容关注学校ICT教育应用和发展水平，包括教育信息化领导力与管理、课程中使用ICT、教与学、ICT能力、专业发展和资源等。

3. 评价指标体系

2014年修订的SRF评价框架中的评价要素主要包括领导力与管理、课程中使用ICT、教与学、ICT能力评价、专业发展、资源六个方面[②]。每个评价要素下设有多个评价指标，如表2-4所示。

表2-4 SRF绩效评价指标体系

一级指标	二级指标
领导力与管理	• ICT和学校愿景 • 实现愿景的战略 • 使用数据的策略
课程中使用ICT	• 课程中使用ICT的方法策略 • 课程中的ICT领导力
教与学	• 教与学的过程 • 学生的学习经验
ICT能力评价	• 数字能力评价
专业发展	• 发展和共享数字化能力
资源	• ICT资源供应 • ICT资源管理

① BECTA.About the self-review framework[EB/OL].http://webarchive.nationalarchives.gov.uk/20101102 103713 /https://selfreview.becta.org.uk/about_this_framework.2010-11-02.

② BECTA.Self-review framework-2014 revision[EB/OL].http://www.naace.co.uk/srf2014revision.2014-12-18.

4. 评价过程和方法

英国学校信息化自我评价指标体系是一个可在线评价的工具。有教育信息化绩效评价需求的学校可通过登录 SRF 官网注册账号后，在线进行相关测评。该测评的每一指标有四个等级，学校按照自身实际情况进行选择，从而确定自身所处的等级，最终形成绩效评价报告。

（四）法国教育信息化绩效评价

法国学者借鉴 CIPP（Context、Input、Process、Product）评价模型①，采用观察协议的方法从投入评价和过程评价两个维度来开展学校 ICT 项目评价。其中投入评价的指标主要有教师的 ICT 技能、学校信息化基础设施、监督与技术支持、校长的参与度和领导力、教师培训中花费的时间等；过程指标分为干预性指标和采用性指标两类，干预性指标有教师的 ICT 培训、研讨等，采用性指标包括 ICT 与课程的整合、ICT 与课堂管理以及协作学习中的教学技能等。

三、美国教育信息化绩效评价

（一）美国基于 STaR 量表的教育信息化绩效评价

STaR 评价量表是美国教育技术首席执行官（Chief Executive Officer，CEO）论坛提出的。在其运作的五年间，发表了四份年度报告、一份政策建议书和两份 STaR 评价量表，其中一份量表是用于测定 K－12（Kindergarten through Twelfth Grade），也就是基础教育阶段学校技术准备和应用情况的 STaR 评价量表，另一份是用于教育学院或教师培训学校自测的 STaR 评价量表。前者的主要目的是为了确定全国范围内中小学信息技术应用和发展的四大支柱（联通、硬件、数字化内容、专业发展）的实施状况，故 STaR 评估量表的指标体系围绕这四方面而建立。

1. 评价目的

基于 STaR 量表的教育信息化绩效评价，一方面可以监控美国学校信息技术和课程整合的进展，确定美国教育信息化发展的阶段；另一方面可以了解美国政府发布的教育行动计划的实施情况。

2. 评价对象和内容

STaR 评价量表主要是为了评价教育信息化效益和教育信息化发展阶段，尤其是针对美国基础教育信息技术的教育应用与发展状况两个方面的内容进

① Rodríguez P，Nussbaum M，López X，et al.A monitoring and evaluation scheme for an ICT-supported education program in schools［J］.Educational Technology & Society，2010，13（2）：166-179.

行绩效评价。评价内容围绕学校信息技术的教育应用与发展状况，目的是帮助中小学从学校信息技术现状、ICT 教学应用的效果和 ICT 与教学融合三个方面的内容进行绩效评价。

3. 评价指标体系

STaR 评价量表是一个二维表格，包括评价要素和学校类型两个维度。其中，评价要素包括硬件和网络连通性、教师专业发展、数字化资源、学生成就和考核、教育效益等。学校类型主要有低技术水平学校、中等技术水平学校、高技术水平学校、目标技术水平学校①，如表 2-5 所示。

表 2-5　STaR 评价框架

	硬件和连接	教师专业发展	数字化资源	学生成就和考核	教育效益
低技术水平学校					
中等技术水平学校					
高技术水平学校					
目标技术水平学校					

在每一类别下还有具体的指标。硬件和连接的二级指标有：生机比、技术支持服务响应时间、联网的教室和办公的数量、学生上网方式和质量、其他硬件设备拥有和使用情况；教师专业发展的二级指标有：教师的培训方式、教师培训预算占技术预算的百分比、教师对数字资源的认识和应用情况；数字化资源的二级指标有：所拥有的数字资源的形式、教师将数字资源整合到教学中的形式、学生使用数字资源强化学习的形式、使用数字资源的学生的百分比和使用频率、购买数字资源的经费来源；学生成就和考核的二级指标有：学生成就和 21 世纪技能掌握情况、考核与课程标准吻合度及改进情况、采用数字化策略进行考核的情况、机会均等情况、研究结果运用情况、管理者采用技术情况、家长和社区借助技术参与学校管理的情况。

4. 评价方法和过程

首先，在 STaR 评价量表的每个维度中选择与自身现状相符的指标描述，并与该维度下的理想水平描述内容相对比，找出差距；然后，根据所找出的差距，和学校的管理层、教员、技术管理人员、学区领导等讨论如何改进，设定绩

① The school technology and readiness report: from pillars to progress[EB/OL]. http://www.ceoforum.org.2015-02-08.

效改进目标。为了方便使用教师教育 STaR 评价量表及对评价结果的解读，CEO 论坛还提供了在线交互式网上测评问卷，即将 19 个评价维度作为 19 道题目的题干，将各维度指标描述低级水平、中级水平、高级水平和理想水平四个层次作为选项，通过网上做选择题的方式，可快速判断自身所处层次，最终形成绩效评价报告。

该评价指标体系在美国已被多个州采用，而且在具体使用过程中，各州又可以根据具体情况，对评价指标体系进行本土化调整。

(二) 美国高校信息化校园绩效评价

在高等教育领域，美国克莱蒙特大学教授凯尼斯·格林发起并主持了美国信息化校园绩效评价项目(Campus Computing Project，CCP)。该项目是美国最大且仍在进行当中的关于信息技术在高等教育中角色的研究，也是世界上最有代表性的高校教育信息化绩效评价研究项目之一。CCP 的主要目的是调查和研究现代信息技术在大学中的发展状况及促进大学信息技术的应用。该项目每年在全国范围内选择 600 至 800 所大学进行抽样调查和访谈，并定期发布美国各大学信息技术发展和应用方面的详细资料。在 2014 年发布的最新报告中重点对信息化校园比例、残疾学生的 IT 服务、校园信息化投入效益、MOOC(Massive Open Online Courses)和在线教育、移动化趋势、云计算信息安全等方面的绩效评价给予了关注①。

四、其他组织的教育信息化绩效评价

InfoDev(Information for Development Program)是一个主要由世界银行赞助的组织，该组织的使命之一是帮助发展中国家理解和应用信息通信技术促进教育发展。2005 年 InfoDev 在其官网发布了《监测和评价 ICT 在教育项目中的应用：发展中国家手册》(Monitoring and Evaluation of ICT in Education Projects：A Handbook for Developing Countries)。该手册对发展中国家教育信息化决策者提供两方面问题的指导：将 ICT 引入学校后对学生的学习绩效产生了哪些影响，以及如何评价这些影响。② 该手册提供了详细的 ICT 教育应用绩效评价方案，所使用的评价指标如表 2-6 所示。

---

① The 2014 national survey of computing and information technology in US higher education [EB/OL]. http://www.campuscomputing.net/item/campus-computing-2014.2014-10-20.

② Wagner，D A，Day，B，James，T，et al.Monitoring and evaluation of ICT in education projects：a handbook for developing countries [EB/OL].http://www.infodev.org/articles/monitoring-and-evaluation-ict-education-projects.2015-02-04.

表 2-6　ICT 教育应用监测评价的核心指标

一级指标	二级指标
投入指标	• 教室的 ICT 资源 • 教师培训 • 课堂教育法
产出指标	• 学生的学科知识 • 学生态度 • 学生技能(包括 ICT 技能的学习和 21 世纪新技能的学习) • 教育系统的结果 • 教师方面的成果 • 长远的影响
国家教育和社会经济指标	• 国家教育背景 • 国家基础设施背景 • 国家经济社会背景
成本和效益	无

成本和效益指标是指决策者们为公共投资作出最佳选择时,需要考虑的项目支出和产出。判断的方法主要有两种:耗费-收益(cost-benefit)分析和耗费-有效性(cost-effectiveness)分析。在耗费-收益分析中,以资金量作为衡量特定项目投入和收益的尺度;在耗费-有效性分析中,注重测量产出的成果,并不把它们换算成金钱价值,而更多的是考虑投资后所产生的效益。

从各个区域的教育信息化绩效评价可以看出,国外教育信息化绩效评价视角大部分立足于区域或国家的战略层面,教育信息化绩效评价框架、指标体系等的制定都与区域或本国的教育信息化发展规划和战略密切相关;国外教育信息化绩效评价研究的内容都聚焦于评价框架与指标的制定,除了借鉴软件成熟度思想构建了立体化教育信息化评价模型①以外,有关评价模型的研究相对较少;国外的教育信息化绩效评价大部分都注意到了区分不同的学校等级和范围,在绩效评价中引入了信息化发展阶段论的理念。

① Solar, M, Sabattin, J, Parada, V.A maturity model for assessing the use of ICT in school education[J]. Educational Technology & Society, 2013, 16(1): 206-218.

第三节 教育信息化绩效评价发展趋势

通过对国内外教育信息化绩效评价研究现状的分析，可以看出当前国内外教育信息化绩效评价的发展趋势主要体现在评价理念、技术支持和管理与制度三个方面。

一、评价理念方面

传统的教育信息化绩效评价关注投入与产出，注重效果、效率和效益的统一，多以经济学、绩效管理学和新公共管理等学科理念为基础。目前教育信息化绩效评价的终极目标是追求学生的个性化发展和自我实现。随着社会的发展、时代的进步，以人的和谐发展为核心理念的价值观正逐渐被广泛认同，教育信息化开始逐渐关注适应社会需求的创新型人才的培养，教育信息化绩效评价的理念也开始呈现“以人为本”的价值取向①。另外，随着信息技术的发展，教育信息化绩效评价开始注重评价指标体系的动态发展和绩效评价的系统性，一方面，教育信息化绩效评价需要根据时代需求不断更新评价指标体系，淘汰过时的指标，保持绩效评价指标体系的动态发展；另一方面，教育信息化绩效评价从系统的角度出发，注重各评价指标之间的联系，给出综合评价。

二、技术支持方面

随着信息技术的发展，互联网、云计算、数据挖掘、学习分析等技术在教育中的有效运用，为教育信息化绩效评价提供了新的思路和方法。绩效评价是一个各环节有机联系的动态过程，借助于互联网、云计算等现代信息技术，可通过数字化平台考核教育信息化绩效，能支持动态、适时的绩效评价，可实现评价数据的自动汇总、评价信息的自动处理，还能进行在线统计和数据分析等，不仅降低了沟通反馈的成本，还大大提高了绩效评价的效率。数据挖掘和学习分析等技术能较好地支持教育信息化风险分析，并为决策提供导向。新兴技术辅助教育信息化绩效评价可以减少人为失误，降低评价的主观性，使评价结果更加科学合理、公平公正，将是教育信息化绩效评价的发展态势。

---

① 张喜艳，解月光，高嵩.以人为本：农村基础教育信息化绩效评估的价值取向[J].中国电化教育，2014(12)：55-58.

三、管理与制度方面

完备的教育信息化绩效评价管理与制度有助于促进教育资源的有效配置，提高教育资源配置的公平性，增强教育对经济、社会和人的全面发展的贡献度。近年来，随着教育信息化进程的不断推进，国内外教育信息化绩效评价开始关注管理和制度的健全与完善。在英国、荷兰、澳大利亚和美国等国家，通过绩效指标对学校进行绩效评价已成为政府拨款的重要标准。通过地方立法建立长效的教育信息化绩效评价制度、建立专门的教育信息化绩效评价机构以及建立教育信息化绩效第三方评价机制等举措将有效推动教育信息化的可持续发展。

第三章
教育信息化绩效评价的理论基础与常用方法

教育信息化绩效评价是促进教育信息化持续发展的有效手段，而正确的理论依据和科学的方法是开展绩效评价的重要基石和可靠保障。由于教育信息化是一个动态的发展过程，因此完整的教育信息化绩效评价包含多方面的内容，需要有多维度、多层面的评价理论和评价方法与之相适应。本章重点介绍教育信息化绩效评价相关理论基础和主要方法。

第一节　教育信息化绩效评价的理论基础

教育信息化绩效评价的理论基础主要包括绩效理论、教育评价理论、成熟度理论等，运用这些理论将有效指导教育信息化绩效评价的开展，并据此为获得有效的评价结论提供保障。

一、绩效理论

（一）概念界定

绩效是与组织目标及价值追求相一致的成就和业绩，是一种可测量的行为结果，与组织的总体目标与主流价值相关，是组织中投入和产出关系的体现。[①] 作为行为与价值的统一体，绩效是过程和结果两个方面的综合反映。绩效评价指运用科学、规范的绩效评价方法，对照统一的评价标准，对过程与结果进行科学、客观、公正的衡量比较与综合评判。绩效评价是绩效管理系统中最为重要的一个环节。在企业管理中，绩效评价是定期考察和评价个体或小组工作业绩的一种制度。[②] 它作为组织控制的手段、管理决策的依据、人力资源开发的途径、绩效改进的动力，具有强大的反馈、控制、激励和开发功能。而教育信息化绩效评价的一个重要目标就是把绩效观引入信息化软件、硬件资

---

① 梁林梅.教育技术学视野中的绩效技术研究[D].广州：华南师范大学，2004.

② R.韦恩·蒙迪，罗伯特·M.诺埃著.人力资源管理[M].葛新权，郑兆红，王斌等译.北京：经济科学出版社，1998.

源建设和应用的各个领域，通过评价促使教育领域内的管理人员、技术人员、教师能够很好地对效益意识进行吸收和内化，从而指导行动，使教育信息化的投入产生效益最大化。

（二）主要观点

目前，关于绩效主要存在两种观点：一种观点认为，绩效是结果，是某种客观事实；而另一种观点认为绩效是人们对客观现实的主观评价。[①] 前者趋向于将绩效和任务完成情况、目标完成情况、结果和产出等同起来；后者则倾向于将与组织目标有关的，并且是可以进行评估的行动纳入绩效定义。但两者皆存在一定的局限性：将绩效定义为结果，有可能导致忽略一些对组织非常重要的过程因素和情景因素，而恰恰这些因素塑造的组织上、交际上和心理上的情景可以催化任务活动，提高组织效率；将绩效定义为主观评价，则容易在实际中忽视客观因素的存在，从而使行动不一定产生组织需要的结果。

米歇尔·勒巴（Lebals M）等认为，绩效同时指活动、活动的结果以及与某些基准相比结果是否成功。[②] 具体来讲：（1）从决策的角度讲，绩效是对一系列可以带来潜在的或未来的收入或结果的所有活动或过程的总结，这种总结的目的是帮助内部人员和外部人员提高未来决策的正确性，也就是说，如何做才能达到预期目标。因此，建立因果关系模型是重要的，单靠过去的绩效是不足以对未来做出预测的。这个因果关系模型应该包含结果、过程和基础三部分，其中对于过程的定义是因果关系模型的关键。（2）由于对绩效的不同理解，内部人和外部人建立的因果关系模型是不同的。内部人定义的模型可能集中于通过活动产生结果的构造，其重点在于对过程的控制，以便达到预期的结果；而外部人定义的模型可能集中于预测内部执行中可能采取的活动，其重点在于根据活动或过程预测结果。（3）只有当收入或结果可以被评价时，绩效才是存在的。可以看出，米歇尔·勒巴等对绩效的定义同样包括客观现实以及对客观现实的主观反映两层含义，但他们更强调绩效是由不同主体根据既定目的所确定的对象一定范围的客观现实。这种客观现实具体包括活动、活动的支持过程以及活动的结果。另外，他们还认为，由于既定目的不同，不同主体对同一对象的活动、活动的支持过程以及活动结果范围的认定也是不同的。

---

① 张泰峰.公共部门绩效管理[M].北京：经济科学出版社，2003：90.

② Lebas M, Euske K. A conceptual and operational delineation of performance [J]. Business Performance Measurement: Theory and Practice, 2002: 65-79.

绩效作为多学科交叉的研究领域,也可以应用到教育信息化领域中。教育信息化绩效包含两层意思:教育绩效与信息化绩效。殷雅竹、李艺等认为教育绩效是教育活动综合效果的反映,它包括三个方面:教育目标的实际情况、教育资源配置状况、教育过程的安排情况,可以从目标设定、资源使用、过程安排、效果显示等方面开展动态性评价①。张喜艳认为教育信息化绩效是教育信息化实践活动所产生的、与信息化投入有对比关系的、可以度量的行为与结果②。

二、教育评价理论

(一)概念界定

评价就是对人或事物的价值做出判断,即依照一定的标准,通过系统地收集资料,对评价对象的质量、水平、效益及其社会意义进行价值判断的过程。它是人类社会的一项基本活动,对社会发展有着重要意义。

美国学者泰勒(Tyler R W)在著名的"八年研究"(1933—1940)报告(《史密斯-泰勒报告》)中,首次提出并正式使用"教育评价"这一概念。1986 年,他在《教育评价概念的变化》中,对原有教育评价部分进行了修订,认为教育评价是"检验教育思想和计划的过程"③。

我国教育界一般把教育评价定义为:在系统地、科学地和全面地搜集、整理、处理和分析教育信息的基础上,对教育的价值做出判断的过程,目的在于促进教育改革,提高教育质量④。也就是说,教育评价需要应用现代科学方法和技术手段,收集并处理与评价对象有关的教育现象的数据资料,并以既定的评价标准(教育方针、法规、计划、目标、大纲以及指标体系等)为依据对处理结果做出分析和价值判断,从而为决策和管理提供反馈信息和论证。在世界范围内,教育评价研究已经成为同教育理论研究、教育发展研究并列的教育科学的三大主流之一。教育评价可以看作对教育系统实行系统管理的重要环节,对决策、规划、控制,以及改进和完善系统的管理水平和教学水平具有重要意义。通常依据特征和职能的不同,可将教育评价分为三类:替代性评估、形成性评价和总结性评价。从功能上看,教育评价主要具有诊断功能、反馈功能、

---

① 殷雅竹,李艺.论教育绩放评价[J].电化教育研究,2002(9):20-24.

② 张喜艳,解月光等.教育信息化绩效特征结构解析[J].中国电化教育,2011(8):24-27.

③ Tyler,R W Changing concepts of educational evaluation[J].Journal of Education Research,1986,10(1):1-113.

④ 金娣,王刚.教育评价与测量[M].北京:科学教育出版社,2002.

激励功能、导向功能和证明功能①。

(二) 教育评价的模式

教育评价理论研究史上第一个较为完整也最有影响的评价模式是由美国著名学者泰勒提出的行为目标模式,随后出现了 CIPP 模式、目标游离模式和应答模式等。在这些模式的发展历史中体现出几种不同的研究取向②。

1. 科学取向的模式(Scientific-experimental Model)

社会科学的许多领域在形成体系化之初,都存在着"科学主义"情结。它们借用自然科学的种种量化研究方法,努力将自己纳入科学的范畴。科学主义取向的教育评价模式正是这种思想下的产物。为追求科学化和客观化,教育评价的可操作性成为至关重要的一点。为此,此类评价模式从传统的研究范式出发,大量采用实验与准实验的设计思路,运用各种可以将事实量化的手段,收集数据化的信息,借此作出客观的评价。其典型代表就是著名的泰勒模式,该模式以预定的目标为出发点,通过各种测量手段,评价结果是否与预定目标相一致,检查预先目标的达成度如何,其中心就是教育目标。因此,其科学主义的取向也在目标上体现出来。该模式对教育目标的陈述包括要求达到的行为、行为发生的条件和行为要达到的标准。后来布卢姆在此基础上发展出详细、系统的教育目标分类,其科学化的追求更加明显化③。

此外,从泰勒模式的整体构想看,它是一种目标参照评价,注重的是绝对的教育目标的达成情况,而不是个体之间的差异或个体在整体中的位置,因此符合教育实际对评价的要求,表现出其内在的科学化取向④。

2. 管理取向的模式(Management-oriented Model)

管理取向的评价模式是基于对方案或项目进行管理的理念发展起来的,它侧重对方案或项目实施全程的监督和监控,在方案进行的每一个阶段都采取相应的措施进行评价,以期找到不足,及时更正,达到最优化管理。因此,此类模式的主要应用领域是在工商与政府管理中,适应于较为宏观层面上的监管与评价。例如斯塔弗尔比姆提出的 CIPP 模式。该模式的特色在于强调评价是为决策者提供信息服务的过程,因此它强调管理过程,认为评价者的任务就是收集、组织、分析和报告有用信息,使之有利于决策者做出正确决策。为向决策者提供真实有效的信息,它要求从计划决策、组织决策、实施决策到再

---

① 董黎明.基础教育信息化绩效评价研究[D].北京:首都师范大学,2007.

② 辛涛,李雪燕.教育评价理论与实践的新进展[J].清华大学教育研究,2005(6):38-43.

③ 刘春惠.泰勒课程评价模式述评[J].北京邮电大学学报(社会科学版),2001(2):47-50.

④ 余文森.论美国教育评价的历史发展[J].福建师范大学学报(哲学社会科学版),1995(4):121-126.

循环决策都要系统收集信息,构成一个完整的环路系统。

3. 定性/人类学取向的模式(Qualitative/Anthropological Model)

这一类教育评价模式借用人类学的研究方法,强调各种质性方法的运用,例如观察法、访谈法、问卷法等。其中尤其看重观察法的作用,强调观察的背景化和情境化,即某一观察结果是在其特定背景下得出的,当其推广或应用于其他关联情境或类似情境中时,要考虑到背景特异性的影响,因为该观察结果只有在此特定情境之下才能获得意义。此外,该研究主张对连锁事件进行多次重复的全程观察,并结合其他方法得到多侧面的全方位信息。因此这些人类学研究思想的引入,有助于教育评价模式真正趋向被评价对象的真实原貌,获得更全面的信息,所得评价信息对教育实践也更具有指导价值。

4. 参与取向的模式(Participant-oriented Model)

这种模式是教育评价中心理建构思想的体现。它强调评价过程中利益各方参与其中的重要性,认为评价就是所有与教育方案有利害关系的人共同参与、共同协商的过程。在此过程中,参与者分别提出各自的意见和看法,阐明自己的需要和要求,然后进行不断的沟通,缩小利益各方的观点差距,最终达成一致。最终达成的评价结果将代表绝大多数人的立场,因此体现了价值的多元取向。由此可以看到,这种评价模式是以尊重个体需要为特色的新的研究取向,改变了以往被评价者消极被动的地位。它引入了包括被评价者在内的各方相关者,改变了以往评价者单方掌控评价结果的格局,体现了新评价模式的人性化和民主化。

三、成熟度理论

(一) 概念界定

1997 年,美国卡耐基·梅隆大学软件工程研究所推出软件能力成熟度模型(Capability Maturity Model for Software,CMM-SW)。该模型来自众多软件专家的实践经验,侧重软件开发过程的管理及能力的提高与评估,是企业进行软件过程改善和软件过程评估的有效指导框架。

CMM-SW 分为 5 个成熟度级别:初始级、可重复级、已定义级、已管理级和优化级。除了第一级之外,每个成熟度级别又由一些关键过程域(Key Process Area)组成,这些关键过程域用来描述要达到某个成熟度级别需要执行的关键活动和主要工作。成熟度理论的核心是持续的过程改进理论,是指为实现给定目标所执行的一系列操作步骤。

（二）成熟度模型研究

近年来，成熟度模型（Capability Maturity Model，CMM）逐渐被引入教育信息化评价的研究之中。成熟度理论已广泛应用于知识管理、技术创新、人力资源等领域，衍生出大量模型。在教育领域，成熟度研究始于新西兰维多利亚大学马歇尔（Marshall S）提出的 eMM 模型（e-Learning Maturity Model），借以评估教育机构实施 e-Learning 的水平和能力①。国内研究的成熟度模型主要有以下几种。

1. 改进的 eMM

周勇、张际平团队引入了过程能力基线的概念，从量上来分析教育机构实施 e-Learning 的能力水平，提出改进的 eMM，它以某教育机构 eMM 持续过程表现为例，通过建立过程能力基线，以量化过程的稳定水平，为项目管理和质量预测提供依据，也为过程改进的结果提供参照系②。该模型的特点有：为教育机构制定计划，提高自身实施 e-Learning 的水平和能力提供有效支持；通过提供量化的评价系统，方便教育机构定位自身实施 e-Learning 的水平和能力，并采取措施改进。

2. 教育教学创新成熟度模型

祝智庭、尚春光团队借鉴了软件能力成熟度模型的相关经验，提出技术支持的教育教学创新成熟度模型，该模型以过程评价为核心特色，以动态改进学校教育信息化水平为目标，从系统的角度考虑学校在信息化建设过程中需要协调发挥、协调发展的环节和内容，为学校提供阶梯式的进化框架③。该模型将创新能力成熟度分为：初始创新、离散创新、整合创新、集群创新和优势创新，利用成熟度进一步细化创新评价框架，使评价结果更精确。最终把技术支持的教育教学创新绩效水平分为有序的 4 个等级（发生、应用、融合、革新），形成一个逐步升级的平台。这为测量某一学校教育技术支持的教育教学创新成熟度提供了一个有序的级别。

3. 学校信息化建设成熟度模型

马宁、余胜泉团队提出面向过程的学校信息化建设评价及绩效模型，即在“面向过程”的评价理念和原则的指导下，构建出学校信息化建设成熟度模型

① Marshall S，Mitchell G.An e-learning maturity model.Proceedings of the 19th Annual Conference of the Australian Society for Computers in Learning in Tertiary Education[C].Auckland：New Zealand，2002.

② 周勇，张际平.一种改进的 eMM[J].电化教育研究，2008(6)：46-48.

③ 祝智庭，尚春光等.教育技术与教育创新：绩效评价的理论系统与实践[M].北京：高等教育出版社，2011.

(Capability Maturity Model for Informationization Construction in Schools, ICS-CMM),如图 3-1[①]。该模型将学校教育信息化建设按照从低到高的等级分为初始级、基本级、发展级和变革级四个层级,并从管理机制、软硬件环境、工具的应用水平和师资水平等四个核心要素入手,设置了 18 个关键过程域,从而为测量某一学校信息化建设的水平提供了一个有序的级别,有利于通过关注核心要素,循环式、整体地推进学校信息化建设工程。

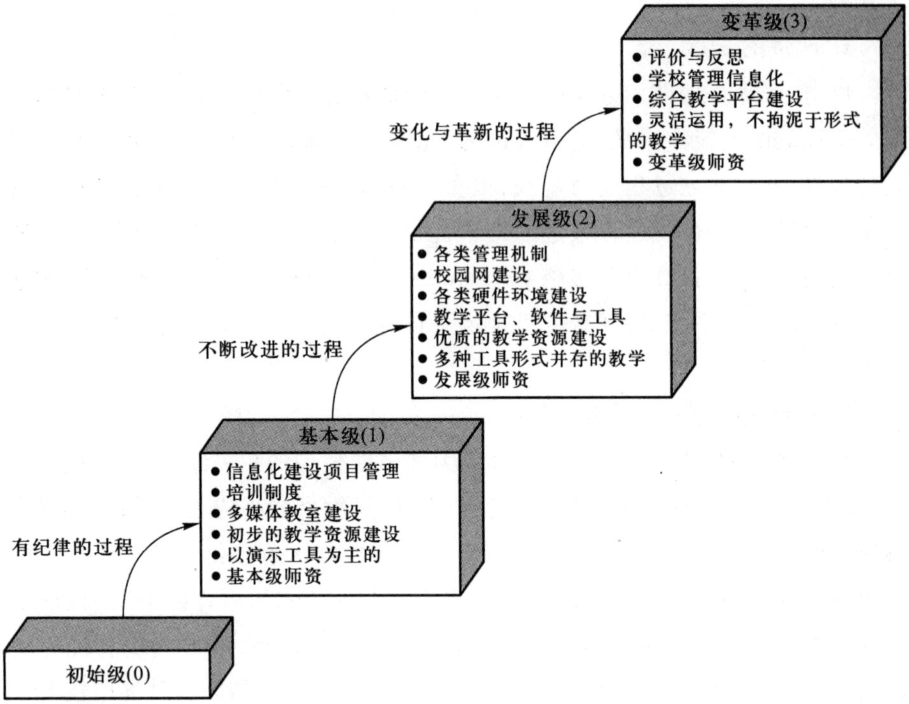

图 3-1　ICS-CMM 模型基本框架

4. 教育信息化绩效成熟度模型

李新晖提出教育信息化绩效成熟度模型 PEIMM(Performance of Educational Information Maturity Model,PEIMM),如图 3-2 所示[②],论述了教育信息化绩效成熟度发展模型的不同层次,对未来教育信息化绩效的发展层次进行了分析和展望,并定义了我国教育信息化绩效成熟度层次标准。

---

① 马宁,余胜泉.面向过程的学校信息化建设评价及成熟度模型建构[J].远程教育杂志,2010(1):13-17.

② 李新晖.教育信息化绩效成熟度模型研究[J].电化教育研究,2008(7):23-27,39.

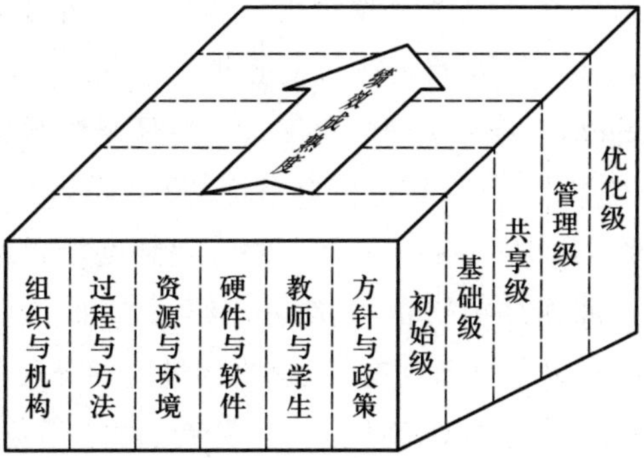

图 3-2　教育信息化绩效成熟度模型

第二节　教育信息化绩效评价的常用方法

教育信息化绩效评价方法可借鉴企业领域的绩效评价方法。由于组织类型与评价要素等不同,采用的绩效评价方法也不相同。绩效评价方法可分为基本绩效评价方法和系统绩效评价方法两大类。① 基本绩效评价方法是指基于员工的绩效评价方法,关注的内容是围绕企业员工的特征要求、工作行为、工作成果进行评价,如特征评价法、行为导向法、结果导向法等;系统绩效评价方法指基于战略的系统绩效评价方法,主要与组织的战略目标等相关,关注的内容是组织战略的实施,主要有目标管理法、关键绩效指标法、平衡计分卡、360 度反馈法等,本节主要介绍系统绩效评价方法。除此之外,模糊综合评价法也是综合评价体系中的一类数学方法。这些方法为教育信息化绩效评价提供了支持,下面将分别介绍。

一、目标管理法

1. 目标管理法概述

现代管理大师彼得·德鲁克(Drucker P F)在《管理的实践》一书中,首先提出了“目标管理和自我控制”的构想。他认为,组织的目的和任务必须细化为目标,组织的各级主管必须通过这些目标对下级进行领导,以此来达到总目标。如果一个范围没有特定的目标,则这个范围必定被忽视,如果没有方向一致的分目标来指导各级主管人员的工作,则组织规模越大,人员越多时,发生

① 周云,刘沃野,王建华等.西方绩效评价理论的发展综述[J].价值工程,2012(22):315-317.

冲突和浪费的可能性就越大。德鲁克对这一概念做了精辟的解释:“所谓目标管理,就是管理目标,也是依据目标进行的管理。”①

目标管理法(Management by Objective,MBO)是组织内部各个部门以及每个人从上到下围绕组织总目标,制定各自目标,确定行动方针,安排工作进度,有效地组织实现,并对结果严格考核的一种管理制度。它通过划分组织目标与个人目标的方法,将许多关键的管理活动结合起来,实现全面、有效的管理②。目标管理法的关键是目标制定,组织内的最高领导层负责制定组织发展的长期目标。在总目标已确定的情况下,再分解目标、逐级传递,即分别为组织内的各个部门、各个部门的领导以及每一位员工制定具体的工作目标。

目标管理法主要包括两方面的内容:一是必须与每一位组织成员共同制定一套便于衡量的工作目标;二是定期与组织成员讨论其目标完成情况。为确保各级绩效目标得以恰当设定,需要特别注意以下几点:目标要清楚、明确;目标要可考评;目标要有相容性;目标必须与在更高的组织层次上所设定的目标相一致;目标必须是具体的和富有挑战性的;目标必须是现实的和可实现的。③

2. 目标管理法的实施步骤

目标管理法的实施一般包括以下几个步骤④。

(1) 制定目标。制定目标包括制定组织的总目标、部门目标和个人目标,为保证目标体系的系统性,同时要明确目标的达到标准,以及达到目标的方法和完成这些目标所需要的资源、条件等多方面的内容。

(2) 目标分解,建立组织的目标管理网络,形成目标体系。

首先,“纵向”目标体系的整合。组织整体的目标体系,必须依序由上而下,即由“组织目标—部门目标—小组目标—个人目标”的顺序来制定。“上级”制定并向“下级”公布自己的目标,下级根据上级的目标与方针,制定各自的目标,并在分解过程中达成共识。

其次,“横向”目标体系的整合。需要把组织的全部资源整合成一个整体,部门之间互相支援与配合、加强沟通与协调。因此,组织的整体目标体系必须具备“横向”沟通的功能。

(3) 目标实施。目标分解后,要根据节点注重目标的执行情况和完成情

---

① 王佳.目标管理法及其应用[J].企业改革与管理,2004(10):54-55.

② 王艳.论绩效管理评价方法——目标管理法[J].经营管理者,2011(5):176-177.

③ 张德培,李刚.绩效管理与评价[M].上海:华东理工大学出版社,2009:244-246.

④ 王艳.论绩效管理评价方法——目标管理法[J].经营管理者,2011(5):176-177.

况,检查目标在实施过程中有无出现偏差。

(4) 检查实施结果及奖惩。对目标按照制定的标准进行考核,将目标完成度与个人的考核挂钩。

(5) 信息反馈及处理。在进行目标实施过程中,可能会出现一些不可控制、不可预测的问题。在实行考核时要根据实际情况对目标进行及时调整和反馈。

3. 目标管理法的优缺点

目标管理的最大优点在于能使人们用自我控制的管理来代替受他人支配的管理,激发人们发挥最大的能力把事情做好,主要表现在以下几个方面[①]:一是权力责任明确,每个成员的工作直接或间接地同组织总目标联系起来,更有效地把组织成员的力量和才能集中起来,提高组织的工作业绩;二是强调成员参与,重视上下级之间的协商、共同讨论和意见交流,调动成员的主动性、积极性和创造性;三是注重结果,工作成果对目标管理来说,既是评定目标完成程度的根据,又是奖评和考核的主要依据;四是吸纳了任务管理法和人本管理法的优点,组织制定总目标,各部门依据总目标制定部门目标,把部门目标分解落实到人,至于如何达到目标则放手让组织成员自己做主。

当然目标管理法也有一些缺点,如尽管目标管理法使组织成员的注意力集中在目标上,但没有具体指出达到目标所要求的行为;目标管理法倾向聚焦于短期目标,成员可能会试图达到短期目标而牺牲长期目标;目标管理法没有为成员之间的相互比较提供共同的基础等[②]。

二、关键绩效指标法

1. 关键绩效指标法概述

关键绩效指标法(Key Performance Indicator,KPI)是目标管理法与帕累托定律("20/80"定律)的有机结合。它是通过对组织内部某一流程的输入端、输出端的关键参数进行设置、取样、计算和分析,从而衡量流程绩效的一种目标式量化管理指标。关键绩效指标是组织建立完善的绩效评估体系的基础,是管理"计划—执行—评价"中"评价"不可分割的一部分,它将组织战略目标分解为可运作目标的工具,是反映个体与组织关键绩效贡献的评价依据和

---

① 牛立新,李西卿,刘国斌.目标管理和KPI法在设计绩效考评内容中的应用[J].人才资源开发,2005(7):15-16.

② 张德培,李刚.绩效管理与评价[M].上海:华东理工大学出版社,2009:248.

指标①。

关键绩效指标法的核心思想是,组织 80%的绩效可通过 20%的关键指标来把握和引领,组织应当抓住主要矛盾,重点考评与其战略目标实现关系最密切的 20%关键绩效指标。关键绩效指标是用于沟通和评估被评价者绩效的定量化或定性化的标准体系。定量的关键绩效指标可以通过数据来体现,定性的关键绩效指标则需通过对行为的描述来体现。

关键绩效指标可以使部门主管明确部门的主要责任,并以此为基础,明确部门人员的绩效衡量指标,使绩效评估尽可能建立在量化或行为化基础之上。建立明确的切实可行的关键绩效指标体系是做好绩效管理的关键。通过确定正确的关键绩效指标体系,可以把个人和部门的目标与组织整体的目标联系起来。对于主管而言,可以分阶段对部门或个人的关键绩效指标输出进行评估和控制,引导下属朝着正确的目标发展;可以定量和定性地对直接创造价值和间接创造价值的贡献做出评估。

2. 关键绩效指标法的实施步骤

关键绩效指标的建立要点在于流程性、计划性和系统性,其具体建立过程为②。

(1) 明确组织的战略目标,并找出业务重点。组织所有的绩效结果标准都必须与组织设立的目标相一致。

(2) 各部门的主管依据组织关键绩效指标,建立部门关键绩效指标。要对相应部门的关键绩效指标进行分解,确定相关的要素目标,分析绩效驱动因素(技术、组织、个人),确定实现目标的工作流程,分解出各部门的关键绩效指标,以便确定评价指标体系。

(3) 各部门的主管和员工等一起再将关键绩效指标进一步细化,分解为更细的关键绩效指标及各职位的业绩衡量指标。这些业绩衡量指标就是员工考评的要素和依据。

(4) 必须对关键绩效指标进行审核,以确保这些指标能够全面、客观地反映被评价对象的绩效,且易于操作。

在确定关键绩效指标时需要注意以下基本原则。

第一是目标导向,即关键绩效指标必须依据组织目标、部门目标、岗位目

---

① 韩同文.基于关键绩效指标的绩效管理[D].厦门:厦门大学,2002.

② 牛立新,李西卿,刘国斌.目标管理和 KPI 法在设计绩效考评内容中的应用[J].人才资源开发,2005(7):15-16.

标等来进行确定;第二是注重工作质量,因为工作质量是竞争力的核心,但又难以衡量;第三是可操作性,必须从技术上保证指标的可操作性,对每一指标都必须给予明确的定义,建立完善的信息收集渠道;第四是目标的平衡性,需要相关部门配合和相互支持协助才能完成的目标,须由相关部门结合流程共同协调制定;第五是强调对输入和输出过程的控制,将两者之间的过程视为一个整体。

3. 关键绩效指标法的优缺点

关键绩效指标法与其他考核方法相比优点如下:一是考核指标少,根据建立关键绩效指标体系的二八原则,要从繁多的考核指标中找出最为关键的指标作为绩效考核指标;二是考核指标目标值递进,考核指标目标值的设立是根据实际情况而定的,一定时期内会根据实际情况变化和年度目标进行调整;三是考核指标是根据部门实际情况、管理水平而不断变化的,当某一项工作经过努力达到很好效果但却没有上升空间时,它将不再作为考核的重点或不列入关键绩效指标考核,从而将考核重点转入其他相对薄弱、有上升空间的指标上。

此外,关键绩效指标法也存在一些缺点,如倾向于定量化的指标,这些定量化的指标是否真正对组织绩效产生关键性的影响较难确定;由于过于依赖考核指标而较少考虑其他因素等,考核方式会稍显机械。此外,并不是所有岗位都适用关键绩效指标法。

三、平衡计分卡

1. 平衡计分卡概述

平衡计分卡是卡普兰(Kaplan R S)和诺顿(Norton D P)共同开发的一整套平衡财务指标和非财务指标的考核体系。平衡计分卡可以使管理者将很多看起来零散的竞争要素放在同一份管理报告中,如顾客导向、敏捷反应、提供品质、强调团队合作、缩短新产品上市时间以及长期的管理问题等。平衡计分卡的核心思想是通过财务、客户、内部流程及学习与发展四个方面指标之间相互驱动的因果关系,展现组织的战略轨迹,实现“绩效考核—绩效改进”以及“战略实施—战略修正”的战略目标过程。

平衡计分卡是通过财务指标和非财务指标考核方法之间的相互补充“平衡”,同时也在定量评价与定性评价、客观评价与主观评价、组织的短期目标与长期目标和组织各部门之间寻求“平衡”的基础上实施的前瞻性绩效考核过程。

平衡计分卡有四个重要维度,即财务维度、客户维度、内部业务流程维度、学习与创新维度。其中财务维度通常又包括:衡量财务效益状况的指标、衡量资产运行状况的指标、衡量债务偿还的指标、衡量成长性的指标。客户维度包括:市场占有率、客户保持率、产品和服务的属性。内部业务流程维度包括:新产品推出能力、设计能力、制造效率、安全性和售后服务指标。学习与创新维度包括:员工能力、信息系统状况、员工提案改善建议次数、新产品数量和制造改善情况、废料降低情况等。

2. 平衡计分卡的实施步骤

一般来说,平衡计分卡的实施包括以下五个步骤①。

(1) 制定组织远景目标与发展战略。首先,分析组织的业务现状,包括生命周期分析、SWOT 分析和价值定位分析等;其次,确定组织的价值定位(一般包括产品领先、高效运作和顾客亲密度)。

(2) 根据组织战略设定平衡计分卡四个维度(财务、顾客、内部流程以及学习与创新)的战略绩效目标。这一步设定的平衡计分卡可看成组织层面的平衡计分卡,后面的部门计分卡和个人计分卡将依次而定。

(3) 在组织内传达战略并把绩效目标逐级落实到组织内各部门和个人。部门和个人的平衡计分卡是在这个步骤开发的,通过部门和个人平衡计分卡的设计,可以有效避免横向失衡和纵向不一致。

(4) 将平衡计分卡和能力发展与浮动薪酬相挂钩。在这一步要确定员工的能力模型以发展员工的能力,同时要把能力发展的进展也计入员工的综合绩效评分中,用与薪酬直接挂钩的形式激励员工完善自己的能力。

(5) 使用平衡计分卡软件系统,定期汇报考核结果,根据评估分析对战略作相应调整,并重复上述流程。

3. 平衡计分卡的优缺点

与传统的考核模式相比,平衡计分卡具有以下优点②:传统考核模式主要考虑财务、组织内部、短期利益等要素,容易忽视对非财务的、组织外部的和组织长期持续发展的考核。平衡计分卡权衡了财务和非财务因素、内部和外部因素,同时将短期利益和长期利益结合,能够较大程度避免走入传统绩效考核模式的误区。此外,它还将较为抽象、宏观的战略目标分解成具体的、可测量的指标,并落实至具体的工作中。但是同时,实施完整的平衡计分卡考核需要

---

① 谢艳红,徐玖平.战略绩效考核工具——平衡计分卡(BSC)[J].商业研究,2005(9):141-143.

② 邱伟年,张兴贵,王斌.绩效考核方法的介绍、评价及选择[J].现代管理科学,2008(3):81-82.

做大量的前期准备工作，实施的专业度要求也很高；平衡计分卡侧重组织的全面发展，在资源一定的条件下难以有效解决组织中存在的“短板”问题。此外，平衡计分卡实施周期比较长，短期内难以产生明显的效果。

四、360 度反馈法

1. 360 度反馈法概述

360 度反馈评价法又称 360 度绩效考核法、全方位全视角考核法、360 度反馈法，它是一种从不同层面的人员中收集考评信息，从多个视角对员工进行综合绩效考评并提供反馈的方法，或者说是一种基于上级、下级和客户及自身等信息资源的收集来评估绩效的方法。360 度反馈法的信息来源于组织内外不同的层面，它能从不同角度提供有关被评价者工作绩效的信息，对被评价者的评价更全面，减少了个人偏见及评分误差，评价的结果更准确。

常见的 360 度绩效考核主体主要包括以下四类①。

（1）直接上级考核：员工的工作绩效可由直属主管进行评分，便于员工在组织中找准定位。但直接上级考核容易以偏概全，过于强调某一方面的表现，而忽视其他方面。同时，上级管理者在评价中容易受到主观因素的影响，无法对员工的绩效做出客观、正确的评价。

（2）同事考核：因为评审者和受评审者工作互动密切，彼此了解更为全面，因而评审结果具有针对性。但是同事之间的评价也存在不足，同事之间的友情、敌意和熟悉程度都能够对员工的绩效评价产生影响；另一方面，由于员工人数庞大，考核结果的处理比较繁杂，考核实施时间也较长。

（3）下属考核：下属有较多机会了解、考察被评审者的管理行为，下属的评审结果可为管理行为的改善提供参考。但这种考核方式也可能因上下级的关系、自身考评能力和道德水平的限制而受到影响。

（4）员工自主考核：员工针对自己平时的工作表现及绩效，对自身进行评估。这种方式能够给予员工自主权，在一定程度上提高员工的自主管理能力，但同时也会存在评价不够客观、全面等问题。

2. 360 度反馈法的实施步骤

360 度反馈法的实施主要包括以下几个步骤②。

（1）准备阶段：主要目的是使所有相关人员（包括考评者和被考评者、相

---

① 张进，韩夏筱.绩效评估与管理［M］.北京：中国轻工业出版社，2009：146-147.

② 张德培，李刚.绩效管理与评价［M］.上海：华东理工大学出版社，2009：241-242.

关管理人员）正确理解实施评价的目的和作用，进而建立起对该考核方法的信任。

（2）问卷编制：编制基于职位胜任特征模型的考核问卷，可以针对组织的特殊要求来编制，也可以向相关企业购买。

（3）组建并培训评价队伍：首先，组建评价队伍，为了保证被评价者对结果的认同和接受，无论评价者是由被评价者自己选择还是由上级指定，都应该得到被考评者的同意；其次，对考评者进行一定的训练和指导，包括如何向他人提供考核和反馈的方法。

（4）实施评价：在评价实施中，主要包括以下几个环节：首先，需要加强对具体实测过程的监控和质量管理，例如，从问卷的开封、发放、宣读指导语到疑问解答、收卷和加封保密等过程，都应该实施标准化管理；第二，统计数据并报告结果，目前已有专门的360度反馈评价软件进行评分数据的统计以及报告结果的初步形成，包括多种统计图表的绘制和及时呈现，使用方便；第三，对被评价者进行如何接受他人考核信息的培训，可以采用讲座和个别辅导方法进行，关键在于建立对于评价目的和方法的可靠性的认同；第四，针对反馈的问题制定行动计划，也可以由咨询公司协助实施，由他们独立进行数据处理和结果报告，其优越性在于报告的结果比较客观，并能提供通用的解决方案和发展计划指南。也可以与多方面的专家结合，评价效果会更好。

（5）绩效反馈和辅导：通过来自各方面的反馈，让被考评者更加全面地了解自身的优势和劣势，更清楚地认识到期望与现实之间的差距。

（6）效果考核：主要指现场考核和反馈工作完成后所需进行的工作，包括确认执行过程的安全性、考核应用效果等。

3. 360度反馈法的优缺点

与传统的绩效考核相比，360度反馈法的主体是多元化的，所以考核结果显得相对比较公平，同时员工也更容易接受；参与考核的主体较多，有利于促进组织人力资源整体水平的提高和员工的全面快速成长；360度反馈法有利于部门之间相互了解工作内容和工作进展情况，促进部门之间的学习交流。①

但同时，由于360度反馈法的考核内容以定性为主，带有较大的主观性；多个考核主体认识程度上的差异，也使考核结果不一定非常客观。此外，如果

---

① 邱伟年，张兴贵，王斌.绩效考核方法的介绍、评价及选择[J].现代管理科学，2008(3)：81-82.

没有控制好实施过程,360 度反馈法易流于形式,考核结果居中的现象会较为突出。

五、模糊综合评价法

1. 模糊综合评价法概述

美国控制论专家查德教授(Zadch L A)于 1965 年第一次提出了模糊集合的概念。发展至今,模糊理论中的模糊综合评价问题已经形成了一套相对完整的体系。模糊综合评价法(Fuzzy Analytic Hierarchy Process,FAHP)是在层次分析法的基础上,采用模糊数学方法,综合考虑各组成因素对复杂事物的影响,从而得出科学、合理的评价的一种过程。模糊综合评价法的核心在于分析复杂系统问题的各个构成因素,依据隶属关系构建递进层级结构,然后通过指标因素之间两两相互比较构建模糊判断矩阵并调整为模糊一致矩阵,接着根据模糊一致矩阵计算并确定各个指标相对权重,并在此基础上通过分析计算得出所要解决目标对象的综合分值[①]。模糊综合评价法被广泛应用于业绩评估、专家评分系统、研究性学习系统、人力资源评价、教学质量评价、企业核心竞争力评价等领域。

2. 模糊综合评价法的实施步骤

模糊综合评价法通过构造等级模糊子集,把反映被评事物的模糊指标进行量化(确定隶属度),然后利用模糊变换原理对各指标进行综合,其实施主要有以下几个步骤[②]。

(1) 确定评价对象的因素论域 $u=\{u_1,u_2,\cdots,u_p\}$,即确定 p 个评语指标。

(2) 确定评语等级论域 $v=\{v_1,v_2,\cdots,v_m\}$,即等级集合,每个等级对应一个模糊子集。一般情况下,评语等级 m 取[3,7]中的整数,因为如果 m 过大,那么语言难以描述且不易判断等级归属;如果 m 过小,又不符合模糊综合评价的质量要求。具体等级可以依据评价内容用适度的语言描述,比如评价产品的竞争力可取 v=(强、中、弱)。

(3) 进行单因素评价,建立模糊关系矩阵 R。在构造了等级模糊子集后,就要逐个对被评事物从每个因素 $u_i(i=1,2,\cdots,p)$上进行量化,也就是确定从单因素来看被评事物对各等级模糊子集的隶属度(R/u_i)。所有指标隶属度计算后,得到:

---

① 梅聪杰.模糊综合评价法在知识型员工绩效评价中的应用[D].沈阳:辽宁大学,2011.

② 文小玲.基于模糊综合评价法的企业绩效评价[J].武汉理工大学学报,2006(8):146-149.

$$R=\begin{pmatrix} R|u_1 \\ R|u_2 \\ \cdots\cdots \\ R|u_p \end{pmatrix}=\begin{pmatrix} r_{11} & r_{12} & \cdots & r_{1m} \\ r_{12} & r_{22} & \cdots & r_{2m} \\ & & \cdots\cdots & \\ r_{p1} & r_{p2} & \cdots & r_{pm} \end{pmatrix}$$

矩阵 R 中第 i 行第 j 列元素表示某个被评事物从因素 u_i 来看对 v_i 等级模糊子集的隶属度。一个被评事物在某个因素方面的表现是通过模糊向量 $(R\ u_i)=\{r_{11},r_{12},\cdots,r_{im}\}$ 来刻画隶属度，而在其他评价方法中多是由一个指标的实际值来刻画的。因此，从这个角度讲模糊综合评价要求更多的信息。

（4）根椐同一层次各指标权重确定指标的权重集 $A=\{a_1,a_2,\cdots,a_m\}$，其中：$0\leqslant a_i\leqslant 1$，且 $\sum_{i=1}^{n} a_i=1$。

（5）模糊综合判断，得出判断结果。模糊判断又称模糊综合判断，即运用合适的合成算子将 A 与各被评事物 R 合成得到各被评事物的模糊综合评价结果向量 B。R 中不同的行反映了某个被评事物从不同的单因素来看对各等级模糊子集的隶属程度。用模糊权向量 A 将不同的行进行综合就可得到被评事物从总体看对各等级模糊子集的隶属程度，即模糊综合评价结果向量 B。模糊综合评价的模型为：

$$A_0\boldsymbol{R}=(a_1,a_2,\cdots a_p)\begin{pmatrix} r_{11} & r_{12} & \cdots & r_{1m} \\ r_{21} & r_{22} & \cdots & r_{2m} \\ & & \cdots & \\ r_{p1} & r_{p2} & \cdots & \underset{m>0}{r_{pm}} \end{pmatrix}=(b_1,b_2,\cdots,b_p)=\boldsymbol{B}$$

上式中，b_i 是由 A 与 R 的第 i 列运算得到的，它表示被评事物从整体看对各等级模糊子集隶属程度。对于多层次模糊评价可以理解为几个单层次模糊评价的综合。

（6）对模糊综合评价结果向量进行分析。对每个被评事物的模糊综合评价结果都表现为一个模糊向量，这与其他方法中每个被评事物得到一个综合评价值是不同的，它包含了更丰富的信息，如果要进行排序，可以采用最大隶属度原则、加权平均原则或模糊向量单值化方法把评价结果向量综合成一个数值，这样就有利于多个评价结果的对比。

3. 模糊综合评价法的优缺点

模糊综合评价法通过精确的数字手段处理模糊的评价对象，能对蕴藏信息呈现模糊性的资料作出比较科学、合理、贴近实际的量化评价；评价结果是一个矢量，而不是一个点值，包含的信息比较丰富，既可以比较准确地刻画被评价对象，又可以进一步加工，得到参考信息。

但是模糊综合评价法计算复杂，对指标权重矢量的确定主观性较强；当指标集较大，在权矢量和为 1 的条件约束下，相对隶属度权系数往往偏小，权矢量与模糊矩阵 R 不匹配，结果会出现超模糊现象，分辨率很差，无法区分谁的隶属度更高，甚至造成评判失败，此时可用分层模糊评估法加以改进。

第四章
绩效导向的教育信息化评价模型

系统建模是深入解析系统结构、分析系统特征及揭示系统发展规律的重要途径与方法。针对教育信息化绩效评价这一复杂的系统性工程，构建教育信息化绩效评价模型有助于科学地指导绩效评价实践的有效开展。本章立足教育信息化建设的总体目标与价值追求，构建以绩效为导向的教育信息化评价模型，并将其灵活应用于教育信息化建设的关键领域中，推演出绩效导向的教育信息化关键领域的评价模型，从而系统灵活地开展教育信息化绩效评价，实现教育信息化的绩效提升和可持续发展。

第一节　绩效导向的教育信息化评价模型研究概述

教育信息化是促进教育改革与发展，实现教育现代化的重要途径。《国家中长期教育改革和发展规划纲要（2010—2020年）》提出，“信息技术对教育发展具有革命性影响，必须予以高度重视”，正式把教育信息化纳入国家信息化发展整体战略。《教育信息化十年发展规划（2011—2020年）》也进一步设定了近十年教育信息化在基础设施、资源、应用、管理信息化和保障体系等五个方面的发展目标与任务。当前我国教育信息化正处在初步应用融合阶段，要促进教育信息化实现全面融合与创新，就要以评价来推动。如何客观评价我国教育信息化的总体发展水平与主要存在问题，建立科学合理的教育信息化绩效评价理论模型是教育信息化政策制订和发展战略研究过程中的重要问题。

一、研究目标与内容

目前国内外有关教育信息化评价的研究主要包括教育信息化评价模型、评价指标体系和评价方法等方面，但多数研究只对教育信息化的局部或某方面内容进行评价，缺乏对教育信息化全面系统的评价，特别是能体现国家教育信息化整体建设的战略目标与价值追求的评价模型几乎没有。基于此，构建体现国家教育信息化整体建设的战略目标与价值追求,以绩效改进为导向,并能系统灵活应用于教育信息化关键领域中的教育信息化评价模型,成为我国教育信息化评价研究的突破点。

1. 研究目标

本研究立足教育信息化建设的总体目标和价值追求,分析教育信息化评价内涵,剖析教育信息化评价的核心要素,借鉴元建模技术中的"元"思想,构建绩效导向的教育信息化评价模型,通过将语义扩展灵活应用于教育信息化关键领域的评价情境中,从而将复杂的教育信息化评价工程转化为可操作性的实践过程,同时注重以绩效改进为导向,实现教育信息化的绩效提升和可持续发展。

2. 研究内容

绩效导向的教育信息化评价模型的研究内容主要包括绩效导向的教育信息化评价模型的构建、绩效导向的教育信息化评价模型的推演、绩效导向的教育信息化评价模型的应用等几个方面。本章主要围绕这几个方面详细展开。

二、研究价值与意义

1. 理论价值

建模是解决复杂问题的关键途径。针对教育信息化绩效评价这一系统复杂性的现实问题,构建教育信息化绩效评价模型,能够为教育信息化绩效评价的开展提供理论的指导与实践的指南。本章立足教育信息化建设总体目标与价值追求,构建以绩效为导向的教育信息化评价模型,有助于明确教育信息化评价的关键领域,厘清教育信息化评价的核心内容,确定教育信息化评价的系统结构,进一步丰富我国教育信息化评价领域的理论研究。

2. 实践意义

通过构建以绩效为导向的教育信息化评价模型,并将其灵活应用于教育信息化关键领域中,提出一套具有可操作性、可实例化的教育信息化评价规则、策略和方法,既能有效指导教育信息化评价实践的全面开展,又能切合提升教育信息化绩效水平的现实需求。

第二节　绩效导向的教育信息化评价模型构建

绩效导向的教育信息化评价模型的构建是在把握以绩效为导向的教育信息化评价内涵、要素与结构的基础上实现的,旨在为教育信息化绩效评价的开展提供决策咨询与科学引导,进而促使教育信息化的可持续健康发展。本节将具体阐述绩效导向的教育信息化评价模型的构建依据、原则、过程与方法。

一、模型构建依据

构建绩效导向的教育信息化评价模型的依据主要包括绩效理论、教育评价理论和元建模技术。绩效理论和教育评价理论的指导,有助于厘清绩效导向的教育信息化评价内涵与价值追求。元建模技术的方法与思想,有助于明确绩效导向的教育信息化评价模型的构建方法和应用过程。

1. 绩效理论

绩效是与企业组织目标及价值追求一致的成就和业绩,是一种可测量的行为结果,与组织的总体目标与主流价值相关,是组织中投入和产出关系的体现①。作为行为与价值的统一体,绩效是对过程和结果两个方面的综合反映。绩效作为多学科交叉的研究领域,也可以应用到教育信息化领域中。有学者认为教育信息化绩效是教育信息化实践活动所产生的与信息化投入有对比关系的可以度量的行为与结果②。由此,绩效导向的教育信息化评价就是对与教育信息化的总体目标与价值追求相一致的行为与业绩成就进行科学、客观、公正的衡量、比较与综合评判的过程,它既关注教育信息化建设、应用的行为过程,又关注教育信息化所产生的效果、效益,同时也会考虑教育信息化发展进程中投入与产出的对比。

2. 教育评价理论

教育评价是指在系统地、科学地和全面地搜集、整理、处理和分析教育信息的基础上,对教育的价值做出判断的过程,目的在于促进教育改革,提高教育质量③,它主要有导向功能、鉴定功能、激励功能和调控功能等。教育评价有五个核心要素:主体、对象、目的、内容与方法。按照不同的分类方式,教育评价可以分为不同的类别。按照评价主体,教育评价可划分为自我评价、外部评价。依据评价对象的范畴,可分为整体评价和单项评价、群体评价和个体评价。按照评价的内容,教育评价可以分为条件评价、过程评价和成果评价。按照评价的功能,可以分为诊断性评价、形成性评价、总结性评价。按照评价标准,可分为相对评价、绝对评价和个体内差异评价。按照评价方法中是否采用

---

① 梁林梅.教育技术学视野中的绩效技术研究[D].广州:华南师范大学,2004.

② 张喜艳,解月光,魏俊杰等.教育信息化绩效特征结构解析[J].中国电化教育,2011(8):24-27.

③ 丁靖.功能层面的教育信息化评价标准研究[D].南京:南京师范大学,2011.

数学方法，教育评价可以分为定性评价与定量评价。开展教育信息化绩效评价首先要明确评价主体、评价对象、评价目的、评价内容与评价方法。

3. 元建模技术

元建模技术是软件工程领域中系统化的建模技术。元模型作为元建模技术的核心制品，是关于如何建立模型、模型的语义或模型之间如何集成和互操作等信息的描述①。元模型是对模型的更高层次的抽象，能够捕捉模型的基本特征与属性。模型是元模型的实例，模型和元模型是一种具体与抽象的关系。绩效导向的教育信息化评价模型的构建主要是借鉴元建模技术中“元”的思想，通过抽象提炼教育信息化评价的核心共性要素，明确教育信息化评价系统结构，阐明教育信息化评价的语言规则，从而将模型应用到教育信息化关键领域中，形成各类教育信息化领域评价模型，从而灵活开展教育信息化评价。

二、模型构建原则

元建模理论认为，模型构建最根本的是确定建模的本质，并将建模分为问题的提出、假设、调研、分析、模型建立和模型评价 6 个阶段②。构建绩效导向的教育信息化评价模型的本质在于立足于教育信息化建设的总体目标和价值追求，系统灵活地开展教育信息化评价，确定教育信息化绩效水平，找出发展过程中存在的问题与差距，并针对性地提出绩效改进策略，及时采取有效措施，从而正确引导和促进教育信息化可持续发展。由此，绩效导向的教育信息化评价模型构建需要遵循以下几个原则。

1. 全面客观，体现教育信息化建设的价值追求

教育信息化建设的根本目标在于促进教育的改革与发展，教育信息化的评价要凸显教育信息化建设的价值追求。教育信息化本身具有多投入多产出的特征，开展教育信息化评价也需要全面客观地衡量投入和产出的关系。因此构建绩效导向的教育信息化评价模型时，首先要在评价模型的核心要素上能体现出教育信息化建设的价值追求；其次要界定清楚教育信息化的投入和产出，尽可能全面地涵盖教育信息化投入和产出的全过程，只有这样才能客观公正地评价教育信息化绩效水平。

---

① 毛媛，刘杰，李伯虎.基于元模型的复杂系统建模方法研究[J].系统仿真学报，2002(4)：411-414.

② Schwarz C V，White B Y.Meta-modeling knowledge：Developing students' understanding of scientific modeling [J].Cognition and Instruction，2005，23(2)：165-205.

2. 绩效导向,重视教育信息化评价的绩效改进

开展教育信息化评价的目的是为了发现教育信息化建设与应用中出现的问题,并寻求解决方法与策略,促进教育信息化绩效水平的提升。因此,构建绩效导向的教育信息化评价模型要以绩效改进为导向,能够针对教育信息化发展中出现的问题有针对性地提出绩效改进策略,从而促进教育信息化的可持续发展。

3. 可操作性,强调教育信息化评价方法的切实可行

只有将教育信息化投入和产出的核心要素这些概念性的东西转化为可操作的、可采集的具体指标,才能保证进行教育信息化评价的可行性和操作性。因此模型不仅要能够体现教育信息化评价的核心要素,而且需要制定相应的实例化方法和规则将理论范畴的概念性要素转化为实际情境下具体的评价指标。

三、模型构建过程与方法

绩效导向的教育信息化评价模型是借鉴元建模技术的理论方法提出的,其构建思路主要包括模型架构设计、模型构建、语义扩展三个环节,如图 4-1 所示。首先,采用元建模架构的理念,根据教育信息化评价的关键领域,设计教育信息化评价的模型架构,明确教育信息化评价模型的应用范畴;其次,依据模型语言的设计模式,通过核心概念建模、关联分析和操作定义构建绩效导向的教育信息化评价模型;最后,定义模型语义的扩展规则,以便将绩效导向

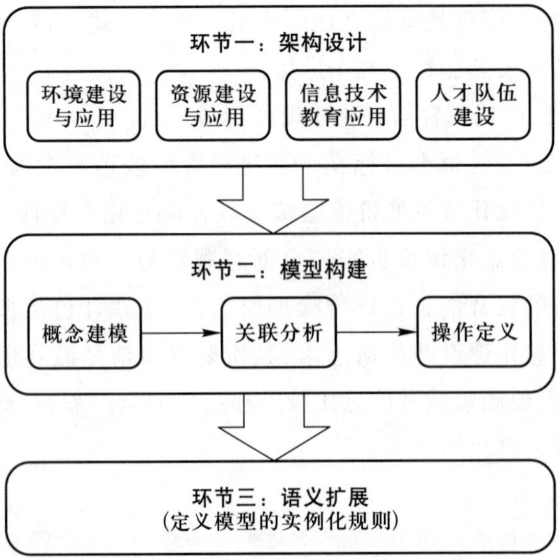

图 4-1 绩效导向的教育信息化评价模型构建思路

的教育信息化评价模型实例应用到教育信息化关键领域中，推演关键领域的绩效导向的评价模型。

（一）架构设计

教育信息化建设的总体目标和价值追求在于支撑和引领教育的改革与发展，进而带动教育现代化的实现，其建设内容主要包括教育信息化基础设施建设与应用、教育信息化优质教育资源建设与应用、信息技术教育应用、教育信息化人才培养建设、教育信息化产业发展建设与应用、教育信息管理及政策机制建设等几个方面。《教育信息化十年发展规划（2011—2020 年）》也明确指出了近阶段教育信息化的发展任务与行动计划，信息化环境建设、数字教育资源建设与共享、信息技术与教育深度融合、信息化队伍建设等成为当前教育信息化发展的核心内容。因此，教育信息化环境建设与应用、资源建设与应用、信息技术教育应用、人才队伍建设是教育信息化评价的关键领域。

绩效导向的教育信息化评价模型要能适用于各级各类教育情境下的环境建设与应用、资源建设与应用、信息技术教育应用以及队伍建设等领域中，根据模型所表达的语义内涵，推演出教育信息化关键领域评价的实例模型，如教育信息化环境建设与应用评价模型、资源建设与应用评价模型、信息技术教育应用评价模型与人才队伍建设评价模型等，进而细化出具体的可操作的教育信息化评价指标体系，将教育信息化评价这一复杂的系统工程简化为可操作的具体的实践过程。

（二）模型构建

绩效导向的教育信息化评价模型主要由要素、要素之间的关联和操作方法构成，因此模型的构建过程主要包括概念建模、关联分析和操作定义等。

1. 概念建模

绩效导向的教育信息化评价是非常复杂的系统，建模是解决复杂性的主要手段。对教育信息化评价的内容进行抽象分析，提炼教育信息化评价的核心要素，并对这些要素建模是教育信息化评价模型构建的第一步。在核心要素确定方面，主要依据国家政策文件和文献资料进行抽取和提炼。《教育信息化十年发展规划（2011—2020 年）》作为教育信息化发展的纲领性文件，从教育信息化发展的目标、思路、任务和措施等方面对教育信息化核心要素的设计提出了明确要求，主要包括教育信息化基础设施、数字教育资源、教与学应用、保障机制等几个方面①。通过对近年来教育信息化评价文献的查阅分析，抽取

---

① 吴砥，尉小荣，卢春等.教育信息化发展指标体系研究[J].开放教育研究，2014(2)：92-99.

教育信息化评价的重要指标,并统计了这些指标的采纳比例,如表 4-1 所示。

表 4-1 重要指标采纳比例

核心指标	采纳率(约)	具体指标
组织管理	70%	组织机构、政策规划、经费投入、保障措施等
环境建设与应用	100%	覆盖范围、拥有率、种类、数量、质量、满意度、利用率、应用水平等
资源建设与应用	80%	覆盖范围、拥有率、种类、数量、质量、态度、动机、满意度、利用率、应用水平等
队伍建设	40%	培训投入、覆盖范围、培训满意度、培训效果、培训迁移等
信息技术应用	100%	应用覆盖率、ICT 支持教学的程度、态度意识、应用方式、应用水平等
创新发展	70%	学生发展、教师发展、学校发展、教育创新等

通过分析发现,教育信息化评价在内容上主要包括组织管理、环境建设与应用、资源建设与应用、队伍建设、信息技术应用和创新发展等几个方面。组织管理方面的具体指标可以抽象为组织规划与投入保障;创新发展方面的具体指标可以抽象为主体发展与教育创新。此外,环境建设与应用、资源建设与应用、队伍建设和信息技术应用这几方面的具体指标也可以进一步抽象提炼。覆盖范围、拥有率、种类、数量、质量等可以抽象为建设成果,对环境、资源和培训的满意度可以抽象为用户对教育信息化建设的满意度,对环境、资源和信息技术使用的意识观念和应用水平可以抽象为意识观念和应用水平。建设规模与满意度可以再抽象为教育信息化的建设成果,意识观念和应用水平再抽象为应用过程。基于此,教育信息化评价的核心要素主要包括四个方面:组织管理、建设成果、应用过程和创新发展。所以,绩效导向的教育信息化评价模型的核心概念建模如图 4-2 所示。

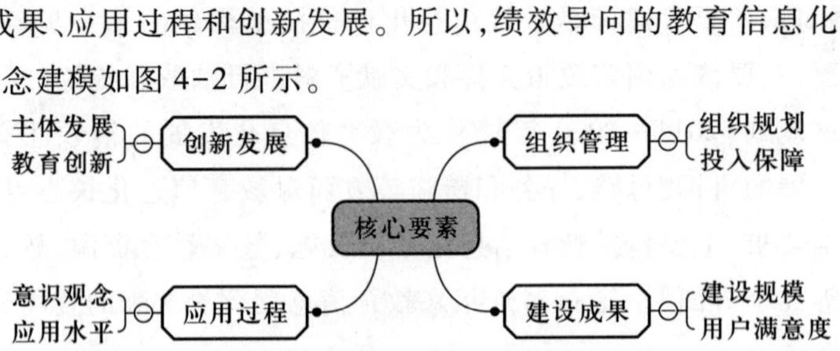

图 4-2 绩效导向的教育信息化评价模型核心概念建模

2. 关联分析

绩效导向的教育信息化评价除了要考察建设与应用的过程和结果，也要考虑投入和产出的对比分析。因此，明确教育信息化绩效评价各要素之间的逻辑关系是模型构建的另一个重点。教育信息化是一个多投入多产出的过程。组织管理是教育信息化有效运行和持续发展的支撑与保障，为教育信息化建设与应用提供人力、财力和物力，是教育信息化建设的投入和付出。教育信息化建设的成果是教育信息化在环境、资源和人才建设方面投入的直观产出，主要包括信息化环境、数字教育资源以及信息化人才队伍培训的建设规模，以及用户对信息化环境、教育资源的种类、质量以及人才队伍培训的满意度，它属于第一层次的教育信息化直接产出。教育信息化的应用过程是环境、资源和人才建设的成果在教育教学领域中的应用，主要包括信息化应用的意识观念和信息化的应用水平，属于第二层次上的间接产出。教育信息化的使命和最终目标是实现主体的发展与教育的创新，因此最终的产出就是学生和教师的发展、学校的发展、技术支持的教育创新。各要素之间的逻辑关系如图 4-3所示。

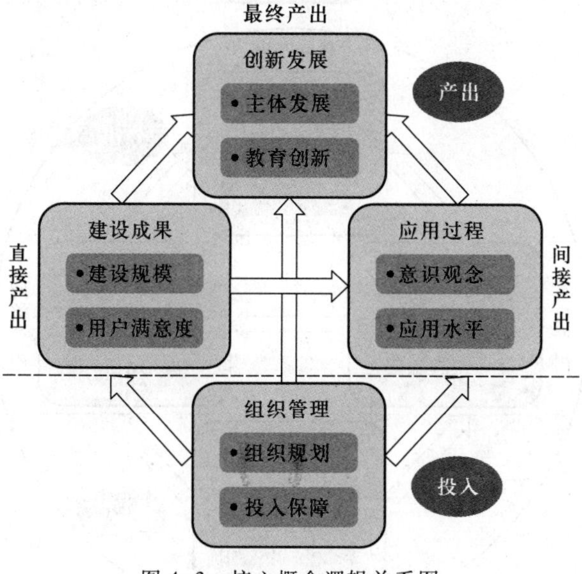

图 4-3 核心概念逻辑关系图

3. 操作定义

对评价过程的操作方法进行科学定义，才能保障教育信息化评价的有效实施。一般情况下，实施评价过程需要明确评价目标、评价主体、评价对象、评价内容和评价方法等。

绩效导向的教育信息化评价目标是评定教育信息化绩效水平,并针对有关问题提出绩效改进的策略。

绩效导向的教育信息化评价主体是各级各类教育情境中,与教育信息化绩效有关的利益相关者,即各级各类教育信息化有关部门、教师、学生、管理人员和专业技术人员等。

绩效导向的教育信息化评价对象主要是教育信息化关键领域,即教育信息化环境建设与应用、资源建设与应用、信息技术教育应用和人才队伍建设等。

绩效导向的教育信息化评价内容是教育信息化评价的核心概念集,即组织管理、建设成果、应用过程和创新发展四个方面的内容。

绩效导向的教育信息化评价方法是实施评价时采用的具体手段,包括评价指标的设计方法、数据收集处理方法和结果分析方法。

综上所述,通过概念建模、关联分析和操作定义,构建出绩效导向的教育信息化评价模型,如图 4-4 所示。

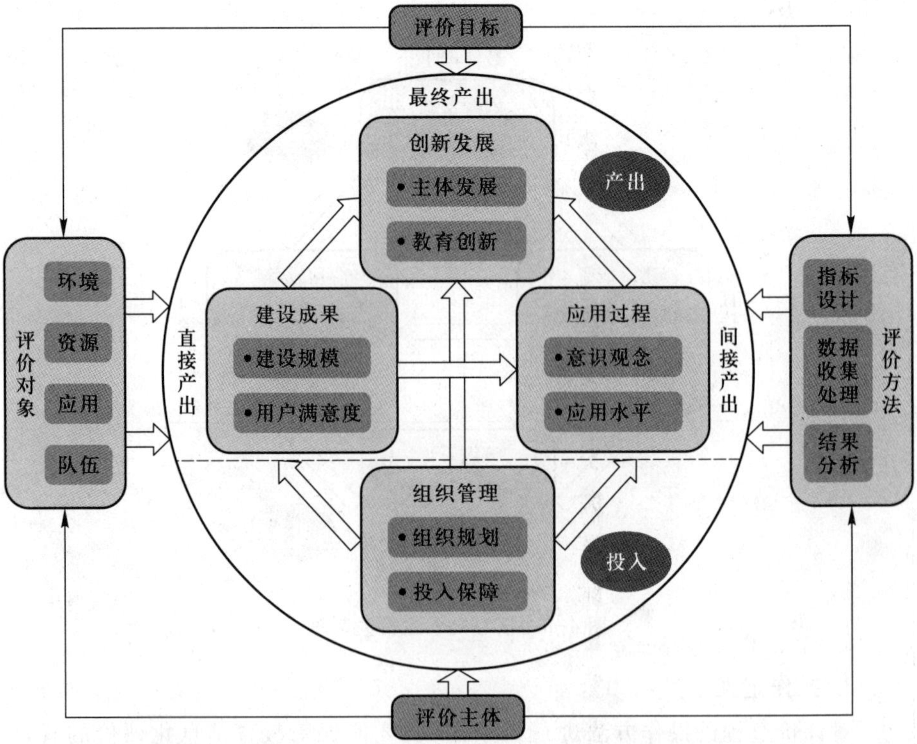

图 4-4 绩效导向的教育信息化评价模型

（三）语义扩展

以绩效为导向的教育信息化评价模型最突出的特点即基于“元”的思想，通过语义的扩展能实例应用到教育信息化关键领域中，推演出教育信息化领域绩效评价模型，灵活系统地开展教育信息化评价。因此需要定义模型的语义扩展规则，实现教育信息化评价模型推演到教育信息化关键领域评价模型的实例化。

绩效导向的教育信息化评价的核心要素主要包括组织管理（组织规划、投入保障）、建设成果（建设规模、用户满意度）、应用过程（意识观念、应用水平）和创新发展（主体发展、教育创新）四个概念集。每一概念集中的子概念又是一个独立的具有丰富语义的概念集，其语义扩展规则如表 4-2 所示。根据语义扩展规则，可以将教育信息化评价的核心要素实例化到具体的评价情境中，选择合适的评价方法，推演出教育信息化关键领域评价的实例模型。

表 4-2　绩效导向的教育信息化评价模型语义扩展规则

核心概念集	子概念集	具体概念
组织管理	组织规划	机构设置、政策规划
	投入保障	投入机制、激励机制
建设成果	建设规模	数量、种类、覆盖范围、拥有率
	用户满意度	对信息化环境/资源质量的满意度，对队伍建设的培训内容、方式的满意度
应用过程	意识观念	学生/教师/管理者/专职人员的信息化意识、信息化态度
	应用水平	信息技术使用率、应用范围、应用方式
创新发展	主体发展	学生的发展、教师的发展、管理者的发展、专职人员的发展、学校的发展
	教育创新	教学的创新、科研的创新、管理的创新

四、模型内涵解析

以绩效为导向的教育信息化评价模型借鉴元建模技术中的“元”思想，通过提炼和抽取各级各类教育领域中的教育信息化绩效评价核心环节与共性要素，实现基础模型的构建，并通过模型语义的扩展实例应用到教育信息化关键领域中，推演出绩效导向的教育信息化领域评价模型，从而灵活系统地开展教育信息化评价。下面主要从内容和特征两个维度分析绩效导向的教育信息化评价模型内涵。

（一）模型的内容分析

绩效导向的教育信息化评价模型为开展绩效导向的教育信息化评价提供了理论指导与实践方法。它主要包括两个维度的内容，即评价过程与评价内容。模型的评价过程明确了绩效导向的教育信息化评价目标、评价主体、评价对象与评价方法。模型的评价内容主要由抽取的教育信息化评价的核心要素组成，包括四个方面的内容：组织管理、建设成果、应用过程、创新发展。

1. 评价过程维度

绩效导向的教育信息化评价过程包括评价目标的确定、评价主体的选择、评价对象的明确以及评价方法的采用等。

绩效导向的教育信息化评价目标是评定教育信息化绩效水平，并针对有关问题提出绩效改进的策略。不同教育情境中的信息化建设目标与价值追求不同，绩效评价目标的定位也不同。基础教育信息化建设的目标与价值追求在于缩小基础教育数字鸿沟，促进优质教育资源共享，推动基础教育的优质与均衡发展。因此，绩效导向的基础教育信息化评价目标定位在于考察教育信息化的建设是否实现了优质资源的共享，是否促进了基础教育的均衡发展。职业教育信息化建设的目标与价值追求是有效提高职业教育教学实践水平，支撑高素质技能人才的培养。因此，绩效导向的职业教育信息化评价目标定位为考察职业院校的信息化水平如何，职业教育信息化又是否促进了职业教育实践教学水平的提升，促进了职业教育人才的社会服务能力增强等。高等教育信息化的建设目标与价值追求是提高高等教育质量，创新人才培养模式，推动文化传承与创新。由此，绩效导向的高等教育信息化评价目标定位为考察高等教育信息化是否促进了人才培养模式的创新，是否形成了科研信息化创新体系，是否提升了社会服务与文化传承能力。

绩效导向的教育信息化评价主体是各级各类教育情境中，与教育信息化绩效有关的利益相关者，即各级各类部门、教师、学生、管理人员和专业技术人员等。

绩效导向的教育信息化评价对象主要是各级各类教育情境中的教育信息化关键领域，即基础教育/职业教育/高等教育等情境中的信息化环境建设与应用、资源建设与应用、信息技术教育应用和人才队伍建设等。

绩效导向的教育信息化评价方法是指在实施教育信息化评价过程中确定指标权重，搜集、整理、分析与解释评价资料的方法、手段或模型。当前国内外常用的教育信息化绩效评价方法主要有平衡计分卡、层次分析法、数据包络分析、主成分分析法、神经网络法、模糊综合评价法等①。按照评价方法的实施阶段主要又细分为评价指标的设计方法、数据收集与处理方法和结果分析方法。评价指标的设计是开展评价的重要内容,它包括指标项系统、权重、等级标准等。评价指标的设计方法主要有关键绩效指标法、因素分析法、德尔菲法、主成分分析法和层次分析法等。数据的收集方法主要有问卷法、观察法、访谈法等,数据的处理和分析方法主要有数据的标准化处理、数据统计分析(如 SPSS 等)、数据包络分析等。

2. 评价内容维度

绩效导向的教育信息化评价内容是通过抽取提炼各级各类情境中的教育信息化评价指标而形成的核心要素,主要包含组织管理、建设成果、应用过程、创新发展等。

组织管理方面考察的是教育信息化建设与应用的统筹规划与制度措施等,它可以细分为组织规划与投入保障两个部分。组织规划又可以细分为机构设置、政策规划等;投入保障细分为投入机制、激励机制等。建设成果方面考察的是教育信息化建设的成果,包括教育信息化建设的规模以及用户对建设的满意度。建设规模主要从数量、种类、覆盖范围、拥有率等方面考察;满意度主要从对信息化环境/资源质量的满意度,对队伍建设的培训内容、方式的满意度等方面考察。应用过程方面主要考察的是教育信息化的创新应用情况,主要从教育信息化主体的信息化意识观念与应用水平等方面进行考察。教育信息化主体的信息化意识观念主要包括学生/教师/管理者/专职人员的信息化意识、信息化态度;应用水平主要从信息技术使用率、应用范围、应用方式等方面考察。创新发展方面主要考察的是教育信息化应用的效果与效益,主要从主体发展与教育创新等方面来衡量。主体发展是指学生的发展、教师的发展、管理者的发展、专职人员的发展、学校的发展等;教育创新可以从教学的创新、科研的创新、管理的创新等方面考察。

(二)模型的特征分析

绩效导向的教育信息化评价模型是立足国家教育信息化建设的总体目标和价值追求,在绩效理论、教育评价理论和元建模技术等理论的指导下构建而成的,其特征主要表现在以下几个方面。

在评价内容上,该模型的核心概念的建立是以《国家中长期教育改革和发

---

① 秦泗海.教育信息化绩效评估指标体系研究[D].银川:宁夏大学,2014.

展规划纲要(2010—2020年)》和《教育信息化十年发展规划(2011—2020年)》为依据的,体现了国家教育信息化建设的总体目标与价值追求。

在评价范围上,它超越了以往对教育信息化局部或某方面内容的评价,通过模型的语义扩展将模型应用到教育信息化的关键领域(如信息化环境建设与应用、资源建设与应用、信息技术教育应用、人才队伍建设)中,推演出相应的教育信息化评价模型,能全面客观又系统灵活地开展教育信息化评价。

在评价取向上,它注重以绩效为导向,能针对教育信息化绩效水平和存在问题提出相应的绩效改进策略,进而引导教育信息化的可持续发展。

第三节　绩效导向的教育信息化评价模型推演

绩效导向的教育信息化评价模型具有"元模型"的特点,能够根据其语义规则实例化到教育信息化的关键领域中,推演出教育信息化关键领域的评价模型,从而系统灵活地开展教育信息化评价。本节主要阐述绩效导向的教育信息化评价模型的推演规则,并根据教育信息化关键领域实际情境推演出关键领域的评价模型。

一、绩效导向的教育信息化评价模型推演规则

绩效导向的教育信息化评价实例模型的推演是根据绩效导向的教育信息化评价模型的内涵和语义扩展而实现的。根据模型的内涵,主要从评价过程的实施和评价内容的确定来推演实例模型;根据模型的语义扩展,进一步厘清实例模型的评价内容主要包括哪些方面。因此,绩效导向的教育信息化评价模型的推演过程主要包括以下几个环节。

1. 明确绩效导向的评价目标

针对具体的教育信息化评价情境,根据具体情境下教育信息化建设的总体目标与价值追求,进一步明确绩效导向的评价目标。绩效导向的评价目标的确定一方面是评判评价对象是否达到要求的绩效标准,另一方面是为了发现问题,提出相应的绩效改进策略。

2. 确定绩效导向的评价主体

确定绩效导向的评价主体是开展评价的关键环节。要根据实际情境下的教育信息化评价来选择合适的评价主体。一般来说,教育信息化评价主体是教育信息化的利益相关者,主要有教育行政部门、教育信息化专家、学校、教师、学生、家长等。

3. 分析绩效导向的评价对象

在明确具体的教育信息化情境中的评价目标与评价主体后，下一步的工作就是分析评价对象。不同情境下的教育信息化评价对象是不同的，如评价教育信息化环境建设时，基础教育重点聚焦于“三通两平台”的建设，职业教育则重点考察仿真实训基地等数字化学习环境，高等教育则重点考察高校数字校园信息基础设施等。

4. 厘清绩效导向的评价内容

针对具体的评价情境，从绩效导向的教育信息化评价模型的核心概念集里推演并厘清具体的评价内容。这一步主要是依据核心概念集的语义扩展规则来进行，选择适切的能有效表现教育信息化绩效水平的标志性指标，将评价内容进一步细化梳理。

5. 选择绩效导向的评价方法

最后，在评价方法上，从指标体系的设计方法、数据的收集与梳理方法、结果的分析方法三个方面，针对实际的评价情境，分别选择合适的绩效导向的评价方法。

二、绩效导向的教育信息化环境建设与应用评价模型

《教育信息化十年发展规划(2011—2020年)》中提到，教育信息化的发展目标是基本建成人人可享有优质教育资源的信息化学习环境，基本形成学习型社会的信息化支撑服务体系，基本实现宽带网络的全面覆盖，教育管理信息化水平显著提高，信息技术与教育融合发展的水平显著提升。教育信息化的环境建设作为教育信息化发展的基础保障和重要任务，其建设成果与应用成效决定着整个教育信息化发展的宏观水平。开展教育信息化环境建设与应用评价，一方面要依据整个教育信息化建设的总体目标和价值追求，衡量教育信息化环境的建设与应用情况；另一方面要在考察投入和产出比的基础上，以绩效改进为导向，针对教育信息化环境建设与应用中出现的问题提出相应的绩效改进策略。因此，以绩效为导向的教育信息化环境建设与应用评价具有重要的意义和价值。

绩效导向的教育信息化评价模型是依据绩效理论和元建模理论构建的，其应用领域和扩展规则具有明确的定义。教育信息化环境建设与应用作为教育信息化重要领域之一，其评价模型可根据教育信息化评价模型通过语义扩展而得。根据语义规则，从绩效导向的教育信息化评价模型的核心要素(即评价目标、评价主体、评价对象、评价内容、评价方法等)推演绩效导向的教育信

息化环境建设与应用评价模型。

1. 绩效导向的教育信息化环境建设与应用评价的目标

绩效导向的教育信息化环境建设与应用评价在于衡量教育信息化环境的建设与应用情况,并针对教育信息化环境建设与应用中出现的问题提出相应的绩效改进策略。绩效评价目标的设定要与国家教育信息化环境建设的总体目标和价值追求相一致。2014 年 12 月,教育部、财政部、发展改革委、工业和信息化部、中国人民银行五部门印发了《构建利用信息化手段扩大优质教育资源覆盖面有效机制的实施方案》,其总体目标是:通过构建利用信息化手段扩大教育资源覆盖面的有效机制,加快推进教育信息化"三通两平台"建设与应用,实现各级各类学校宽带网络的全覆盖,优质数字教育资源的共建共享,信息技术与教育教学的全面深度融合,逐步缩小区域、城乡、校际之间的差距,促进教育公平,提高教育质量,支撑学习型社会建设,形成与国家教育现代化发展目标相适应的教育信息化体系。在教育信息化环境建设方面,特别强调要推进"三通两平台"的建设,并要求:到 2015 年,要全面实现各级各类学校互联网全面覆盖,实现宽带接入比例达 50%以上,拥有网络教学和学习环境;网络学习空间应用覆盖各级各类教育,50%的教师和 30%初中以上的学生拥有实名网络学习空间,高等学校要实现 90%以上师生拥有实名网络学习空间,开放大学要实现 100%的师生拥有实名网络学习空间,并在教育教学中深入应用。到 2017 年,全国基本实现各级各类学校宽带网络接入,网络教学和学习环境完善;实现教育管理信息系统不断完善,基础数据库动态更新,为教育管理和宏观决策提供支撑和服务。到 2020 年,全面完成教育规划纲要和教育信息化十年发展规划提出的教育信息化目标任务,基本实现所有地区和各级各类学校宽带网络的全面覆盖,各级各类学校基本具备网络条件下的多媒体教学环境①。由此,绩效导向的教育信息化环境建设与应用评价目标就要重点考察各级各类教育"三通两平台"的建设与应用情况,特别是在 2015 年需直接考核"三通两平台"的建设目标是否已经达成,是否有效促进教育教学创新发展,并找出教育信息化环境建设与应用过程中存在的问题,提出相应的绩效改进策略。

2. 绩效导向的教育信息化环境建设与应用评价的主体

评价主体的选择是开展评价的出发点,不同的评价主体所主张的评价理念

---

① 关于印发《构建利用信息化手段扩大优质教育资源覆盖面有效机制的实施方案》的通知(教技[2014]6 号)[EB/OL]. http://www.moe.gov.cn/srcsite/A/6/s3342/201411/t20141124_179124.html. 2014-11-24.

不同。绩效导向的教育信息化评价以绩效改进为目的,强调多元评价主体的参与,并重视教育信息化主要利益相关者的需求与发展。由此,绩效导向的教育信息化环境建设与应用评价的主体是教育信息化环境建设与应用的利益相关者,它包括教师、学生、教学管理人员、技术支持人员、政府决策部门、社区等。

3. 绩效导向的教育信息化环境建设与应用评价的对象

对评价对象进行分析是厘清评价内容,开展具体评价的重要环节。教育信息化发展是一个复杂的过程,它有宏观、中观和微观三种层次上的理解。宏观层次是立足社会系统观,教育信息化发展是为了促进社会的发展与创新;中观层次是立足大教育观,教育信息化发展是为了促进教育公平与教育发展;微观层次立足学校教育,教育信息化发展是为了提升教学绩效,促进师生发展。[①]赵晓声等(2014)认为教育信息化评价也分为三个层次,微观层次为课堂层次,即信息化教学评价;中观层次为机构层次,即学校信息化与教育管理部门评价;宏观层次为区域层次,即区域教育信息化评价[②]。教育信息化环境建设与应用作为教育信息化发展的关键领域之一,可以划分为区域教育信息化环境建设与应用评价和学校信息化环境建设与应用评价两个层次(课堂层次的应包含在学校层次里)。由此,教育信息化环境建设与应用评价的对象包括区域教育信息化环境建设与应用、学校信息化环境建设与应用两个方面。

4. 绩效导向的教育信息化环境建设与应用评价的内容

根据评价对象的分析可知,绩效导向的教育信息化环境建设与应用的评价内容主要从两个层次出发,即区域教育信息化环境建设与应用、学校信息化环境建设与应用。要想厘清教育信息化环境建设与应用评价的内容就要对教育信息化环境的内涵进行梳理。李克东(2003)认为教育信息化环境具有信息显示多媒体化、信息传输网络化、信息处理智能化和教学环境虚拟化的特征,包括设施、资源、平台、通信、工具等。祝智庭(2011)认为教育信息化环境应该包括硬件设施(如多媒体计算机、多媒体教室网络、校园网等)、平台(实现网上教与学活动的软件系统)、工具(学习者进行信息获取、知识建构、创造实践、解决问题的学习工具及交流协作工具)和学科资源(为学习者提供的数字化学习材料和学习对象)四个方面[③]。结合《教育信息化十年发展规划(2011—

---

① 赵晓声.陕西省教育信息化的发展层次与整体推进研究[D].西安:陕西师范大学,2012.

② 赵晓声,卢燕,袁新瑞.中小学和幼儿园教育信息化评价——教育视野与需求导向[J].电化教育研究,2014(6):51-57.

③ 祝智庭,尚春光,郭炯.教育技术与教育创新——绩效评价的理论、系统与实践[M].北京:高等教育出版社,2011:40.

2020年)》中将信息化环境与数字教育资源分开来建设的要求,本研究界定教育信息化环境包括信息化设备配置、网络建设、教育资源服务平台、教育管理服务平台、网络学习空间等。

明确了教育信息化环境的内容之后,根据绩效导向的教育信息化评价模型的核心概念集与语义扩展规则,应进一步细化绩效导向的教育信息化环境建设与应用的评价内容。

第一,组织管理方面,主要包括区域或学校教育信息化管理投入和经费投入两部分。其中管理投入包括组织机构、政策规划等,经费投入主要包括教育信息化环境建设经费、培训师生使用信息化环境的经费等,是教育信息化环境建设与应用的投入部分。

第二,建设成果方面,主要包括教育信息化环境建设的规模和用户满意度。建设规模包括信息化环境建设(即信息化设备、网络设施教育资源服务平台、教育管理服务平台、网络学习空间等)的种类、数量、覆盖面、拥有率等,如多媒体教室配备情况、师机比、生机比、网络带宽、网络覆盖率、网络教学平台建设情况、统一教学资源平台建设情况等;用户满意度是指用户对信息化环境建设数量、质量等方面的满意度。

第三,应用过程方面,主要包括师生对信息化环境的应用意识和应用水平。应用意识主要是指师生的信息化意识、对信息化环境的接受度和使用信息化环境的主动性;应用水平主要包括在教育教学中,信息化环境应用范围、应用频率以及应用方式等,如多媒体教室上课使用率、机房上课使用率、学生每周在校计算机使用时间、信息化环境下教育教学方式等。

第四,创新发展方面,主要包括学生的发展、教师的发展、学校的发展以及区域的发展等。学生的发展主要指学生的信息素养、数字化学习能力,教师的发展主要指教师的信息素养与信息化教学能力,学校的发展是指学校的信息化发展前景与整体教育教学实力,区域的发展主要指区域教育公平、教育均衡发展前景等。

5. 绩效导向的教育信息化环境建设与应用评价的方法

绩效导向的教育信息化环境建设与应用评价方法主要从指标设计方法、数据收集与处理方法、结果分析方法等方面选择。绩效导向的评价方法前面已经提及过,由于绩效导向的教育信息化评价模型中的方法具有普遍适用性,这里不再详细赘述,只要选择合适的方法即可。

通过对教育信息化环境建设与应用绩效评价的目标、主体、对象、内容和方法的分析与明确,可以推出绩效导向的教育信息化环境建设与应用评价模型,如图4-5所示。

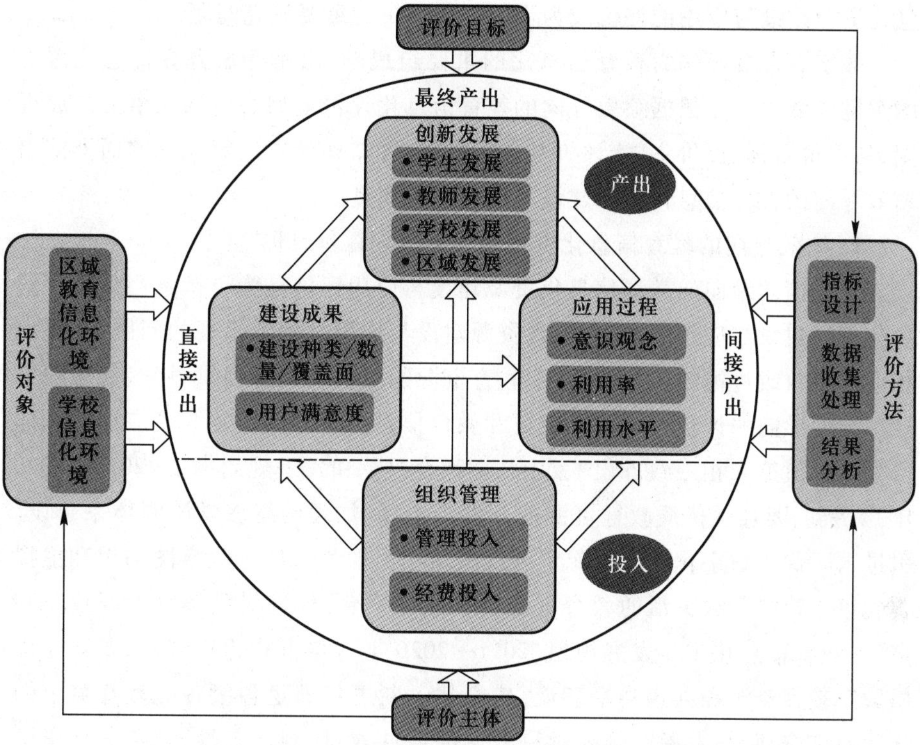

图 4-5 绩效导向的教育信息化环境建设与应用评价模型

三、绩效导向的教育信息化资源建设与应用评价模型

信息时代的教育教学改革以信息技术在教育系统中的普及、渗透与应用为重要基础，并以数字资源在课程教学中的应用为突破口，不断推动教育的变革与创新。《国家中长期教育改革和发展规划纲要（2010—2020 年）》《教育信息化十年发展规划（2011—2020 年）》、教育部等九部门《关于加快推进教育信息化当前几项重点工作的通知》等文件，都强调推动优质数字教育资源的开发与普遍应用，促进优质教育资源的共享，以教育信息化带动教育现代化。为推进我国优质数字教育资源的共建共享，国家建设了“国家教育资源公共服务平台”（www. eduyun. cn），以此推动数字教育资源的汇聚与应用。同时，《教育信息化十年发展规划（2011—2020 年）》也明确指出，需要“制订数字教育资源建设与共享的基本标准，建立数字教育资源评价与审查制度”①。鉴于此，教育信

① 柯清超，郑大伟，曾颖欣等.基础教育领域数字教育资源的评价研究[J].电化教育研究，2014(2)：55-61.

息化资源建设与应用的评价成为当前亟待解决的重要研究问题。

数字教育资源作为教育信息化的重要组成部分，是开展教育信息化评价的关键领域之一。根据绩效导向的教育信息化评价模型的内涵与语义扩展规则，从评价目标、评价主体、评价对象、评价内容与评价方法等几个方面推演出绩效导向的教育信息化资源建设与应用评价模型。

1. 绩效导向的教育信息化资源建设与应用评价目标

开展绩效导向的教育信息化资源建设与应用评价是为了衡量当前教育信息化资源建设与应用的水平，发现资源建设与应用过程中出现的问题，并提出相应的绩效改进策略，进而对数字教育资源的可持续发展提供科学、动态的引导。绩效导向的评价目标的确定要和教育信息化资源建设及共享应用的总体目标与价值追求相一致。《国家中长期教育改革和发展规划纲要（2010—2020年）》提到，要加强优质教育资源的开发与应用，加强网络教学资源体系建设。引进国际优质数字化教学资源。开发网络学习课程。建立数字图书馆和虚拟实验室。建立开放灵活的教育资源公共服务平台，促进优质教育资源普及共享。《教育信息化十年发展规划（2011—2020年）》第九章再次强调，要建立优质数字教育资源和共建共享环境，建设并不断更新满足各级各类教育需求的优质数字资源，开发深度融入学科教学的课件素材、制作工具，完善各种资源库，建设优质网络课程和实验系统、虚拟实验室等，促进智能化的网络资源与人力资源结合。逐步形成政府购买公共服务与市场提供个性化服务相结合的资源共建共享机制，减少低水平重复开发，实现最大范围的开放共享；提高数字教育资源对教育教学模式改革创新的支持能力和水平，支持偏远地区、少数民族地区、经济欠发达地区和薄弱学校享用优质的教育资源服务。因此，绩效导向的教育信息化资源建设与应用评价的目标要突出国家教育信息化建设的要求，综合评判各级各类教育资源的建设与共享水平。

2. 绩效导向的教育信息化资源建设与应用评价主体

教育信息化资源的评价主体多样，不同的评价主体由于所处的立场和专业角度不同，所关心的侧重点也有差异。根据参与主体的特定专业身份，评价主体可分为教育资源的管理者、教育技术专家、学科专家以及使用者等几类。在评价时，根据具体评价需要，评价主体可以是单独个体，也可以是多个主体的组合。

3. 绩效导向的教育信息化资源建设与应用评价的对象

教育信息化资源建设牵涉各级各类教育资源建设，因此，绩效导向的教育信息化资源建设与应用评价的对象就包括各级各类教育资源，即基础教育信息化资源、职业教育信息化资源、高等教育信息化资源、继续教育信息化资源等。其中，各类教育资源又具有不同的资源类型，基础教育信息化资源类型包括教学素材、教学课件、网络课程、教学案例、教学工具与教育游戏等类型，并随着教育信息化的深入发展不断扩充与发展。2014年，教育部办公厅颁布了"关于开展2014年度'一师一优课、一课一名师'活动的通知"（教基二厅函[2014]13号），2014年组织200万名教师在国家教育资源公共服务平台上"晒课"，从中评选出2万堂"优课"，促进了优质数字教育资源的开发与共享，形成了一套覆盖中小学各年级各学科各版本的生成性资源体系。[①] 职业教育信息化资源主要包括网络课程、虚拟仿真实训平台、虚拟仿真实训教学软件、名师名课音像及专业课程群等。高等教育信息化资源类型包括网络课程、精品开放课程、教学资源库、专业课程群、数字图书馆、数字博物馆、教学实验工具等。

4. 绩效导向的教育信息化资源建设与应用评价内容

由绩效导向的教育信息化资源建设与应用评价的对象分析可知，教育信息化资源建设与应用的评价主要从资源建设的规模与质量、应用与共享水平等方面进行评价。依据绩效导向的教育信息化评价模型的内涵与语义规则，从核心概念集出发，进一步细化厘清绩效导向的教育信息化资源建设与应用评价的内容。

第一，组织管理方面，主要包括教育信息化资源建设与应用的管理投入、经费投入、保障机制等。管理投入是指管理部门设置、管理条例与政策文件制定；经费投入是指资源制作或购买的费用、培训师生使用资源的费用、资源维护与更新的费用等；保障机制是指教育信息化资源应用与共享的机制策略。

第二，建设成果方面，主要包括资源建设的规模与用户满意度。建设规模是指资源建设的种类（类型）、数量、学科/专业/课程覆盖率等；用户满意度是指用户（教师、学生等）对资源的质量、技术规范、获取性、易用性、稳定性、更新和维护等方面的满意程度。

第三，应用过程方面，主要包括资源应用与共享的意识观念、资源的利用水平、资源的共享程度等。资源的利用水平主要从资源下载次数、访问量、利用资源的教学活动时长比等考察；资源的共享程度主要从区域资源共享范围与级别、校内外资源共享的范围与级别、学科共享度等来衡量[②]。

---

① 教育部办公厅关于开展2014年度"一师一优课、一课一名师"活动的通知（教基二厅函[2014]13号）[EB/OL].http://www.moe.edu.cn/publicfiles/business/htmlfiles/moe/s8001/201407/171300.html. 2014-07-01.

② 黄琼珍.信息化教学资源绩效评价研究[J].中国教育信息化,2010(5):27-30.

第四，创新发展方面，主要依据学生、教师和学校的发展情况来考察。学生的发展情况主要是指学生的信息素养、数字化学习能力等，教师的发展情况从教师的信息素养、信息化教学能力、专业发展等方面考察，学校的发展情况主要从信息化水平、教学质量等方面衡量。

5. 绩效导向的教育信息化资源建设与应用评价方法

绩效导向的教育信息化资源建设与应用评价的方法主要从指标设计、数据收集和处理、结果分析三个层面进行考虑。除了与绩效导向的教育信息化评价模型中所描述的共性方法之外，资源评价也有它自己特定的评价方法，如网络计量法、链接分析法、流量分析法等定量评价资源共性应用的方法。网络计量法是利用网上自动搜集和整理网站信息的评估工具，实现网站的访问量统计和链接情况统计，通过对被访问服务器的访问数字进行统计分析，以此对网站排序或者通过搜索引擎完成网站被链接次数的统计及排序。通过对网上信息进行定量描述和统计分析揭示资源的数量特征和内在规律，从客观量化角度对资源进行优选与评价。

通过分析绩效导向的教育信息化资源建设与应用评价的目标、主体、对象、内容与方法，推演出绩效导向的教育信息化资源建设与应用评价模型，如图 4-6 所示。

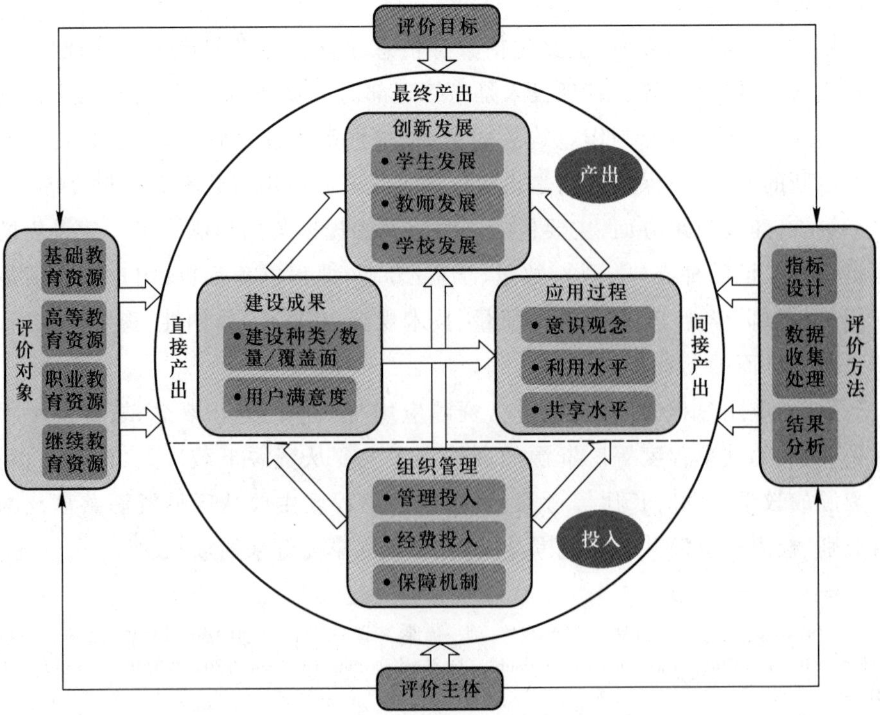

图 4-6　绩效导向的教育信息化资源建设与应用评价模型

四、绩效导向的信息技术教育应用评价模型

教育信息化是在教育领域充分利用信息技术，开发利用信息资源，促进信息交流和知识共享，促进教育现代化的过程。[①] 信息技术在教育教学各个领域中的应用是教育信息化发展的核心动力。信息技术教育应用情况与发展水平是教育信息化绩效的具体表现，有教育实践中的信息技术应用才可能体现出应用的效果。因此，开展绩效导向的信息技术教育应用评价，对大力推动信息技术与教育深度融合，深化信息技术对教育变革与发展的推动作用，促进教育质量提高具有重要的意义。

根据绩效导向的教育信息化评价模型内涵与语义规则，分别从绩效导向的信息技术教育应用评价的目标、主体、对象、内容与方法等方面，推演出绩效导向的信息技术教育应用评价模型，进而对具体的信息技术应用情境开展评价提供理论指导与实践支持。

1. 绩效导向的信息技术教育应用评价目标

当前我国的教育信息化总体处于“初步应用整合”阶段，正在向“融合创新”阶段迈进。当前的工作重心在于推进信息技术在教学、管理、科研等方面的深入应用，变革教育教学理念、模式与方法，支撑和引领教育创新发展。绩效导向的信息技术教育应用评价应立足国家教育信息化建设总体目标与价值追求，综合评价信息技术在教育各领域中的应用水平与应用效果，并发现信息技术应用过程中存在的问题，提出相应的绩效改进策略，进而促进信息技术与教育的深度融合。

2. 绩效导向的信息技术教育应用评价主体

教育信息化是信息技术在教育领域深入应用的过程，绩效导向的信息技术教育应用评价的主体是教育信息化的利益相关者，即管理者、教师、学生、技术人员等。

3. 绩效导向的信息技术教育应用评价对象

《教育信息化十年发展规划(2011—2020年)》指出，要“推进信息技术与教学融合”“促进高校科研水平提升”“提高教育管理公共服务质量与水平”“增强高校社会服务与文化传承能力”，强调了信息技术在教学、科研、教育管理、社会服务中的应用。《我国教育信息化建设与应用现状调研与战略研究报

① 教育信息化建设与应用研究课题组.我国教育信息化建设与应用现状调研与战略研究报告[M].北京:高等教育出版社,2010:30.

告》指出，教育信息化技术应用的范畴主要包括管理信息化、教学信息化、科研信息化、社会服务信息化四个方面。因此，绩效导向的信息技术教育应用评价的对象包括信息技术教学应用、信息技术科研应用、信息技术教育管理应用与信息技术社会服务应用等。

4. 绩效导向的信息技术教育应用评价内容

在明确评价对象的基础上进一步分析信息技术教育应用的绩效表现，对厘清评价内容具有重要的作用。信息技术教学应用的具体表现是教学信息化。信息技术在教学中的应用主要有信息技术课程开设、信息技术与学科教学的有效整合、师生课外使用信息技术搜索资源、学习交流等。信息技术在科学研究中的具体应用主要表现在数字化科研环境（网络、资源、平台等）、信息技术对科学研究过程及活动的支持等方面。信息技术教育管理应用主要表现在教育管理信息系统的建设与应用上。杜占元（2013）认为，教育管理信息化以服务需求为导向，注重管理过程的优化与再造，通过信息化手段推进管理水平的提高，解决教育管理中的现实紧迫问题①。信息技术在社会服务中的应用主要以信息技术在继续教育和现代远程教育的应用为代表，国内外对远程教育信息化的评估主要从质量策略、学习支持、教学组织、基础设施、教学管理、社会声誉、教学支持、教学效果等方面进行。

在分析信息技术在教学、科研、教育管理、社会服务等方面的具体应用的基础上，依据绩效导向的教育信息化评价模型的内涵与语义扩展规则，从四个核心概念集出发推演绩效导向的信息技术教育应用评价内容。

第一，组织管理方面，包括信息技术应用的管理投入与经费投入。管理投入指教学信息化、科研信息化、教育管理信息化、社会服务信息化相关机构设置与政策规划；经费投入是指信息化教学环境与资源、信息化科研环境与资源、教育管理系统等的建设投入。

第二，建设成果方面，包括信息技术环境/资源建设的规模与用户满意度。环境与资源建设的规模主要从建设种类、数量、覆盖面衡量，用户满意度主要从用户对环境与资源的质量、获取性、更新与维护等方面的满意程度进行衡量。

第三，应用过程方面，包括信息技术应用意识与观念和应用水平。信息技术应用意识主要从师生的教学信息化意识、科研信息化意识、管理信息化意

---

① 杜占元.杜占元副部长在教育管理信息化工作研讨会暨2012年全国教育信息中心主任会议上的讲话[J].中国教育信息化·高职高教，2013(1)：3-5.

识、社会服务信息化意识考察,应用水平主要从信息化教学方式与水平、科研信息化水平、教育管理信息化水平和社会服务信息化水平等方面进行考察。

第四,创新发展方面,主要包括学生发展、教师发展、科研创新与学校发展等。学生发展主要包括学生的信息素养发展、数字化学习能力发展,教师发展主要从教师的信息素养、信息化教学能力、信息化研究能力等方面进行考察,科研创新主要从科研成果等方面进行衡量,学校的发展主要从教育教学质量、信息化发展前景等方面进行衡量。

5. 绩效导向的信息技术教育应用评价方法

绩效导向的信息技术教育应用评价方法主要从指标设计方法、数据收集与处理方法、结果分析方法等方面选择。绩效导向的评价方法前面已经提及过。由于绩效导向的教育信息化评价模型中的方法具有普遍适用性,这里不再赘述,只要能选择合适的方法即可。

通过分析绩效导向的信息技术教育应用评价目标、主体、对象、内容与方法,推演出绩效导向的信息技术教育应用评价模型,如图 4-7 所示。

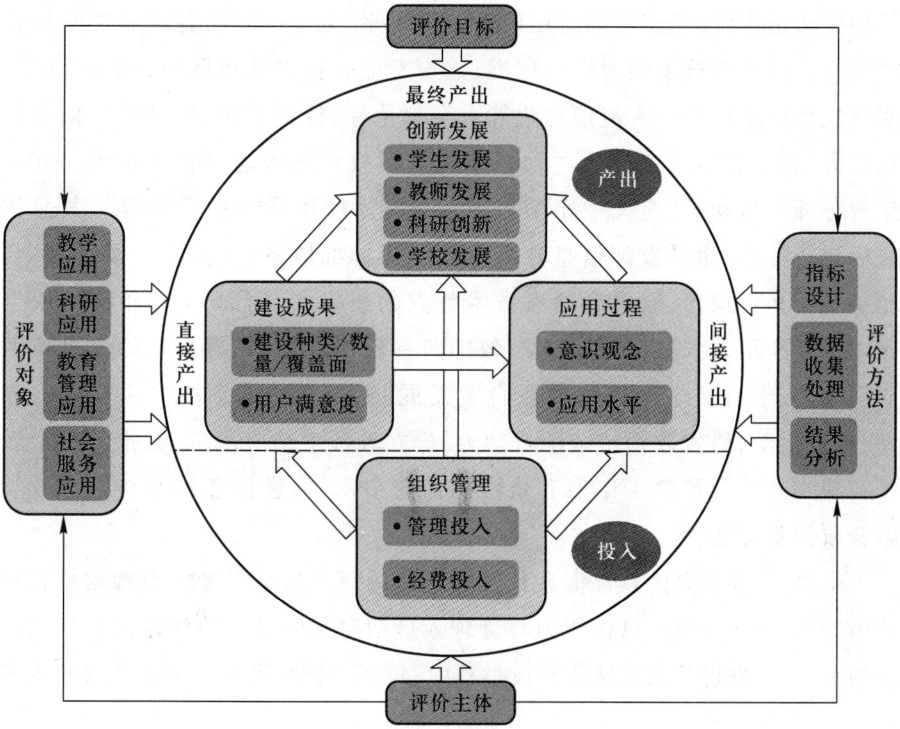

图 4-7　绩效导向的信息技术教育应用评价模型

五、绩效导向的教育信息化人才队伍建设评价模型

队伍建设是教育信息化发展的基本保障。教育信息化的各项工作最终都需要人去落实,人员的素质水平、队伍的可靠稳定是教育信息化的可持续发展根本要素。鉴于此,绩效导向的教育信息化评价工作的开展还要落实到人才队伍建设的绩效评价上。通过开展绩效导向的教育信息化人才队伍建设评价,可以客观地评判教育信息化的可持续发展能力。

根据绩效导向的教育信息化评价模型内涵与语义规则,分别从绩效导向的教育信息化人才队伍建设评价的目标、主体、对象、内容与方法等方面,推演出绩效导向的教育信息化人才队伍建设评价模型,进而对开展具体的评价提供理论指导与实践支持。

(一) 绩效导向的教育信息化队伍建设评价目标

绩效导向的评价目标的确定要与国家教育信息化队伍建设的总体目标与价值追求相一致,《教育信息化十年发展规划(2011—2020年)》中提到:要加强队伍建设,提高教师应用信息技术水平,到2020年,各级各类学校教师基本达到教育技术能力规定标准;建设专业化技术支撑队伍,到2020年,实现教育信息化专业人员信息化能力全部达标,持证上岗;提升教育信息化领导力,到2020年,各级各类管理人员达到教育技术能力相应标准。2013年教育部又启动了“全国中小学教师信息技术应用能力提升工程”,其总体目标与任务是:建立教师信息技术应用能力标准体系,完善顶层设计;整合相关项目和资源,采取符合信息技术特点的新模式,到2017年年底完成全国1 000多万中小学(含幼儿园)教师新一轮提升培训,提升教师信息技术应用能力、学科教学能力和专业自主发展能力;开展信息技术应用能力测评,以评促学,激发教师持续学习动力;建立教师主动应用机制,推动每个教师在课堂教学和日常工作中有效应用信息技术,促进信息技术与教育教学融合取得新突破。①

由此,绩效导向的教育信息化队伍建设的评价目标是考察教师信息技术应用能力、专业人员信息化能力与管理人员信息化领导力的建设是否达到要求的水平,并发现信息化队伍建设过程中存在的问题,提出相应的绩效改进策

---

① 教育部关于实施全国中小学教师信息技术应用能力提升工程的意见(教师[2013]13号)[EB/OL]. http://www.moe.edu.cn/publicfiles/business/htmlfiles/moe/s7034/201311/159042.html. 2013-10-25.

略，进而提高教育信息化可持续发展能力。

（二）绩效导向的教育信息化队伍建设评价主体

教育信息化队伍是教育信息化建设的领导者、执行者和应用者，《教育信息化十年发展规划（2011—2020 年）》第十章明确指出，"加强队伍建设，增强信息化应用与服务能力。通过造就业务精湛、结构合理的教育信息化教师队伍、专业队伍、管理队伍，为教育信息化提供人才支持"，由此可知，教育信息化队伍包括教师队伍、专业队伍和管理队伍三个方面。

绩效导向的教育信息化队伍建设评价主体是教育信息化队伍建设的利益相关者，包括教育行政部门、学校管理者、教师、专业技术人员等。

（三）绩效导向的教育信息化队伍建设评价对象

教育信息化队伍主要由教师队伍、专业队伍与管理队伍组成。其中教育信息化教师队伍主要是指具有先进教学理念、能有效利用信息技术开展信息化教学的广大教师。教育信息化教师队伍建设的主要内容包括建立和完善各级各类教师教育技术能力标准，对各级各类教师进行教育技术能力建设，开展教师职前、职后相衔接的远程教育与培训，采取多种方法和手段帮助教师有效应用信息技术，更新教学观念，改进教学方法，提高教学质量。

教育信息化管理队伍是教育信息化发展规划、管理和执行的领导力量，主要是指各级各类教育信息化领导队伍，其基本职责是对信息化建设开展宏观管理，包括制定教育信息化建设与发展的具体规划、信息化建设的数据标准和规范以及开展信息化建设与发展的监督检查等工作。[①] 教育信息化管理队伍的建设内容主要包括开展管理人员教育技术能力培训和教育信息化领导力培训，提升教育信息化的规划能力、管理能力和执行能力。

教育信息化专业队伍主要指教育信息化建设中的专业技术人员，包括各级教育、人力资源社会保障行政部门和每一所学校系统应用和管理的责任人员，如高级软件工程师、网络工程师、微电子技术专业人员等。教育信息化专业队伍是保障系统建设与应用、系统运行维护和技术服务需求的中坚力量，其建设内容主要是持续开展各级各类教育信息化专业人员能力培训，实现教育信息化专业人员信息化能力达标，使这些人员能高效开展教育信息化系统建设、软件开发、系统运营维护以及技术服务等工作。

由此，教育信息化队伍建设的评价对象主要聚焦于教育信息化教师队伍、管理队伍和专业技术队伍。

---

① 陈贺婉.浅谈高校信息化队伍的培育和管理[J].科技风，2013（14）：254.

(四) 绩效导向的教育信息化队伍建设评价内容

教育信息化队伍建设的主要任务包括提高教师应用信息技术水平、建设专业化技术支撑队伍、提升教育信息化领导力和优化人才培养体系等,绩效导向的教育信息化队伍建设评价的主要内容也应聚焦于教师信息技术应用能力、专业人员信息技术能力与管理人员信息化领导力的建设评价等方面。基于此,分析教师信息技术应用能力、专业人员信息技术能力、管理人员信息化领导力的内涵对厘清绩效导向的教育信息化队伍建设评价的内容具有至关重要的作用。

1. 能力标准的梳理

(1) 教师信息技术应用能力。当前国内外教师信息技术应用能力具有不同的内涵,出现了教育技术能力标准、技术整合能力标准、信息化教学能力标准、信息技术应用能力标准等不同的标准规范。我国 2004 年颁布的《中小学教师教育技术能力标准(试行)》(教师[2004]9 号)中提到,教师的教育技术能力主要包括意识与态度、知识与技能、应用与创新以及社会责任四个方面。UNESCO(2006)颁布的教师技术整合能力标准的主要维度有理解与操纵技术、理解与支持学习、理解与加工课程知识及资源、理解与致力于专业实践等方面。国际培训、绩效、教学标准委员会发表的 2012 年 IBSTPI 教学设计能力标准,分为五个维度:专业和基础、规划和分析、设计与开发、评估与实施、管理。2014 年教育部颁布的《中小学教师信息技术应用能力标准(试行)》对教师信息技术应用能力提出基本要求与发展性要求,并将信息技术应用能力区分为技术素养、计划与准备、组织与管理、评估与诊断、学习与发展五个维度①。

(2) 专业人员信息技术能力。国内外目前对专业人员的信息技术能力标准研究不多,比较经典的是专业人员的教育技术能力标准,具体涉及意识与态度、知识与技能、应用与创新、社会责任等方面。

(3) 管理人员信息化领导力。国内外有关信息化领导力的内涵还没有统一的界定,2009 年美国国际教育技术协会(International Society for Technology in Education,ISTE)重新修订了管理人员的信息化领导力标准,包括愿景领导、数字化时代的学习文化、卓越的专业实践、系统化变革、数字化时代的公民素养等方面。国内学者祝智庭等(2006)认为,教育信息化领导力包括教育信息

---

① 教育部办公厅关于印发《中小学教师信息技术应用能力标准(试行)》的通知(教师厅[2014]3 号)[EB/OL]. http://www.moe.gov.cn/publicfiles/business/htmlfiles/moe/s8610/201406/xxgk_170123.html.2014-05-27.

化系统规划能力、信息化教学与课程改革领导能力、教师专业发展领导能力、教育信息化规制建设能力四个方面。王佑镁等(2007)认为,校长的信息化领导力包括信息技术意识与态度、信息技术知识与技能、信息技术整合与应用、信息技术规划与评估、信息伦理与规范五方面。化方等人(2010)认为信息化领导力包括基本的信息素养、信息化系统规划能力、信息化应用指导能力、信息化管理评价能力、信息化规制建设能力、信息化沟通协调能力六个方面。

2. 核心概念集的语义扩展

在分析信息技术应用能力、专业技术人员信息技术能力、信息化领导力内涵的基础上,再依据绩效导向的教育信息化评价模型的核心概念集与语义扩展,进一步细化厘清绩效导向的教育信息化队伍建设评价内容。

考虑到教育信息化队伍建设主要内容是对教师队伍、专业队伍与管理队伍进行不同层次不同内容的培训,由此,绩效导向的教育信息化队伍建设评价的重心就迁移到教师队伍信息技术应用能力培训、专业队伍信息技术能力培训、管理队伍信息化领导力培训及培训的效果上。因此,组织管理方面,主要包括信息化队伍培训的机构设置、培训的规划条例、经费投入及其他相关激励机制等;建设成果方面,主要是指信息化队伍培训的成果,包括培训规模,受训人员对培训周期、内容和方式的满意度等;应用过程是信息化队伍培训后在教育教学领域中的信息化应用,包括受训人员在教学、科研、管理等工作中意识观念的转变和信息化应用水平的提升;创新发展方面包括信息化队伍的自我发展和学校的信息化发展,其中自我发展方面包括教师的信息技术应用能力发展、学科教学发展与专业发展,专业人员的信息技术能力发展与职业发展,管理人员的信息化领导力提升等。学校的信息化发展主要是指学校的信息化规划与愿景。

(五)绩效导向的教育信息化队伍建设评价方法

绩效导向的教育信息化队伍建设的评价方法在指标设计、数据收集与处理、结果分析等方面的方法也一样继承了绩效导向的教育信息化评价模型中所阐述的方法。此外,由于教育信息化队伍建设主要是通过培训这一过程来进行的,因此,在评价教育信息化队伍建设时,也可以采用柯氏评价方法、CIRO 评价方法、CIPP 评价方法等评估思路。柯氏评价方法将培训效果的评价分为四个递进的层次:反应(Reaction Level)、学习(Learning Level)、行为(Behavior Level)和结果(Results Level)①;CIRO 评价方法将培训过程的评价分为情境

① 魏轶娜.绩效评估——对教师教育技术能力培训评估的有力补充[J].中国教育信息化,2011(6):23-25.

(Contextual)评价、投入(Input)评价、反应(Reaction)评价和输出(Outcome)评价四个方面①;CIPP评价方法是由背景(Context)评价、输入(Input)评价、过程(Process)评价和成果(Product)评价这四种评价组成的一种综合评价框架②。

通过明确绩效导向的教育信息化队伍建设评价的目标、主体、对象、内容与方法,可以推演出绩效导向的教育信息化队伍建设评价模型,如图4-8所示。

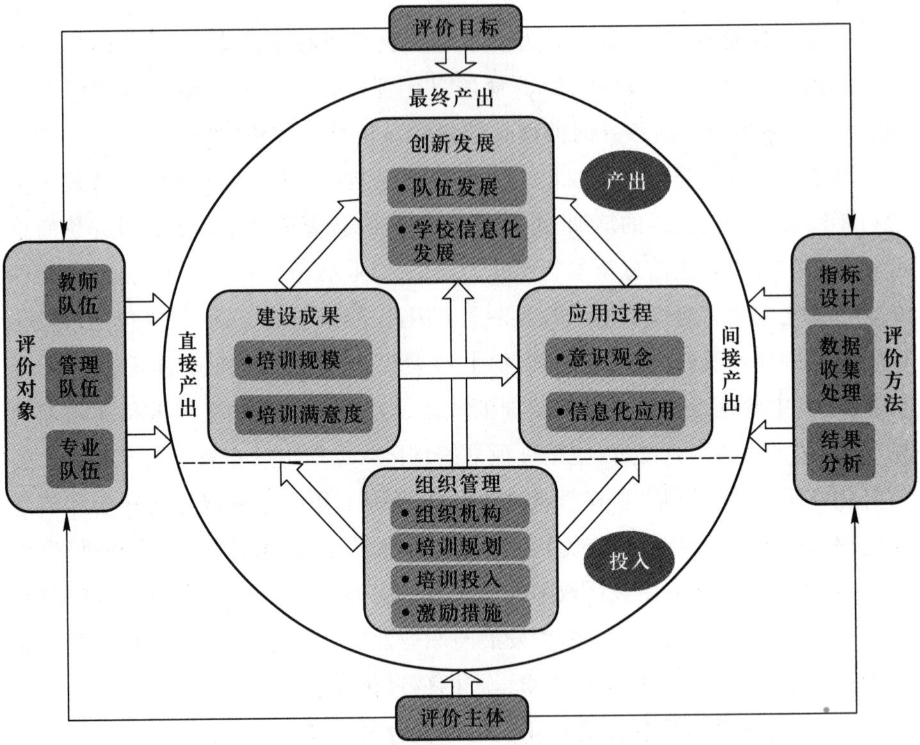

图4-8 绩效导向的教育信息化队伍建设评价模型

第四节 绩效导向的教育信息化评价模型应用

绩效导向的教育信息化评价模型具有一般通用性,通过语义扩展实例化

① 高志敏.人力资源开发的培训评估模型及其修正与完善[J].河南职业技术师范学院学报(职业教育版),2004(3):43-47.

② 祝智庭,尚春光,郭炯.教育技术与教育创新——绩效评价的理论、系统与实践[M].北京:高等教育出版社,2011:149-160.

到具体的教育信息化评价情境中，推演出教育信息化评价实例模型，从而有效指导具体实践的开展。由此，绩效导向的教育信息化评价模型的应用领域与方法成为指导不同领域中教育信息化评价开展的重要指南。

一、绩效导向的教育信息化评价模型应用领域

绩效导向的教育信息化评价模型具有"元模型"的特点，它的核心要素与评价过程具有一般通用性，应用领域非常广泛，可以应用在教育信息化的某些关键领域中，如教育信息化环境建设与应用评价、教育信息化资源建设与应用评价、信息技术教育应用评价、教育信息化人才队伍建设评价等方面；也可以应用在系统的教育信息化评价中，如区域的教育信息化评价、教育信息化工程或项目评价等；当然还可以适用于各级各类的教育类别，如基础教育信息化评价、职业教育信息化评价、高等教育信息化评价等。

二、绩效导向的教育信息化评价模型应用方法

针对应用领域的不同，绩效导向的教育信息化评价模型的应用方法也不尽相同，主要分为两类：一类是系统性应用，主要针对系统性的教育信息化评价，如区域/学校的教育信息化评价、教育信息化工程评价等，这类应用是根据教育信息化建设的实际情况，依据推演规则直接根据绩效导向的教育信息化评价模型推演出实例化的教育信息化评价模型；一类是典型性应用，主要针对教育信息化关键领域的评价，如教育信息化环境建设评价、教育信息化资源建设评价等，这类应用是将第三节中已经推演出的教育信息化关键领域评价模型直接应用到实际情境的评价中。下面详细介绍两种类型的应用方法。

（一）系统性应用方法

绩效导向的教育信息化评价模型在系统性教育信息化评价情境中的应用方法主要包括实例模型的推演、评价指标体系的构建、评价过程的实施、评价结果的分析、绩效改进策略的提出等几个步骤。

1. 理论推演系统性的教育信息化评价实例模型

开展系统性教育信息化评价，就要涉及教育信息化建设的各方面，因此，可以直接依据绩效导向的教育信息化评价模型，实例推演出系统性教育信息化评价实例模型。模型的推演过程要突出实际情境的特色，明确评价的目标、主体、对象与方法。

2. 构建教育信息化评价指标体系

依据推演的系统性教育信息化评价实例模型，构建评价指标体系。评价

指标体系的构建是开展绩效评价的重要内容，主要包括指标项系统、指标权重和等级标准等。首先要采用合适的方法，如用德尔菲法、因素分析法等确立相应的指标项系统，然后采用合适的方法如层次分析法、多因素统计法等确定指标的权重，最后确定评价的标准。一般情况下绩效评价的标准主要有三种，即描述式标准、期望评语量表式标准以及客观可数等级式标准。在实际进行评价研究时，往往是同时使用几种标准形式，而很少单独使用一种形式。

3. 实施具体的评价过程

构建评价指标体系之后，采用合适的方法开展具体的评价。一般进行评价研究时，都采用问卷调查、访谈、实地调研等多种方法进行。研究者根据实际需求，可以选择一种或多种方法同时进行。

4. 数据收集、处理与结果分析

评价数据的收集是评价的重要阶段，也是评价结果的依据和来源。研究者要对数据收集与处理，并与评价标准相比较，对能够反映教育信息化绩效水平的过程和结果的资料和数据归纳分析，才能形成综合判断，从而确定教育信息化发展水平与存在的问题，找出制约教育信息化发展的关键瓶颈。

5. 提出绩效改进策略

针对教育信息化发展过程中出现的问题与制约瓶颈，提出相应的绩效改进策略，进而提升教育信息化绩效水平，促进教育信息化健康可持续的发展。

（二）典型性应用方法

典型性应用是指将绩效导向的教育信息化评价模型应用到教育信息化关键领域或具体的评价情境中。其应用过程与系统性应用方法基本一致，首先，将前面推演出的绩效导向的教育信息化关键领域评价模型直接实例化到具体的评价情境中，进一步明确细化评价的目标、主体、对象、方法和内容，推演具体评价情境的实例模型；其次，根据推演的实例模型构建评价指标体系，开展评价过程，处理分析评价结果，进而发现问题，提出改进策略。具体过程不再一一叙述。

第五章
教育信息化环境建设绩效评价

教育信息化环境是教育信息化发展所依赖的物化设备和物质基础,它的发展程度直接关系到教育信息化是否具备相应的物质条件。为了构建先进、高效、实用的教育信息化环境,促进教育内容、教学手段和方法现代化,世界各国都在不遗余力地推进信息化基础设施与软件环境建设,尤其是信息化起步较早的国家近年来积极转向智慧学习和教学环境建设。那么,教育信息化环境建设的大投入是否能得到高回报?在多大程度促进了各级各类教育的发展?所取得的业绩成就(或者说,对教育教学的支撑作用)与人们的预期有多大差距?如何使教育信息化环境建设效益最大化?这些问题都属于教育信息化环境建设绩效的范畴,直接关系着教育信息化建设能否健康、稳步地发展。本章首先讨论教育信息化环境的内涵,通过文献综述概括国内外教育信息化环境建设的现状与发展趋势。然后详细论述教育信息化环境建设绩效评价指标体系,在此基础上介绍教育信息化环境建设绩效评价的过程与方法,最后结合典型案例进行分析。

第一节　教育信息化环境概述

在讨论教育信息化环境建设绩效评价之前,有必要首先搞清楚:什么是教育信息化环境?教育信息化环境建设包括哪几个部分?目前国内外在教育信息化环境方面的建设情况如何?有哪些发展趋势?

一、教育信息化环境的内涵

关于教育信息化环境的认识,许多学者都提出了自己的观点。李克东将信息化学习环境等同于数字化学习环境,认为教育信息化环境具有信息显示多媒体化、信息传输网络化、信息处理智能化和教学环境虚拟化的特征,包括设施、资源、平台、通讯、工具[①]。祝智庭认为数字化学习环境应该包括硬件设

① 李克东.数字化学习(上)——信息技术与课程整合的核心[J].电化教育研究,2001(8):46-49.

施(如多媒体计算机、多媒体教室网络、校园网等)、平台(实现网上教与学活动的软件系统)、工具(学习者进行信息获取、知识建构、创造实践、解决问题的学习工具及交流协作工具)和学科资源(为学习者提供的数字化学习材料和学习对象)四个方面①。另有研究者认为信息化环境可分为物质环境和精神环境两大类。其中,物质环境指硬件环境和软件环境,即信息化场所、信息化工具、信息化资源。主要包括电子阅览室、多媒体教室、教学实验室、校园计算机网络系统、计算机多媒体教学系统、数字电视教学系统、数字语音学习系统、信息技术课程、网上课程、电子教材、教学信息资源库等。精神环境主要指信息化意识环境,包括校园文化环境、良好的校风教风学风、和谐的师生同学关系、学生学习态度、审美情趣、心理素质的培养、满足教师和学生信息化教学需要的精神氛围以及保证教育信息化正常进行的信息化制度②。此外,也有研究将精神环境称为潜件环境。潜件环境包括教学管理、教育信息化的思想意识,教师的信息化教学能力,教学手段与方法运用,学生信息化能力与意识的发展等教育教学过程中的各个要素。

综上所述,人们对于教育信息化环境的理解已从单纯关注物质化的硬件设施逐渐向关注支持学习者进行建构性学习的各种学习资源、学习氛围转变。归纳起来,主要有三大类:硬件环境、软件环境和人文环境(即精神环境,本书不予讨论)。

1. 教育信息化硬件环境

教育信息化硬件环境是指由各种信息技术设备、场所和网络等基础设施组成的环境,包括国家教育网、各级教育网、电子图书馆、网络教室、多媒体教室、电子阅览室以及相关的仪器设备(电视机、录像机、摄像机、计算机、投影仪、各种手持终端等)。它是教育信息化发展所依赖的物化设备和物质基础,是信息跨时空流动的载体,它的发展程度直接关系到信息化是否具备相应的物质条件。

《国家中长期教育改革和发展规划纲要(2010—2020年)》指出,“要加快教育信息基础设施建设。把教育信息化纳入国家信息化发展整体战略,超前部署教育信息网络。到2020年,基本建成覆盖城乡各级各类学校的教育信息化体系,促进教育内容、教学手段和方法现代化。构建先进、高效、实用的数字

① 祝智庭,尚春光,郭炯.教育技术与教育创新——绩效评价的理论、系统与实践[M].北京:高等教育出版社,2011:40.

② 刘婷,阳德华.“以学生为本”加强农村基础教育信息化环境建设[J].中国教育信息化,2010(2):23-26.

化教育基础设施，加快终端设施普及，推进数字化校园建设，实现多种方式接入互联网。加快中国教育和科研计算机网、中国教育卫星宽带传输网升级换代。”《教育信息化十年发展规划（2011—2020年）》明确提出，“完善教育信息网络基础设施。加快中国教育和科研计算机网（CERNET）、中国教育卫星宽带传输网（CEBSat）升级换代，不断提升技术和服务水平。充分利用现有公共通信传输资源，实现全国所有学校和教育机构宽带接入。”可见，国家对教育信息化硬件环境建设主要聚焦于宽带网络建设上。

在学术界，研究者普遍认为教育信息化硬件环境主要包括信息化教学装备建设和校园网建设两方面。如董黎明认为学校信息化设施由信息化教学装备和校园网构成，其中信息化教学装备包括学生用机、教师用机、管理人员用机、电子阅览室等①；田小勇认为教育信息化基本设施建设包括信息化教学装备（学生计算机、教师计算机、职工计算机、多媒体教室、电子阅览设备等）、校园网、计算机联网②；温志华将信息化设施分为硬件和网络，其中硬件包括学生用机、教师用机、多媒体投影教室、教师电子备课教室、专业课件制作室等，网络包括联网率（接入学校内部网的计算机比例、接入互联网的办公室数），联网质量（学校网络的出口宽带、有源信息点等）③；蒋东兴等人认为信息化基础设施包括网络、数据中心、电化教学环境、办公及实验室计算机设备，简言之也都是将其分为硬件和网络两部分④；马宁、余胜泉等人认为教学硬件环境包括多媒体教室、网络教室、电子备课室、语音教室、计算机设备等⑤。此外，有研究者认为信息化基础设施还应该包括网络与信息安全建设，包括病毒防治、网络运行故障监测系统、信息过滤、入侵检测、通过的信息安全测评或认证五个方面⑥。

综上，本章认为教育信息化硬件环境主要包括信息化设备、场所以及网络三个方面。其中信息化设备、场所包括各种计算机、服务器、移动终端、电子阅

---

① 董黎明.基础教育信息化绩效评价研究[D].北京：首都师范大学，2007.

② 田小勇.基于绩效技术构建教育信息化评价指标体系[J].新乡学院学报（社会科学版），2011，25(5)：188-191.

③ 温志华.中学教育信息化绩效评价研究——以北京市石景山区中学教育信息化绩效水平测评的应用为例[D].北京：首都师范大学，2005.

④ 吴海燕，蒋东兴，袁芳等.教育信息化绩效评价指标体系研究[J].武汉大学学报（理学版），2012，58(S1)：48-52.

⑤ 马宁，余胜泉.面向过程的学校信息化建设评价及成熟度模型建构[J].远程教育杂志，2010(1)：13-17.

⑥ 张计龙，胡艳秋.中国高校信息化评价指标体系调查报告之一：信息化基础设施投资需关注校园网带宽利用率[J].中国教育网络，2008(7)：58-60.

览室、多媒体教室、教师电子备课教室、语音实验室等硬件设施。而网络则包括国家、区域、学校、家庭等用于支持师生教学的计算机通信系统。

2. 教育信息化软件环境

《教育信息化十年发展规划(2011—2020年)》明确提出,“充分整合现有资源,采用云计算技术,形成资源配置与服务的集约化发展途径,构建稳定可靠、低成本的国家教育云服务模式。”刘延东副总理(时任国务委员)在全国教育信息化工作电视电话会议上提出:要以建设好“三通两平台”为抓手。“三通”也就是“宽带网络校校通、优质资源班班通、网络学习空间人人通”,“两平台”是指建设教育资源公共服务平台和教育管理公共服务平台。其中,“教育资源公共服务平台”作为最重要的载体,直接影响教育资源的汇聚共享、建设与应用的衔接。“教育管理公共服务平台”建设的首期目标,是为教育管理公共服务提供准确的数据。可见,国家对教育信息化软件环境的建设主要聚焦于教育服务网络平台的建设上。

在学术界,祝智庭认为教育软件与平台主要有办公软件、办公自动化系统、教学软件、教学平台、杀毒与安全软件、校园网建设等;马宁、余胜泉等人认为软件与平台主要有办公软件、办公自动化系统、教学软件与教学平台(如数学学科的几何画板、物理与化学学科的仿真实验室、英语学科的语音软件等)、杀毒与安全软件等;郭伟刚等人认为信息化公用管理平台包括办公自动化系统、教务教学管理系统和考试质量监控分析系统①;段宝霞等人认为,教育信息化软件建设的目的是为学习者、教师及教育机构提供高质量的学习工具、管理工具和相关服务,其基本内容包括各类教学平台、学习平台(学习环境)、管理平台等②。

综上,教育信息化软件环境本应包括各类工具、网络教学平台、资源服务平台、管理服务平台(例如教务管理系统、考试质量监控分析系统)等软件系统,也包括为教育教学服务、维持教育教学系统正常运行的各类办公软件、杀毒与安全软件等辅助性软件。由于本书将环境与资源单独作为绩效评价的对象,因此本章后续讨论的环境,主要指硬件环境以及非直接用于教学的软件环境(例如,教务管理系统、各类办公软件等就属于本章讨论的软件环境范畴)。至于直接用于教学的资源、工具和软件平台(例如学习管理系统LMS)等,将在

---

① 郭伟刚,李亚娟,岑健林等.学校教育信息化绩效评价模型的设计和应用[J].中国电化教育,2010(4):36-40.

② 段宝霞.教育信息化成本效益研究[M].北京:科学出版社,2010:5.

下一章论述。

二、国内外教育信息化环境建设现状与发展趋势

（一）国内教育信息化环境建设现状

教育信息化是国民经济和社会信息化的重要组成部分，在“985 工程”“211 工程”、《面向 21 世纪教育振兴行动计划》《2003—2007 年教育振兴行动计划》等重大规划和建设中，教育部对教育信息化建设均给予了重点支持。除此以外，国家有关部委也大力支持教育信息化：发改委在“信息惠民”工程中将教育列为 6 个重点支持项目之一，财政部在“农村义务教育薄弱学校改造计划”中安排了信息化经费，工信部在出台的《宽带中国 2013 年专项行动计划》中明确支持实施“宽带网络校校通”，科技部在“国家科技支撑计划”中专门立项支持教育信息化。这些国家层面的政策支持使得我国的教育信息化建设取得了显著进展，其中在教育信息化环境建设方面更是如此。

早在 1994 年，我国就开始启动中国教育与科研计算机网（CERNET）建设。经过 1999 年实施的高速主干网和中高速地区网建设和改造，CERNET 已经成为我国第二大互联网络。作为全国学术性计算机互联网络，CERNET 承担着主干网及地区网络的运行。在国家和地方的共同支持下，截至 2011 年 12 月，CERNET 已有光纤干线 32 000 公里，主干网传输速率达到 2.5~20 Gbps，网络覆盖全国 31 个省（市）200 多座城市；国际出口和国内互联总带宽超过 60 Gbps；联网大学、教育机构、科研单位超过 2 000 个，用户达到 2 000 多万人。CERNET 已经成为我国互联网的重要组成部分，是全国最大的公益性计算机互联网络，也是世界上规模最大的国家学术计算机网络。同时，CERNET 作为开展下一代 Internet 研究的试验网络，建立了世界最大规模的纯 IPv6 互联网，并以 2.5 Gbps~10 Gbps 的速度连接了我国 20 个城市的 25 个核心节点，每个核心节点均能支持用户以 1 Gbps/2.5 Gbps/10 Gbps 速率接入。依托 CERNET 网络传输基础的中国教育科研网（ChinaGrid）、重点学科信息资源系统、远程教育系统已经实现资源的有效共享。另外，CEB-Sat（中国教育卫星宽带传输网）和 CERNET 的高速连接，构成了远程教育专业服务网站的“天罗地网”。它通过卫星网络向全国提供有关教育的电视、语音、IP 数据广播服务①。该网

---

① 黄荣怀，江新.创新与变革——教育信息化的核心价值[M].北京：科学出版社，2007：8.

络平台不仅可以为各级各类教育实现信息化创造条件，同时也将为东西部地区之间的合作奠定基础。通过与中国教育电视台卫星多媒体传输平台的高速连接，初步形成了一个天地合一的具有交互功能的现代远程教育和教育信息化的网络交流平台。

与此同时，各校的校园网工程建设进展顺利并实现了与 CERNET 的高速连接。目前，覆盖全国的基础教育设施体系已经初步形成，全国各城市、各级各类学校已不同程度地以地面网络和卫星网络等各种方式接入互联网，部分省市依托网络运营商提供的基础服务建成了省市级的教育网，高等学校校园网已经普及，信息终端也正逐步步入农村学校。其中，(1) 2010 年，城市地区学校平均生机比为 15∶1，平均师机比为 2∶1；农村地区学校平均生机比为 22∶1，平均师机比为 4∶1；城市地区学校联网率为 88%，农村地区学校联网率为 48%[①]，已基本实现农村中小学利用计算机方便、快捷地获取实时更新的教育资源。(2) 中等职业学校联网率达 85%，出口宽带均值达 107.0 Mbps，计算机机房拥有率达 97.5%，多媒体教室拥有率为 87.5%。(3) 高等学校已经全部建成了校园网络，校园网在学生宿舍、教学、科研与管理楼宇的覆盖率达到 85%，学校无线网络覆盖学校公共区域的比例达到近 16%；校园网主干宽带达 656.5 Mbps，出口宽带均值为 336.0 Mbps，出口宽带利用率近 75%，多媒体教室拥有率近 45%。

综上所述，目前我国教育信息化环境建设已取得较大发展，已基本实现全国各级各类学校计算机机房、多媒体教室等基础设施的全面覆盖，宽带接入和互联网覆盖率已大幅度提高。到 2015 年，宽带网络覆盖各级各类学校，中小学接入宽带达到 100 Mbps 以上，边远地区农村中小学接入宽带达到 2 Mbps 以上，高校的接入宽带达到 1 Gbps 以上。

（二）国内教育信息化环境建设发展趋势

1. 全面普及和完善教育信息化环境建设

2014 年 12 月，教育部、财政部、发改委等五部门印发了《构建利用信息化手段扩大优质教育资源覆盖面有效机制的实施方案》，其中提出了构建有效机制的总体要求，明确指出 2015 年至 2020 年间各阶段要实现的阶段性目标。其中，在教育信息化环境建设方面，到 2015 年，全面实现各级各类学校互联网全面覆盖，实现宽带接入比例达 50%以上，拥有网络教学

---

① 教育信息化建设与应用研究课题组.我国教育信息化建设与应用现状调研与战略研究报告[M].北京：高等教育出版社，2010：10.

和学习环境，同时实现教育资源的普遍共享，缩小偏远地区和贫困地区的教育差距；实现网络学习空间应用覆盖各级各类教育，并在教育中深入应用。到2017年，全国基本实现各级各类学校宽带网络接入，网络教学和学习环境完善；实现教育管理信息系统不断完善，基础数据库动态更新，为教育管理和宏观决策提供支撑和服务。到2020年，全面完成教育规划纲要和教育信息化十年发展规划提出的教育信息化目标任务，基本实现所有地区和各级各类学校宽带网络的全面覆盖，各级各类学校基本具备网络条件下的多媒体教学环境①。

2. 教育信息化环境建设从数字化走向智慧化

当前世界范围内教育信息化建设进入新的发展阶段，智慧教育（Smart Education）成为教育信息化新追求。智慧教育作为“智慧地球”思想在教育领域的延伸，世界上多个国家和地区已将智慧教育作为未来教育发展的方向②。智慧学习环境是在信息时代实现学与教方式变革的基础，是信息化教育环境的高端形态，是实现信息技术与教育深度融合的必要条件，也是实现智慧教育的重要基础。从技术上看，智慧学习环境是一种能感知学习情景、识别学习者特征、提供合适的学习资源与便利的互动工具、自动记录学习过程和评测学习成果，以促进学习者有效学习的学习场所或活动空间③。伴随着学习情景辨别和环境感知、校园移动互联、学习分析等技术的慢慢兴起与运用，智慧学习环境不再只是一种理念，它正走向现实。例如，南京邮电大学以物联网为基础，以各种应用服务系统为载体构建教学、科研、管理和校园生活为一体的新型智慧化的工作、学习和生活环境。广东佛山市禅城区在现有校园网和学校教育信息化设施及应用系统的基础上，通过应用RFID等传感技术组建校园物联网，应用无线网络技术组建校园移动学习网，实现对校园内的人、物和信息进行识别、传输、存储、处理和控制，为师生提供智能化的管理和个性化的信息服务。华东师范大学利用3G网络、无线路由、微型半导体投影、iPad2、iPhone以及Kindle Fire等设备，构成基于泛在技术环境的微型课堂系统，可以随时随地（包括在野外环境）根据需要迅速形成一个1:1的移动学习环境，等等。

---

① 关于印发《构建利用信息化手段扩大优质教育资源覆盖面有效机制的实施方案》的通知（教技［2014］6号）[EB/OL]. http://www.ict.edu.cn/laws/new/n20141205_20577.shtml. 2014-12-05.

② 祝智庭.以智慧教育引领教育信息化创新发展[J].中国教育信息化，2014(9):4-8.

③ 黄荣怀.智慧学习环境重塑校园学习生态[N].中国教育报，2012-09-21(6).

3. 教育信息化环境与教育管理、教学应用的深度融合

根据联合国教科文组织2002年提出的教育信息化发展的“形成、应用、融合和创新”四个阶段的观点，近年来随着国家的高度重视和大力推进，我国已初步具备了信息化教育教学环境和信息化应用能力，教育信息化正从“形成”，逐步进入“应用”“融合”阶段。在今后一段时期中，以教育信息化为改革动力，加快实现教育现代化，要求我们依托信息技术重构教育管理的新模式、教学的新模式和全面提高师生的信息素养，促进信息技术与教育管理、教学应用的融合，提升师生的信息素养，支撑教育创新。这里仅从两个角度进行概述，一个是有利于教育管理和监控的学习分析技术应用，另一个是智慧学习环境支持的智慧教学法应用。其中，学习分析是对学习者以及学习情境的数据进行测量、收集、分析和报告，以便更好地理解和优化学习以及学习发生的情景，从而提高学习效率和效果。学习分析技术可作为教师教学决策、优化教学的有效支持工具，也可为学生的自我导向学习、学习危机预警和自我评估提供有效数据支持，还可为教育研究者的个性化学习设计和增进研究效益提供数据参考。而智慧教学法强调信息技术在促进教学方式和教学过程变革中的作用，面向信息技术在教育领域应用、融合、创新的要求，从班级、小组、个人、众体四个层面提出具有智慧教学特征的学习样式，即班级差异化教学、小组合作研究型学习、个人兴趣拓展学习和网众互动生成性学习①。智慧教学法的催化促导，连同智慧学习环境的技术支撑、智慧学习实践及智慧学习评价开展是智慧教育理念有效落实的根基，有利于以智慧教育引领教育信息化创新发展。

（三）国外教育信息化环境建设现状

世界各国的教育信息化政策导向具有较大的差异性，导致其教育信息化发展阶段的特征日趋明显，其战略发展重心与各国发展所处阶段密切相关。但总体而言，世界各国特别是发达国家的教育信息化起步都较早，基本始于20世纪末，且政府非常重视教育信息化的战略部署，基本以自上而下的形式推进。

（1）美国是最早正式提出发展教育信息化的国家，强调通过信息技术来促进教育的改革与发展，已成为世界上教育信息化程度最高的国家之一。在基础设施建设方面，2003年美国公立学校已实现100%联网，宽带接入率将近100%。自1996年开始全面推进基础教育信息化以来，美国至今已提出4个国家教育技术规划（National Education Technology Plan，简称NETP），用来指导国家未来教育信息化的发展。2013年6月，美国总统奥巴马公布“连接教

---

① 祝智庭.以智慧教育引领教育信息化创新发展[J].中国教育信息化，2014(9):4-8.

育”(ConnectED)计划,要求美国联邦通信委员会充分利用并升级 E-Rate 项目,力争在未来 5 年内使美国 99%的学生都能用上高速互联网。ConnectED 计划在硬件设施方面的主要目标是将全美学校的教室和图书馆升级到新一代高速宽带网络及无线网络,网速不低于 100 Mbps,最好能达到 1 Gbps;确保所有教师和学生都负担得起移动设备,并能在教室内外随时获得数字化学习资源①。

(2) 英国政府一直重视教育信息化的基础设施建设,早在 1995 年即推出“教育高速公路——前进之路”的行动计划,将 400 家教育机构首批联网。同年,英国宣布了一个代号为“英国网络年”的五年计划。2006 年,英国 99%的学校就已实现了在线访问。截至 2010 年 5 月,英国小学、中学和特殊学校生机比分别为 6.9∶1、3.4∶1、3∶1。2010 年新政府上台后,大力削减对教育信息化的投资。面对国家投资力度的极大缩减,很多学校开始向绿色信息化建设转型,开始购买云服务,把教育信息化基础设施迁移至云环境。

(3) 日本政府高度重视基础设施建设,将其作为实现教育信息化腾飞的重要方面。日本于 2001 年、2004 年和 2009 年分别提出“e-Japan”“u-Japan”和“i-Japan”三大国家教育信息化发展战略以实现日本的信息化蓝图,教育信息化作为这三大国家信息化战略的重要组成部分亦得以实施。2010 年,日本政府启动“未来校园”项目,旨在于 2015 年前,利用平板电脑为所有 6~15 岁的在校生提供电子化图书,并于 2020 年前完成全国范围的普及和应用。“未来校园”项目由日本总务省负责推动,其目标是为每一位学生配备一台笔记本或 Tablet PC,使平板电脑成为学习环境的标准配置。2013 年 1 月 29 日,日本总务省公布了 2013 年度预算草案,10 条措施中有 4 条涉及信息化建设,主要内容包含构建革命性高性能计算基础设施(HPIC)及研发下一代 IT 基础设施。这些都标志着日本教育信息化环境建设水平不断提高。

(4) 韩国政府一直把信息化作为国家的核心发展战略,通过三个阶段的教育信息化综合计划,构建世界一流水平的教育信息化基础设置。截至 2009 年 12 月,每个教师的视听设备的配备水平达到 2.2 件,小学、中学、高中以及其他各类学校生机比分别为 5.1∶1、5.4∶1、3.8∶1、1∶0,整体来说生机比已经达到 4.9∶1。2011 年 3 月,70%的学校已经达到了网速 100 Mbps 甚至更高。为进一步巩固教育信息化的成果,实现教育强国之梦,韩国教育科学技术部

---

① 张进宝,张晓英,赵建华等.国际教育信息化发展报告(2013—2014)[M].北京:北京师范大学出版社,2014:64-65.

(MEST)于2011年6月推出“智慧教育”(SMART Education)战略,旨在通过提供智能化和个性化的学习方案加强学生适应21世纪的能力。

(四)国外教育信息化环境建设发展趋势

当前,信息技术在世界发达国家教育领域的应用,均已经迈过了以信息化基础设施建设为主的初级阶段,开始深入到应用信息技术创造新时空、丰富学习资源、探索发展学生创造性思维的深层阶段,并提出各种交互式研究性学习、团队学习的新形式,推动学习方式的变革。“技术促进学习研究”已成为美国、日本、韩国等国家和地区教育信息化发展方向,被当作对人类具有重大影响的研究问题,受到普遍关注和重视。无论从硬件系统、软件系统,还是从教育资源方面来看,发达国家教育信息化建设都已从重视教,重视管理转到重视学生学。由于不同区域具有各自的特点,因此也呈现出不同的发展趋势,具体如下①。

(1) 北美地区经济实力雄厚,科学技术先进,教育信息化发展水平处于领先地位

美国的教育信息化基础设施建设起步很早,虽然曾遭受金融危机的重大影响,但政府后继采取了一系列措施,使美国的教育信息化逐渐恢复并得到迅速发展。目前,美国教育信息化已进入全新阶段:强调通过技术支持下的学习模型转变学习方式,建立高速宽带网络,推动优质数字资源的建设与共享,持续不断地提升教师教育技术能力以适应新时期教育改革的需求。另外,美国在推动学习型社会方面也取得很大的成功,基于APP的移动学习、一对一学习成为众人关注的热点,这得益于其良好的信息化基础设施建设。美国学校的基础设施建设工作的重心从最初的计算机设备的增设过渡到互联网连接,再过渡到创设富含技术的教与学环境,目前正推广增设移动设备和建立扩大无线网络的行动,从而让所有的学生和教师在需要的时候随时随地能使用到技术设备。

加拿大阿尔伯塔省在教育信息化的两个领域都处于领先地位,一个是ICT必修课程,另一个是阿尔伯塔超级高速网络(Alberta Super Net High Speed Network),这一网络将公共机构连接到高速宽带网络,学校和教师通过技术手段可以参与应用研究、开发和参加各种创新活动。

(2) 欧盟推动教育信息化一体化进程

欧盟各国教育信息化进程各不相同。早年英国在教育信息化方面一枝独秀,后来其他国家逐步加大建设力度,使欧盟整体教育信息化处于较高水平。

---

① 张进宝,张晓英,赵建华等,国际教育信息化发展报告(2013—2014)[M].北京:北京师范大学出版社,2014:57-59.

通过各类研究报告可以发现,欧盟各国对于学校教育信息化基础设施、宽带网络给予了持续性关注。中央政府、地区管理机构和学校层面都在不懈努力,通过新型接入方式使偏远地区接入教育网络、获取丰富教育资源。

(3) 亚太地区实施教育信息化创新举措

亚太作为涵盖范围广泛的地区,有着世界经济总量排名前列的国家和经济最具活力的地区,各国虽然经济发展现状与教育信息化发展规划侧重存在差异,但也都表现出极富特点的发展势态。韩国教育信息化在亚洲乃至全球处于领先地位,近些年提出的"电子教科书计划"引起大家的广泛关注;作为世界第三大经济体的日本,总务省、文部科学省等都在推动教育信息化相关项目发展,其中的"未来学校"项目探索平板电脑全面进入学校,受到企业界的密切关注;新加坡正在实施的第三期规划重点放在"随时随地学习",也会对世界其他国家带来巨大的影响。

第二节　教育信息化环境建设绩效评价实施

要对教育信息化环境建设进行绩效评价,关键是要构建绩效评价指标体系。当前,国内外无论政府还是学术界对此都有相当多的关注(尽管单独的针对环境建设的指标体系甚少),本节将首先对现有研究进行概述,然后提出教育信息化环境建设绩效评价指标体系。接着在此基础上探讨教育信息化环境建设绩效评价的过程与方法,并通过两个个案介绍如何对教育信息化环境建设进行绩效评价。

一、教育信息化环境建设绩效评价指标体系

教育信息化绩效评价指标体系的构建是教育信息化绩效评价中的核心问题。近年来,世界各国都在积极研究教育信息化评估指标,并将评估结果用于国家决策制定和教育应用①。因此国内外对于教育信息化评估模型和指标体系的研究取得了突飞猛进的发展,各个国家和地区纷纷推出了具有特色的评估指标模型或体系。从国内外对教育信息化评价(评估)与绩效评价的理论和实践来看,极少单独针对环境建设来开展,基本都是在某一个范围内(例如某个区域)对某个领域(例如高等教育)的教育信息化相关要素进行评价(评估)。因此,教育信息化环境建设绩效评价通常是教育信息化绩效评价的一个组成部分(也是重

① 卢春,吴砥,周文婷.苏州教育信息化发展指数研究[J].中国教育信息化,2014(9):34-41.

要的一环),其评价指标也依附于整体评价指标体系而存在。下面先综述现有的相关研究,然后提出教育信息化环境建设的绩效评价指标体系。

1997年,国际教育成果评价协会开始实施教育通信技术研究(SITES),对全球有代表性的26个国家进行调查。调查内容为课程、基础设施、人员发展、组织/管理和创新实践。其中,在关于教育ICT应用研究的指标体系中,对基础设施部分有如下指标:需求和优先级、可觉察的障碍、支出、软件、维护、计算机的数量和类型、操作系统、处理器类型、硬件、E-mail/万维网使用、是否有主页和主页内容、外围设备的可用性、软件类型的实用性、课程软件的实用性、硬软件相关的障碍①。1999年,加拿大启动的泛加拿大教育评估指标项目(PCEIP),其评估指标要素有:生机比,连接网络比率,学生利用互联网开展活动情况,充分应用信息技术所存在的障碍等②。2001年,美国教育技术CEO论坛开发了教育信息化评估工具STaR(School Technology and Readiness),围绕硬件和网络连通性、教师专业发展、数字化资源、学生成就和考核四个指标进行评价。其中,硬件和网络连通性主要指计算机等硬件设备及学校网络连通情况③。2003年,由日本JFIT(Japanese Funds-in-Trust)资助的亚太地区教育ICT应用绩效评价项目对亚太地区各国教育ICT的应用水平进行评价。其评价指标体系中关于ICT基础设施的指标包括:(1)环境支持:电力,计算机,电话,内部网,互联网,TV/VCR/VCD/DVD,音频,100人平均计算机数量等;(2)网络连接:联网的计算机数量,网络连接速度,拥有校园网数量等;(3)系统和硬件:计算机使用平台,计算机年龄。2006年,英国教育通讯和技术署(BECTA)发布的学校信息化自我评估体系(the Self-review Framework,简称SRF),由六个要素组成:领导和管理、规划、学习、ICT能力评价、专业发展、资源④。自2005年以来,由国际电信联盟(ITU)、经济合作发展组织、联合国贸易发展论坛(UNCTAD)、联合国教科文组织、世界银行等十余个机构组成的"ICT促发展伙伴关系"联盟开始制订并发布"ICT核心指标"。在2010年版的"ICT核心指标报告"之"教育中的ICT核心指标"中,列出了九项教育ICT指标⑤,包括拥有教育用收音机的学校比例、拥有教育用电视机的学校比例、拥有电话通信设备的学校比例、

---

① 杨雷,张晓鹏,骆金凤.教育信息化价值及其测评技术[M].北京:科学出版社,2008:75.

② Hodgkinson G D.The role and relevance of ines in Canada[J].Canadian and International Education/education Canadienne Et Internationale,2012,31(2):7.

③ 汪琼,陈瑞江,刘娜等.STaR评估与教育信息化研究[J].开放教育研究,2004(4):10-14.

④ 左晓梅.英国Becta关于学校ICT效益的研究述评[J].中国远程教育,2011(11):11-16.

⑤ International Telecommunication Union(2010).Partnership on measuring ICT for development—core ICT indicators[M].Geneva:8.

提供计算机辅助教学学校中学生数与计算机数之比、拥有不同类别互联网接入的学校比例、学校中接入互联网的学生比例等指标。2008年，欧盟委员会开展了一项关于“教育信息化指标”的项目，针对27个欧盟成员国、3个候选国和欧洲经济区的一些国家开展研究，主要目的在于确立影响基础教育信息化的指标。该项目共概括出八类主题，根据对IEA（国际教育协会）、OECD（经济合作与发展组织）、国际阅读素养发展研究（PIRLS）、国际学生评价项目（PISA）、国际数学与科学教育成就趋势调查（TIMSS-初等和中等教育）的测量数据，得出与ICT相关的主要指标，包括基础设施、学生应用、教师应用、能力和支持五大类，然后又分别从初等教育和中等教育两个方面分别定义每一大类的具体指标项。2008年，英国教育部发布《学校中的ICT》，文中涉及的学校评估指标体系包括管理和规划、ICT和课程、教师的专业发展、学校的ICT文化、ICT资源和基础设施五个一级指标，每个一级指标下设多个二级指标，每个二级指标又分初、中和高三层水平①。其中，ICT资源和基础设施包括：计算机分布、计算机联网、技术支持、学校计算机联网方式和数量、软件和互联网资源获得情况、其他硬件设备拥有和使用情况、设备维护情况等。

我国政府也非常重视对教育信息化指标的研究。早在2001年，信息产业部（工业和信息化部）就会同有关部委共同研究提出《国家信息化指标构成方案》。2005年，中央电化教育馆和中国教育技术协会组织的课题“中小学教育信息化建设与应用状况的调查”核心成果中制定并成功应用了“教育信息化发展评价基本指标体系”。该体系包括基础设施、信息资源、信息素养、ICT应用和信息化管理5个一级指标、26个二级指标，基本涵盖了教育信息化的各个方面。同年，中国高等教育学会教育信息化分会设立了高等教育信息化研究课题“中国高校信息化水平评价指标体系研究”，由复旦大学等17所高校共同参与，该指标体系的一级指标按照信息化基础设施、信息化基础应用、教学科研信息化、管理信息化、信息化保障体系进行划分。2013年，全国教育事业统计新增了“接入互联网”“接入互联网方式”“教学用平板电脑”“网络多媒体教室”等教育信息化统计指标。相应地，国内不少省市也出台了区域教育信息化评价指标，如上海市教委完成《上海市2010年教育现代化指标体系及说明》，明确提出对“教育信息化水平”指标的考量，具体包括“中小学生机比”“中小学校园网连通率”“信息技术在教育教学中的使用水平”等。广东省教育厅发

① Department of Education and Science. ICT in schools[M]. Marlborough: Evaluation Support and Research Unit, 2008: 197-201.

布的《广东省高等学校“十一五”信息化建设参考标准》，从信息化建设机制与管理体制、基础设施状况、网络基本应用状况、信息化应用四维度描述信息化建设标准。浙江省中小学教育信息化暂行标准包括校园信息化环境建设、教育教学资源、教育教学应用三类指标①。辽宁省基础教育信息化建设标准包括硬件设施、软件和资源、管理者与教师、教育教学应用、教育信息化管理五大类指标②。北京市中小学教育信息化指标内容包括发展背景、基础环境、管理环境、ICT应用四个一级指标③。南京市提出了教育信息化实验区评估标准，包括组织机构与工作网站、教师队伍、课程开发与资源建设四大类指标④。2007年我国启动教育部改革和发展战略与政策研究重大课题“教育信息化建设与应用研究”的研究工作，从教育信息化国家级公共基础设施建设情况、教育信息化省级公共基础设施建设情况和校园信息化基础设施建设情况三个维度对教育信息化基础设施现状进行分析。其中，国家级公共基础设施建设主要观测指标包括用户量、带宽、重大服务等，省级公共基础设施建设情况主要观测指标包括教育城域网比例、用户量、覆盖面等，校园信息化基础设施建设情况主要观测指标包括生机比、校园网带宽、信息安全等。

在学术界，国内学者也针对这一领域开展了一系列研究。孔繁世较早研究教育信息化指标，从基础设施、信息资源、教育网站、现代远程教育、应用系统、信息技术教育、人才队伍、组织机构、经费投入和综合管理等多维度构建综合评估体系⑤。刘军跃提出了一套基于模糊综合评判模型的高校信息化评价指标体系，并以实例进行应用分析⑥。李葆萍对义务教育阶段信息化均衡性评价指标体系进行了研究⑦。吴砥等提出了包括基础设施、数字教育资源、教与学应用、管理信息化、保障机制五部分的教育信息化指标体系⑧。卢春等提出教育信息化发展指数，由基础设施、数字资源、应用服务、应用效能指数和机制保障指数5个一级指

---

① 浙江省中小学校教育信息化暂行标准[EB/OL].http://www.docin.com/p-319603841.html. 2012-01-03.

② 中国教育和科研计算机网.辽宁省基础教育信息化建设标准(试行)[EB/OL].http://www.edu.cn/zc_6539/20111020/t20111020_696291.shtml.2011-11-20.

③ 王唯.中小学学校教育信息化指标构建及价值分析[J].中国教育学刊,2004(6):33.

④ 南京市教育信息化实验区评估标准[EB/OL].http://www.njenet.net.cn/article/view2142.aspx. 2014-02-20.

⑤ 孔繁世.教育信息化综合评估考核指标体系构建研究[J].郑州大学学报,2003(1):144-146.

⑥ 刘军跃,饶慧,崔骅.对高校信息化评价的思考与实践[J].现代情报,2005(2):44-49.

⑦ 李葆萍,马妮娜,田承芸.我国义务教育信息化均衡性评价指标体系的构建及应用[J].现代远程教育研究,2012(5):38-43.

⑧ 吴砥,尉小荣,卢春.教育信息化发展指标体系研究[J].开放教育研究,2014(1):92-99.

数组成,下分 19 个二级指数和 29 个三级指标,从而构建了一套完整的区域教育信息化指标体系①。其中的基础设施发展指数包括多媒体教室、学生信息化终端、教室信息化终端、校园网、网络环境等指数。蒋东兴等人将绩效分解为投入、成果、质量、效果四个方面,作为指标体系的三级指标,从这 4 个方面对评价对象进行绩效评价②,其中与环境建设相关的一级指标“信息化基础设施”包括网络、数据中心、电化教学环境、办公及实验室计算机设备 4 个二级指标。焦宝聪等人认为绩效指标体系中应该包括人力、物力、财力和信息资源的合理分配,而且每个因素都包含质和量两方面的指标,所以信息化基础设施的绩效评价不仅要注重量,更要注重质,实现投入与产出最优比、最大化③。郭伟刚等人提出了一种基于投入产出的学校教育信息化绩效评价模型④,其中基础设施与公用管理平台包括信息化课堂、校园网、教师用机、学生用机、信息化公用管理平台五个方面。董黎明、卢延强等人⑤通过因素分析法、专家的多轮德尔菲分析制定基础教育信息化评价指标体系,在环境建设方面设置了信息化教学装备建设、校园网设施建设两个二级指标。其中信息化教学装备建设包括生机比、学生使用计算机的档次、教师用计算机比例、教师用计算机的档次、多媒体教室装备数量、电子阅览室装备情况等指标,校园网设备建设包括校园网网络设备投入、网络设备维护、联网率、联网质量、校园网接入方式和学校网站建设等指标。成江荣等利用层次分析法建立了纵向发展阶段和横向发展水平的农村中小学教育信息化绩效评估指标体系⑥。王丽红提出了面向学校的教育信息化绩效评估模型⑦。江西财经大学钟元生主持的教育部重点课题“教育信息化投入机制改革研究”对江西省基础教育信息化建设及应用效益进行调查分析,调查内容包括学校的资金投向情况、学校的硬件设施情况、学生数与计算机数比、电教设施利用情况、多媒体教室的使用率、多媒体教室的用途等。

在众多国内外教育信息化环境建设绩效评价标准(指标体系)中,联合国教科文组织的多个教育信息化绩效指标均获得较多的引用,成果影响较大,下

---

① 卢春,吴砥,周文婷.苏州教育信息化发展指数研究[J].中国教育信息化,2014(9):34-41.

② 吴海燕,蒋东兴,袁芳等.教育信息化绩效评价指标体系研究[J].武汉大学学报(理学版),2012(S1)48-52.

③ 焦宝聪,温志华.以绩效指标体系推进教育信息化建设[J].开放教育研究,2005(2):84-86.

④ 郭伟刚,李亚娟,岑健林等.学校教育信息化绩效评价模型的设计和应用[J].中国电化教育,2010(4)36-40.

⑤ 董黎明.基础教育信息化绩效评价研究[D].北京:首都师范大学,2007.
卢延强.基础教育信息化绩效评价研究——以濮阳市为例[D].开封:河南大学,2014.

⑥ 成江荣,解月光.农村中小学教育信息化绩效评估指标体系的构建[J].中国电化教育,2011(2):47-52.

⑦ 王丽红.教育信息化绩效评价模型的制定[J].学理论,2013(24):253-254.

面重点介绍。

2002年,为了进一步提高亚太地区的教育质量以及促进信息技术在亚太地区教育领域中的有效应用,UNESCO推出了教育信息化项目,历时六年(2002年至2008年),包含六大领域:教育政策(Education Policy)、教师教育(Teacher Education)、教与学(Teaching and Learning)、非正式教育(Non-formal Education)、监控和测量变化(Monitoring and Measuring Change),以及研究和知识共享(Research and Knowledge Sharing)。六个领域内各设有一个或多个子项目,其中"教育信息化绩效指标体系"就是"监控和测量变化"领域中的子项目。该指标全称亚太地区教育信息化绩效指标(Performance Indicators on ICT Use in Education),是联合国构建的一整套指标体系。整套绩效指标最初产生于2002年8月在菲律宾召开的专家研讨会,用于测量信息技术对亚太地区教育领域的影响。在初步构建完成后,该体系首先在印度、菲律宾和泰国三个国家进行了初步试验,在经过进一步完善后,逐步被亚太地区其他国家应用,取得了很好的反响①。UNESCO针对亚太地区教育信息化的实际情况制定出的绩效指标可以归纳成五大方面:基于信息技术的政策、策略(ICT based Policy and Strategy),技术结构及其使用(Technology Structure and Access),信息技术课程(ICT Curriculum),教学及教学支持人员(Teaching and Teaching Support Stuff),学习过程及成果(Learning Process and Outcome)。其中,与本章主题密切相关的"技术设施的建设及使用"是实现教育信息化的基础。由于这方面指标数目多、涉及范围广,UNESCO对其进行了细化分类,具体分类及指标如表5-1所示②。

UNESCO从2006年开始针对教育信息化评估指标的开发开展了一系列的工作:2006年在国家间进行区域协商;2007年开展全球范围的调查,以收集教育中ICT应用的相关数据;2008年在日内瓦会议中首次对指标的详细规范作出提议;2009年,UNESCO发布了教育信息化评估指标,用于测量和评价教育中的ICT应用情况③。将教育信息化各指标项目分为八大一级指标,其中

---

① 卢丹,解月光,魏国宁.UNESCO亚太地区教育信息化绩效指标体系的诠释与启示[J].外国教育研究,2013,40(5):88-94.

② UNESCO.Proposed set of indicators for ICT in education[EB/OL].http://www.unescobkk.org/id/education/ict/ict-in-education-projects/monitoring-and-measuring-change/performanceindicators-on-ict-use-in-education-project/consultative-workshop/proposed-set-of-indicators/.2014-11-11.

③ UNESCO Institute for Statistics. Gaide to measuring information and communication technologies (ICT) in education [EB/OL]. http://www. uis. unesco. org/Library/Documents/ICT_Guide_EN_v19_reprintwc.pdf.2014-09-30.

"基础设施"(Infrastructure)包含20个二级指标,如表5-2所示。

表5-1　UNESCO亚太地区教育信息化绩效指标中的"技术设施的建设及使用"

分类	指标
启动环境	具备基础设施(电力、计算机、电话、局域网、互联网、电视机/录像机/VCD/DVD、广播)学校的数量
	每一百名学生拥有计算机的数量
	每周信息技术辅助教学的时长
	出于教育目的而使用以下设备的学校比例(扫描仪、打印机、数码相机、投影仪)
网络连通性	联网的计算机数量
	学校每月使用网络的时长
	拥有由学生制作的网站的学校数量
速度/带宽/卫星/无线	拥有宽带、ADSL、窄带和无线网络的学校数量
系统和硬件	运行Windows平台的个人计算机的数量

表5-2　UNESCO教育信息化评估指标(节选)

一级指标	二级指标
基础设施	配有电力的学校比例
	配有专用于教育的无线电广播的学校比例
	配有专用于教育的电视机的学校比例
	配有电话通信设备的学校比例
	能开展计算机辅助教学的学校的生机比
	生机比
	根据不同类型提供互联网接入的学校比例
	能开展计算机辅助教学的学校比例
	能开展互联网辅助教学的学校比例
	拥有或订阅科学数字图书馆的教育机构比例
	拥有或订阅虚拟实验室的教育机构比例
	能连接互联网的生机比
	每个教育机构拥有的计算机平均数量
	每个教育机构拥有的能连接互联网的计算机平均数量
	学生拥有的可供教学所需的计算机比例
	可供教学所需的计算机比例
	可供行政管理所需的计算机比例
	拥有网站的学校比例
	拥有装载了师生博客页面的网站的学校比例
	提供信息通信技术支持的远程教育课程的教育机构比例

2012年,UNESCO又启动了“国家教育信息化指标和数字化学校标准”项目,在其《教育信息化指标和数字化学校标准研究报告》中提出了教育信息化指标体系,该指标体系V1.0版把指标划分为环境维和应用领域维。其中环境维之下又细分为政策理解与愿景、财务保障、硬件设施与联网情况、软件、数字资源、人力资源6个一级指标,二级指标共17个。应用领域维分为管理、教、学、教师专业发展这4个一级指标,二级指标有16个,其中有2个可选指标项。指标项详见表5-3。

表5-3　《教育信息化指标和数字化学校标准研究报告》中的教育信息化指标体系

指标维	一级指标	二级指标描述	数据来源与计算
环境E(反映支撑教育信息化发展的基本条件)	E.P(政策理解与愿景) 学校规划对国家政策的反映、愿景	E.P1 学校领导或教师对国家教育信息化政策的理解程度	教师
		E.P2　学校制定教育信息化发展规划	教师
	E.I(财务/经费保障) 反映经费对教育信息化发展的促进或者制约情况	E.I1　学校经费投入状况	校长
	E.H(硬件设施与联网情况)	E.H1　学校校园网络接入互联网的总带宽	技术人员
		E.H2　学校拥有无线网络的信息点(科技司)	技术人员
		E.H3　学校连接互联网的教室占总教室数量的比率	技术人员
		E.H4 学校教室中配备多媒体设施(电脑/笔记本+投影/大屏幕电视)的比率	技术人员
		E.H5　生机比	技术人员
		E.H6　师机比	技术人员
		E.H7　学生网络伦理、安全意识和技能	教师
		E.H8　学生带电脑(移动学习设备)到学校	校长

续表

指标维	一级指标	二级指标描述	数据来源与计算
环境E（反映支撑教育信息化发展的基本条件）	E. S（软件） 支持教与学的相关软件	E. S1　学校拥有用于与家长交流的网络平台（手机群/QQ群/email 列表）	教师
	E. R（数字资源） 教与学过程中应用的数字化资源	E. R1　学校拥有教学资源网站（区域共享、自行开发）	教师
	E. Hr（人力资源） 静态水平+发展计划 参与教育信息化建设人员的专业状况	E. Hr1　各学科教师的教育技术能力水平达标率（普查）	教师
		E. Hr2　接受过信息技术相关培训的教师数量占教师总数量的比率（ICT 技能培训）	校长
		E. Hr3　学校所配备的技术支持人员的数量（信息技术教师、专职技术服务人员）	技术人员
		E. Hr4　学校领导每学年参加的正规 ICT 相关课程培训的人均学时数	技术人员
应用领域A（反映信息技术在教与学中的应用情况）	A. M（管理） 信息技术应用于学校管理的状况	A. M1　学校教育信息管理系统应用状况	技术人员； 教师； 学校管理者
		A. M2　学校电子校务系统应用状况	技术人员； 教师； 学校管理者
	A. T（教） 信息技术应用于教师教学的情况	A. T1　学校开设“信息技术”课程的周时数	信息技术教师或综合实践教师
		A. T2　学科教师每周利用 ICT 上课的课时数	教师

续表

指标维	一级指标	二级指标描述	数据来源与计算
应用领域A（反映信息技术在教与学中的应用情况）	A.T(教) 信息技术应用于教师教学的情况	A.T3 学科教师利用ICT对教学进行评价	教师
		A.T4 教师利用信息技术支持以学生为中心的新型学习方式(项目学习、探究学习、混合学习)的情况	教师
		A.T5 教师使用教学管理系统的情况	教师
		A.T6 男女生平等使用ICT的情况	教师
	A.L(学) 信息技术应用于学生学习的情况	A.L1 为学生提供利用ICT进行其他学科学习的情况	教师
		A.L2 学生利用电脑进行学习的活动方式	教师
		A.L3 学生课外每周使用电脑进行学习(如完成作业、参加学校组织的项目、自主学习等)的时间(问卷中没有相应的题目)	教师
		加分项： A.L1. 有没有开展一对一学习？ A.L2. 有没有跨学校的泛在学习？	
	T.P(教师专业发展) 信息技术支撑教师专业发展的情况	T.P1. 教师参与在线培训情况	校长
		T.P2. 教师参与教育信息化课题研究的情况	
		T.P3. 信息技术支持教师专业发展的情况	

已有研究在理论和实践层面积极的探索，对教育信息化指标发展作出很大贡献。通过对上述教育信息化绩效评价指标体系框架进行对比，可以很容易地发现，虽然对各指标维度的表述不尽相同，但归纳起来主要包括基础设施（硬软件）、资源、应用等方面。无论是国外还是国内，教育信息化指标维度中出现频率最高的是“基础设施”，它是 ICT 在教育中应用的支撑环境，是必不可少的重要组成部分。

综上所述，我们认为，教育信息化环境建设绩效评价应综合考虑信息化环境的投入和产出，其中产出应涉及配置情况、覆盖面和应用成效等几个方面。本研究在深入分析信息化环境内涵的基础上，根据《国家中长期教育改革和发展规划纲要（2010—2020 年）》和《教育信息化十年发展规划（2011—2020 年）》中对教育信息化环境建设部分的有关论述，借鉴上述已有的教育信息化环境建设评价和绩效评价成果，从信息化硬件环境和信息化软件环境两个维度制定教育信息化环境建设绩效评价指标，具体指标如表 5-4 所示。

表 5-4　教育信息化环境建设绩效评价指标体系

<table>
<tr><th>一级</th><th>二级</th><th>三级</th><th>四级</th><th>备注</th></tr>
<tr><td rowspan="14">信息化硬件环境</td><td rowspan="8">网络</td><td rowspan="3">投入</td><td>经费投入</td><td rowspan="8">对公共支撑环境和公共服务来说，指的是中国教育和科研计算机网（CERNET）、中国教育卫星宽带传输网（CEBSat），以及学校和教育机构的宽带接入；对基础教育和高等教育来说，主要是指校园网（含无线网）；对职业教育来说，指的是宽带网络接入</td></tr>
<tr><td>人员投入</td></tr>
<tr><td>管理运营投入</td></tr>
<tr><td rowspan="5">产出</td><td>网络带宽</td></tr>
<tr><td>网络速率</td></tr>
<tr><td>网络稳定性</td></tr>
<tr><td>网络覆盖率</td></tr>
<tr><td>网络利用率</td></tr>
<tr><td rowspan="6">设备</td><td rowspan="3">投入</td><td>经费投入</td><td rowspan="6">对基础教育和高等教育来说，主要是指数字化教室中的多媒体计算机、投影仪等教学设备；对继续教育来说，主要是指办学机构的设备配备情况</td></tr>
<tr><td>人员投入</td></tr>
<tr><td>管理运营投入</td></tr>
<tr><td rowspan="3">产出</td><td>设备配备情况</td></tr>
<tr><td>设备覆盖面*</td></tr>
<tr><td>设备使用情况</td></tr>
</table>

续表

一级	二级	三级	四级	备注
信息化硬件环境	场所	投入	经费投入	对基础教育和高等教育来说，主要是指多媒体教室、各类实验室、电子阅览室等；对职业教育来说，主要是指仿真实训基地、数字化技能教室等，其场所对外辐射与支撑指的是它们与国家重点产业和战略性新兴产业的对接情况
			人员投入	
			管理运营投入	
		产出	场所配备情况	
			场所使用情况	
			场所对外辐射与支撑	
信息化软件环境	各类管理和服务平台	投入	经费投入	对公共支撑环境和公共服务来说，指的是国家教育云服务平台、教育资源公共管理平台和教育管理公共服务平台等；对基础教育、职业教育和高等教育来说，主要是指各类管理信息系统（例如办公自动化系统、考试质量监控分析系统等）、数字化科研协作支撑平台、科研网络社区等；对职业教育而言，主要是指实习实训等关键业务领域的管理信息系统；对继续教育来说，主要是指继续教育学习中心、继续教育管理系统（含应用与数据互联情况）、开放大学信息化支撑平台等
			运营维护投入	
		产出	平台拥有量	
			平台功能覆盖面	
			平台使用情况	
			用户满意度	

注＊：表中的“覆盖面”主要指的是该评价对象（例如设备）的平均拥有量，可以是师均、生均或者校均。

二、教育信息化环境建设绩效评价

1. 教育信息化环境建设绩效评价过程

教育信息化环境建设绩效评价是教育信息化绩效评价的重要组成部分。如前所述，目前极少单独针对环境来开展绩效评价，绝大多数都是在某一个范围内（例如某个县区）对某个领域（例如基础教育）的教育信息化建设开展绩效评价。从总体上看，教育信息化环境建设绩效评价的基本过程包括以下几个环节。

（1）依据教育信息化环境建设的规划和价值追求，确定评价目标和对象。

教育信息化环境建设的绩效评价从绩效评价的根本出发,考察信息化环境建设的投入成本与产出效益。因此既要考虑环境的人力、物力、财力投入等,也要考虑环境的服务、共享程度和对教师、学生、学校产生的影响等。评价对象可选择某一所学校,也可以是某个区域甚至国家层面。

(2) 教育信息化环境建设绩效评价方案的确定。包括制定教育信息化环境建设绩效评价指标体系(或根据上述表 5-4 的指标体系进行调整或扩展),并在此基础上构造合适的评价标准、选择合适的评价方法以及对评价人员进行组织和培训等工作。

(3) 教育信息化环境建设绩效评价的实施过程。为了使评价工作能顺利进行,最好在正式评价之前,先进行预评价,以取得经验,进一步完善绩效评价方案。下一步,收集评价信息,运用定性和定量的方法搜集评价数据,对收集的信息进行处理和分析,从而得出评价结论,最后确定教育信息化环境建设绩效水平。

(4) 教育信息化环境建设绩效改进。根据教育信息化环境建设绩效评价结论,诊断出教育信息化环境建设和应用中的不足之处,从而建立进一步的建设目标,制定和实施改进教育信息化环境建设绩效的计划。同时,也可采用绩效评价的数据和结论辅助决策与管理,确定优化方案。

2. 教育信息化环境建设绩效评价方法

现有研究极少专门讨论教育信息化环境建设绩效评价方法。如前所述,教育信息化环境建设绩效评价通常是教育信息化绩效评价的一个组成部分,因此所用的评价方法一般依附于教育信息化这一整体的绩效评价而存在。由于常见的环境建设绩效评价方法(文献分析法、问卷调查法、访谈法、德尔菲法、层次分析法、各种统计分析法等)基本都适用于资源建设绩效评价,而后者所包含的评价方法更多,因此出于对评价方法论述的完整性考虑,把相关评价方法的介绍放在下一章,本章不再赘述。

3. 教育信息化环境建设绩效评价实例

目前专门针对教育信息化环境建设进行绩效评价的案例极少,根据文献查阅检索结果,《农村中小学现代远程教育工程设施应用绩效研究》和《面向区县层面的教育信息化绩效评估及其影响因素实证研究》与本章内容相关性较大,而且从发表时间和成果影响来看,也具有一定的代表性。因此本节以它们为个案,详细论述教育信息化环境建设绩效评价的实施。

个案 1:农村中小学现代远程教育工程设施应用绩效研究①

---

① 吴丽娟.农村中小学现代远程教育工程设施应用绩效研究[D].武汉:华中师范大学,2006.

2003年9月,国务院召开了全国农村教育工作会议,下发了《国务院关于进一步加强农村教育工作的决定》,明确提出"实施农村中小学现代远程教育工程,促进城乡优质教育资源共享,提高农村教育质量和效益。在2003年继续试点工作的基础上,争取用五年左右时间,使农村初中基本具备计算机教室,农村小学基本具备卫星教学收视点,农村小学教学点具备教学光盘播放设备和成套教学光盘"。随着工程实施的深入,工程的投入越来越大。当教育投资不断增加时,农村中小学现代远程教育工程设施(包括硬件设备和软件资源)的应用绩效问题愈来愈受到关注与重视。农村远程教育工程的实施在多大程度上促进了农村基础教育的发展?如何在现有投入成本下实现工程效益的最大化?这些问题的探讨都能为政府教育投资决策提供坚实的依据,为各试点地区工程的实施提供理论与实践指导。为此:

(1) 该研究确定农村远程教育工程设施应用绩效评价的目标是:通过对湖北省农村远程教育工程项目建设及应用状况的实证调查,分析农村远程教育工程项目设施的应用绩效,发现并总结项目学校在教师培训、资源建设、教学应用等方面的经验与教训,探讨项目的长效运行管理机制,为远程教育项目管理部门及项目学校提供能提高工程设施应用绩效的方法与策略。

(2) 该研究确定的评价对象是:第一阶段针对湖北省第一批试点的五个地区三种模式项目学校(模式一:教学光盘播放点,模式二:卫星教学收视点,模式三:计算机教室);第二阶段针对第一批和第二批共16个试点市(州、林区)的所有模式三项目学校;第三阶段针对湖北省第二批试点的11个地区三种模式项目学校。

(3) 该研究所使用的评价过程、方案与方法是:首先调查农村中小学现代远程教育工程综合投入、工程建设与应用情况(问卷调查法、观察法、访谈法),然后制定农村中小学现代远程教育工程设施应用绩效评价指标体系(层次分析法)与评价标准(每一个评价指标都划分为A、B、C、D四个级别),接着从应用绩效评价指标体系中包含的内容,以及系统的运行状况、工程建设的管理情况、工程设备及资源的应用情况等方面设计"远程教育工程设施应用情况调查表"和访谈提纲,并对项目学校进行了大规模的调查和访谈,分析项目设施应用绩效(描述性统计分析),最后探讨提高农村中小学现代远程教育工程设施应用绩效的对策。

在制定绩效评价指标体系前,该研究分析了农村远程教育工程设施应用绩效包含的内容以及影响农村中小学现代远程教育工程设施应用绩效的因素。其中,前者内容包括:对农村基础教育信息化发展的促进作用、远程教育资源配置情况、项目学校工程设施的管理及应用情况。而影响工程设施应用绩效的因素包括：项目学校教育信息化基础、硬件设施的应用功效、资源在教学应用中的适切性、教师的教育技术能力、学生在信息化环境中的自主学习能力、远程教育工程管理的科学性。该研究构建的与本章环境建设相关的农村远程教育工程设施应用绩效评价指标体系如表5-5所示。

表5-5　农村远程教育工程设施应用绩效评价指标体系（节选）

一级指标	二级指标	三级指标
对学生的影响	信息化环境中的学习态度改善度	在信息化环境中的学习兴趣提高
		对学习的信心增强
	信息化环境中的学习过程优化度	课堂听课的注意力提高
		参与课堂活动的积极性提高
		利用信息技术巩固课堂学习的能力提高
		利用信息技术参与课外实践活动的能力提高
	信息化环境中的学习效果改善	学习任务完成的质量提高
		知识面的广度提高
		信息化环境中的学习能力提高
对学校的影响	教学设施改善度	硬件设施资产增长率
		学生人机比增加率
		联网率提高

（4）收集和分析统计数据，实施评价：农村远程教育工程设施的应用绩效与项目学校教育信息化基础、远程教育工程系统运行质量及售后服务情况、教师培训情况、工程设施应用情况、信息技术课教学情况等密切相关，因此该研究从这几个方面对评价对象（抽查学校）进行统计分析，从整体上了解远程教育工程设施的建设、应用状况及存在的问题，从而为工程设施应用绩效研究及绩效改进对策的提出奠定基础。

（5）存在问题反馈与绩效改进建议：研究发现，农村远程教育工程设施的应用过程中存在一些问题，影响工程设施的应用效果。其中与本章相关的是：硬件设施数量少影响了其使用功效，经费不足影响了项目学校远程教育设施的正常运转。因此，在提高远程教育工程设施应用绩效的对策思考中，该研究建议探索农村中小学现代远程教育工程的长效发展机制；加强远程教育工程与其他工程、项目的整合，使其相互影响，共同促进；加强远程教育工程设施与学校原有信息化环境整合，提高应用功效等。

个案 2：面向区县层面的教育信息化绩效评估及其影响因素实证研究①

近年来，我国教育信息化发展迅速，取得了令人瞩目的成就，但教育信息化整体均衡协调发展并不理想。根据 2013 年中国教育信息化调研数据显示，截至 2012 年年底，全国中小学配有多媒体教室的学校比例为 83.07%，但多媒体教室平均使用率仅为 51.25%。教育信息化的建设和使用率并不一致，人们对于教育信息化不同维度之间的相互影响因素也不明确，而这些因素在一定程度上影响着地区间教育信息化的差异。因此：

（1）该研究确定区县教育信息化绩效评价的目标是：从区县层面深入剖析影响教育信息化绩效评估的显著因素（主要影响因素）；探寻教育信息化均衡发展的有效路径；希望为教育管理部门提供促使各区域间均衡协调发展的参考性建议。

（2）该研究确定的评价对象是：东部地区经济较为发达、教育信息化发展较快的 S 市。

（3）该研究所使用的评价过程、方案与方法是：借鉴国内外教育信息化评估指标体系（文献分析法），通过多次征询数位专家（问卷调研与访谈，德尔菲法）的意见和建议，构建一套科学且实用的区域教育信息化指标体系。然后基于对 S 市中小学开展问卷调研，测算各区县教育信息化的五大维度发展指数（问卷调查法、综合评价指数法），并采用多元线性回归分析法确定五大维度之间的交叉作用，深入挖掘影响区县教育信息化绩效评估的关键因素（多元线性回归分析法）。

具体地说，在教育信息化绩效评价指标体系的构建中，确定了基础设施、数字资源、应用服务、应用效能和机制保障五个分类维度，构成指标体系的一级指标。一级指标包括 19 个二级指标，二级指标细分为 29 个三级指标，并采用专家调查法（德尔菲法）确定各个指标的权重，其中与本章环境建设相关的“基础设施”分类的指标体系如表 5-6 所示。

---

① 卢春，李枞枞，周文婷等.面向区县层面的教育信息化绩效评估及其影响因素实证研究——以东部 S 市为例[J].中国电化教育，2015(3)：67-74.

表 5-6　基础设施维度的绩效评价指标体系

一级指标	权重	二级指标	权重	三级指标	权重
基础设施	0.208	多媒体教室	0.172	多媒体教室比例	1
		学生信息化终端	0.175	每百名学生拥有信息化终端数	1
		教师信息化终端	0.198	每名教师拥有信息化终端数	0.561
				教师用信息化终端中移动终端比例	0.439
		校园网	0.222	区县校园网带宽达到 100 M 以上学校比例	0.496
				区县校园网带宽达到 1 000 M 学校比例	0.504
		学校网络环境	0.233	接入带宽达到 100 M学校比例	0.443
				接入教育城域网学校比例	0.557

（4）收集和整理评价对象数据，实施评价：在对各指标计算前，需要将各指标数据进行标准化处理，统一各指标的量纲，使其能够进行相加计算。对于各项评价指标的重要程度相对均衡、指标值差异不大、各个指标相关性较弱的样本，该研究采用了线性加权模型进行计算。然后用各种方法按照上一步中确定的指标体系对评价对象进行评价，同时收集和整理相关数据，运用综合评价指数法对 S 市的教育信息化发展水平进行测算。

（5）数据分析：该研究采用多元线性回归分析法，利用统计分析软件 SPSS18.0 对调查问卷数据进行逐步回归法（Stepwise Selection）分析，即根据设定的回归系数显著性检验 p 值的引入阈值，逐个向模型引入自变量，然后重新计算模型中所有系数的 p 值，根据设定的剔除阈值进行变量筛选。最后对教育信息化绩效评估影响因素建立多元线性回归模型。

（6）存在问题反馈与绩效改进建议：调研结果显示，S 市整体教育信息化发展水平较高,同时地区间发展仍然存在一定阶梯性。对五大分类指数进行分析,发现基础设施、应用服务以及应用效能三大类指数发展较为均衡,各区县之间的发展指数差异不大。另外,以基础设施为例对五大分类指数进行逐项分析,从教育信息化绩效评估指标体系中非基础设施类的 14 个二级指数对基础设施发展情况的回归分析结果来看,信息技术课程开展指数、数字资源指数这两个变量的显著性检验的 Sig. 值均小于 0.05,表示这两个变量对基础设施发展情况均有显著解释力,影响解释度为 74.7%。而且两个变量对基础设施均为正向显著,即信息技术课程开展指数、数字资源指数越高,基础设施发展情况越好,它们是拉动基础设施发展的重要影响因素。在绩效改进建议方面,S 市在“区县校园网带宽达到 1 000 M 学校比例”与“接入城域网学校比例”这两个指标仍有较大的提升空间,需要特别注意这两个指标对基础设施建设与应用绩效的影响,加强网络环境建设,从而提升整个区县的环境建设绩效,为学校信息技术课程的开展提供坚实的物质基础。

第六章
教育信息化资源建设绩效评价

教育信息化资源是保证教育信息化持续良性发展的基本条件,教育信息化资源建设是教育信息化建设系统工程中的一个重要组成部分。世界各国在深化教育教学改革、推进现代化教学进程中,均积极开展并投入巨大资本进行教育资源的信息化建设,开发了一大批各种类型的教育教学资源,为提高教育教学质量、创新人才培养模式、推动教育资源共享与辐射发挥了一定的作用。那么,教育信息化资源建设的大投入能否得到高回报?对教育教学的作用是否能达到人们的预期?如何扩大优质教育资源的覆盖面,使其在教育公平与均衡发展中发挥更大的作用?这些问题都属于教育信息化资源建设绩效的范畴,直接关系着教育信息化建设能否健康、稳步地发展。通过对教育信息化资源建设进行绩效评价,能及时发现资源建设与应用中出现的与预期目标不符,甚至阻碍目标实现的环节(例如重复建设、缺乏有效共享等),以便及时采取有效措施给予纠正,从而提升资源建设的绩效水平。为此,本章首先讨论教育信息化资源的内涵,通过教育资源建设相关技术规范和国家相关文件精神,对教育信息化资源的类型进行界定。然后详细论述教育信息化资源建设绩效评价指标体系,在此基础上介绍教育信息化资源建设绩效评价的过程与方法。最后以高校教育信息化资源建设与共享绩效评价为典型案例进行分析。

第一节　教育信息化资源概述

随着计算机、多媒体和网络技术的发展,人类已从工业社会步入了信息社会。信息和知识作为一种可再生资源已成为社会发展的巨大原动力,在当代社会中扮演着越来越重要的角色。信息化程度是衡量一个国家综合国力强弱的重要标志之一。信息技术的高速发展,客观上推动了教育信息化和教育手段现代化的发展进程。

我国是一个教育规模极其庞大、教育资源尤其是教育信息化资源严重短缺的国家。随着经济和文化水平的提高,社会对教育的需求在迅速增长,教育正承受着日益膨胀的社会需求的压力。众所周知，教育信息化资源是保证教育信息化持续良性发展的基本条件。随着网络信息技术及学习理论的不断发展，教育信息化建设整体的逐步推进，这就要求教育信息化资源建设的脚步也必须迎头赶上，同步向前发展，它是教育信息化建设系统工程中的一个重要组成部分。近年来，国家在深化教育教学改革、推行现代化教学进程中，积极开展并投入巨大资本进行教育资源的信息化建设，从资源的规划、引进、开发、管理及应用等方面进行了一系列探索和实践，并取得了一定效果。各级各类教育也十分重视教育教学资源建设，根据学校的学科优势和教学特点，开发了一大批基于网络的教育教学资源库和素材库，以及一批社会急需的网络课程和教学课件，为推动教育资源共享、实现远程教学等创造了条件。

但是，我国教育信息化资源目前仍存在较多问题，包括：

(1) 资源孤岛日益严重。目前的教育应用软件往往从单一学科、单一功能角度进行设计，各学科、各功能之间不能互相结合，资源共享普遍存在"校校通"但"校校不联"的现象，体系结构集中、存储集中，造成了资源低效、重复建设，资源孤岛现象越来越严重，整个资源建设缺乏系统宏观的指导。

(2) 资源的可用性不高。目前大部分厂商仍将目光放在"收集更多资源"上，将"数据容量大"作为卖点，资源内容和教学实际需求还有一定差距，资源的可用性不高。

(3) 资源共建共享的有效机制尚未形成，优质教育资源尤其匮乏。

(4) 资源的更新问题。由于目前的教育应用软件采用固化的方式，当教学大纲和教材改版时，原有的资源库结构会变得不适用。

(5) 资源的管理体制和机制不健全，各种标准建设相对滞后。这些问题都要靠加大对教育信息化资源建设的投入、推进资源与课程深度整合、促进资源的深层次共享等方法来解决。

通过对 20 年来我国教育信息化资源建设内容、情况梳理，可以概括出我国在教育信息化资源建设内容、建设模式上的两大变化趋势①。(1) 在建设内容上，从"数字化教育内容资源建设"到"资源的共建共享和应用环境建设"，再到"教育信息化资源生态化学习环境的建设"，反映出资源建设内容从孤立、零散化建设到全面、系统化建设的转变。(2) 在建设模式上，有两大趋势：① 从重视量的积累到重视质的保障。各级各类的优质教育资源逐渐丰富，国家数字化教育资源体系初步形成，如"引进国际优质数字化教学资源""建设

① 王瑛，郑艳敏，贾义敏等.教育信息化资源发展战略研究[J].远程教育杂志，2014(6)：3-14.

有效共享、覆盖各级各类教育的国家数字化教学资源库和公共服务平台”①“促进优质教育资源共享”“构建继续教育公共服务平台”等②，这些都是我国教育信息化资源建设的重大举措，也体现了教育信息化资源的质量逐渐成为关注点和建设重点。② 从小范围、孤立建设到区域化共建、共享。我国“十一五”提出区域化教育资源共建共享模式，各类教育软件公司在教育信息化资源的开发服务上扮演着不可或缺的重要角色，从而形成日趋丰富的教育信息化资源市场。目前，世界范围内资源共建共享应用案例也有很多，比如，开源软件的应用及数字化教育资源（MOOC、视频公开课等）的全球共建共享等。由此可见，区域教育信息化资源共建共享，甚至是世界范围内的共建共享是教育信息化资源建设发展的必然趋势，也是其可持续发展的有效途径。

一、教育信息化资源的内涵

教育信息化资源是指经过数字化处理，可以在计算机上或网络环境下运行的多媒体信息材料，它能够激发学生通过自主、合作的方式来寻找和处理各种信息，从而使数字化学习成为可能③。教育信息化资源包括数字视频、音频、多媒体教学软件、教育网站、电子邮件、在线学习管理系统、计算机模拟、虚拟仿真、数据库等。

教育信息化资源一般具有以下特点：

（1）信息形式多样、内容丰富。教育信息化资源内容以超媒体形式存在，其超媒体界面可以通过网络链接到多个与主题相关的网站。资源形式包含精美的画面、优美的音乐、逼真的动画和视频图像等，图文声并茂，极大地丰富了信息内容的表现力，有助于人们知识结构的更新和重构。

（2）信息获取的便捷性。教育信息化资源的检索简单、快捷、方便，可通过网络终端随时随地获取，这就避免了其他媒体信息在查找时所受到的时间、空间等要素的限制。

（3）信息资源的共享性和开放性。教育信息化资源除了具备一般意义上的信息资源的共享性外，还能以网页的形式发布，供所有的网络用户随时访问，不存在传统媒体信息由于副本数量限制所造成的信息不能获取现象。另

---

① 国家中长期教育改革和发展规划纲要（2010—2020 年）[EB/OL].http://www.gov.cn/jrzg/2010-07/29/content_1667143.htm.2010-07-29.

② 教育信息化十年发展规划（2011 - 2020 年）[EB/OL].http://www.moe.gov.cn/publicfiles/business/htmlfiles/moe/s3342/201203/xxgk_133322.html.2012-03-13.

③ 李运林，徐福荫.教学媒体的理论与实践[M].北京：北京师范大学出版社，2003：132-134.

外,教育信息化资源具有开放性特点,不同地区、不同国家都可以利用,不受时间和空间限制,特别是在网络环境下的信息资源更是如此。

(4) 信息传播的时效性。教育信息资源传播的时效性远远超过其他任何一种信息,网络媒体的信息传播速度及影响范围使得教育信息资源的时效性增强,更新频率加快。因此,在教育技术研究过程中,常用互联网查找最新的信息资料。

(5) 信息传递的交互性。教育信息资源具备同步与异步双向传递的交互功能,用户在接收到相关的信息后可针对该信息随时向该信源提供反馈。网络用户既是网络信息的使用者也可以是网络信息的发布者。

(6) 信息内容的广泛性。教育信息资源包含内容丰富广泛,可为各个学科领域的学与教提供参考。网络教育信息资源更为丰富,如最新的教学大纲与构思、教学资料、众多模式的教学软件、网上教程、丰富的课程参考文献、课程开发工具和资料、一线教师的教学经验等。

(7) 信息资源的创造性和动态性。教育信息资源可用于多层次的探究,可以通过计算机网络工具对教育信息资源进行整合等操作处理,富有创造性。同时,这些数字化教育信息资源由于不断地开发、不断地更新,使其具有动态性的特点。尤其是 Web2.0 的出现,使得用户可以通过 Web2.0 的协作合著方式产生更多优质资源、精品资源,使资源生生不息,形成良性循环。

二、教育信息化资源的分类

教育资源建设是教育信息化的基础,是需要长期建设与维护的系统工程。由于教育资源的复杂性和多样性,使得人们对它的理解各不相同,会出现大量不同层次、不同属性的教育资源,因而不易管理和利用。关于教育信息化资源的分类,不同的组织和学者有不同的视角和分类方法。例如,教育部教育信息化技术标准委员会发布的《教育资源建设技术规范》(CELTS-41)[①]将教育资源建设分为四个层次:素材类教育资源建设、网络课程建设、对资源的评价与筛选、教育资源管理系统的开发。其中网络课程和素材类教学资源建设是基础。《国民经济和社会发展第十二个五年规划纲要》[②]与《教育信息化十年发

① 教育部教育信息化技术标准委员会.教育资源建设技术规范[EB/OL].http://www.celtsc.edu.cn/content/jxzyl/40288b88391ed5fd01391edbb05d000e.html.2012-08-13.

② 国民经济和社会发展第十二个五年规划纲要[EB/OL].http://www.gov.cn/2011lh/content_1825838.htm.2011-03-16.

展规划(2011—2020年)》[①]在教育资源建设与共享方面的论述则从学前教育、义务教育、高中教育、职业教育、高等教育、继续教育等不同教育层次来展开。而教育部2013年印发的《国家教育资源公共服务平台教育资源审查办法》[②]指出,资源内容的审查依据《国家教育资源公共服务平台教育资源评价指标体系》执行,根据该指标体系的描述,国家教育资源公共服务平台中的教育资源分为:教学素材、教学课件、网络课程、虚拟仿真系统、教育游戏、教学案例、数字图书、数字教材、教学工具、学习网站十类。在学术界,王瑛等人[③]、焦建利等人[④]借鉴开放教育资源的分类标准,把教育信息化资源划分为"数字化教育内容""数字化工具性软件""数字化教育平台"三大部分。

本章依据《教育资源建设技术规范》,结合国家《国务院关于基础教育改革与发展的决定》(国发[2001]21号)[⑤]、《教育信息化十年发展规划(2011—2020年)》以及近3年的《教育信息化工作要点》[⑥]等文件精神,以及这一领域的最新进展,将教育信息化资源划分成以下几类:

(1) 媒体素材。媒体素材是传播教学信息的基本材料单元,可分为五大类:文本类素材、图形/图像类素材、音频类素材、视频类素材、动画类素材。

(2) 试题与试卷。试题是测试中使用的问题、选项、正确答案、得分点和输出结果等的集合。试卷则是用于进行多种类型测试的典型成套试题。

(3) 课件。课件是对一个或几个知识点实施相对完整教学的用于教育、教学的软件,根据运行平台划分,可分为网络版的课件和单机运行的课件。网络版的课件需要能在标准浏览器中运行,并且能通过网络教学环境被大家共

---

① 教育信息化十年发展规划(2011—2020年)[EB/OL].http://www.moe.gov.cn/publicfiles/business/htmlfiles/moe/s3342/201203/xxgk_133322.html.2012-03-13.

② 教育部教育信息化推进办公室.关于印发《国家教育资源公共服务平台教育资源审查办法(暂行)》的通知[EB/OL].http://www.moe.edu.cn/publicfiles/business/htmlfiles/moe/s5892/201310/158327.html.2013-09-02.

③ 王瑛,郑艳敏,贾义敏等.教育信息化资源发展战略研究[J].远程教育杂志,2014(6):3-14.

④ 焦建利,贾义敏.国际开放教育资源典型案例:一个研究计划[J].现代教育技术,2011(1):9-13.

⑤ 国务院关于基础教育改革与发展的决定[EB/OL].http://www.moe.edu.cn/publicfiles/business/htmlfiles/moe/moe_16/200105/132.html.2001-05.

⑥ 教育部办公厅关于印发《2013年教育信息化工作要点》的通知[EB/OL].http://www.ict.edu.cn/news/n2/n20130424_4165.shtml.2013-04-24.

教育部办公厅关于印发《2014年教育信息化工作要点》的通知[EB/OL].http://www.moe.edu.cn/publicfiles/business/htmlfiles/moe/s7062/201403/165870.html.2014-03-12.

教育部办公厅关于印发《2015年教育信息化工作要点》的通知[EB/OL].http://www.ict.edu.cn/news/n2/n20150306_22716.shtml.2015-02-12.

享。单机运行的课件可通过网络下载后在本地计算机上运行。

(4) 案例。案例是指由各种媒体元素组合表现的、有现实指导意义和教学意义的代表性事件或现象。

(5) 文献资料。文献资料是指有关教育方面的政策、法规、条例、规章制度,对重大事件的记录、重要文章、书籍等。

(6) 网络课程。网络课程是通过网络表现的某门学科的教学内容及实施的教学活动的总和,它包括两个组成部分:按一定的教学目标、教学策略组织起来的教学内容和网络教学支撑环境。值得注意的是,Web2.0 时代的网络课程包括精品课程、精品资源共享课等课程。其中,精品课程是具有一流教师队伍、一流教学内容、一流教学方法、一流教材、一流教学管理等特点的示范性课程;精品资源共享课是以高校教师和大学生为服务主体,同时面向社会学习者的基础课和专业课等各类网络共享课程。

(7) 教学视频。教学视频是将教师要传授给学生的知识、技能等内容制作成视频形式,供学生学习、教师教研或反思用的教学资源。Web2.0 时代的教学视频包括:教学录像、专家讲座、视频公开课、微课等。其中,视频公开课一般由科学、文化素质教育网络视频课程与学术讲座组成,以高校学生为主要服务对象,同时面向社会公众免费开放;微课是指按课程标准和教学实践要求,以帮助学生掌握单个知识点为目的,以视频为主要媒体形式的数字教学资源。

(8) 教学软件。教学软件是一种根据教学目标设计,表现特定的教学内容,反映一定教学策略的计算机程序,它可以用来存储、传递和处理教学信息,能让学生进行交互操作,并对学生的学习作出评价。新时代的教学软件不仅包括传统的 CAI 软件、资源平台、学科工具类软件等,还包括网络教学平台(学习平台)、虚拟仿真教学软件、教育游戏等。其中,网络教学平台是指建立在互联网的基础之上,为网络教学提供全面支持服务的软件系统的总称,例如基于 Moodle、Blackboard 的教学平台;虚拟仿真教学软件是能够支持一门课程或一个实践性教学项目的仿真教学软件系统,其中主要用于实践环节的仿真教学软件统称虚拟仿真实训软件(或平台),常用于职业教育中;教育游戏是指根据教学需要,在脑科学、学习理论和游戏理论指导下开发的,兼顾教育特性和游戏特性,同时承载着一定的教育和娱乐目的,能够实现寓教于乐的计算机软件。

(9) 数字图书与数字教材。数字图书指借助数字化技术形成二进制数字编码形式的、以计算机文件为载体并通过电脑、手机、电子阅读器等设备显示的图书；数字教材是指通过数字化技术实现对传统教材的文本、图形、图像、声音、视频、动画等媒体的整合，通过各种数字终端阅读并具有交互功能，能够支撑一门课程教学的完整教材资源。

（10）常见问题解答。常见问题解答是针对某一具体领域最常出现的问题给出全面的解答。

（11）资源目录索引。资源目录索引是列出某一领域中相关的网络资源地址链接和非网络资源的索引。

第二节　教育信息化资源建设绩效评价指标体系

要对教育信息化资源建设进行绩效评价，关键是构建绩效评价指标体系。当前，国内外政府和学术界对此都有丰富的研究，提出了行之有效的评价指标体系，因此本节将在对这些现有研究进行概述的基础上，构建教育信息化资源绩效评价指标体系。

一、教育信息化资源建设绩效评价指标体系制定的依据

要构建教育信息化资源绩效评价指标体系，首先必须搞清楚教育信息化资源建设的目标是什么。我们认为，用户（教师、学生、家长、教育行政人员等）对教育信息化资源建设与应用的目标期望主要可以概括为：充分利用各类信息化资源，促进学习者全面发展，帮助教师专业化成长，提高教学质量，最终促进人才培养质量的提升。因此，教育信息化资源建设绩效评价指标体系制定的依据主要包括以下几点。

1. 突破教学重点难点，提高教育教学质量

能够利用信息技术，特别是利用新技术支持的各种新型资源（微课、MOOC、精品资源共享课、在线开放课程等），突破人才培养和教育教学中的重点难点问题，提高教育教学质量。

2. 共享优质资源，促进教育公平

共建共享数字化、网络化、交互化、泛在化、富媒化、绿色化、智能化的优质教育资源，缩小区域、城乡、校际之间的教育差距，促进教育公平均衡发展。

3. 扩大教育教学规模，创新人才培养模式

扩大各类教育资源的覆盖面与应用规模，突破学校围墙，变革课程、教材与课堂教学模式，创新人才培养模式，满足学习者的多样化与个性化需要，促进人的全面发展。

二、教育信息化资源建设绩效评价指标体系

近年来,国家对教育信息化建设投入巨大,但教育信息化效果却与预期具有很大的差距,使得人们不得不越来越关注教育信息化的投资收益问题,也就是教育信息化的绩效问题。为了促进各级各类教育信息化的快速发展,减少教育信息化的投资浪费,迫切需要对教育信息化的绩效进行评价。由于教育信息化提出的时间还比较短,在教育信息化绩效评价方面,无论是国外还是国内都处于探索和尝试阶段。此外,对教育信息化进行绩效评价是比较困难的,一方面因为教育信息化是一个动态发展的过程,属于多投入多产出,不易用量化指标来衡量;另一方面还缺乏成熟的理论以及测量工具和方法,因此教育信息化绩效评价已成为教育界、学术界十分关注的问题。

根据绩效评价的定义,教育信息化资源建设绩效评价可以概括为:评价主体依据一定的标准和体系,运用绩效评价相关理论和方法,根据客观事实和数据,通过定量和定性分析的方法,对教育信息化资源的效能和效益做出客观、公正和准确判断的过程。教育信息化资源建设绩效评价可用于验证和促进教育信息化资源建设和服务质量,以便提高教育信息化资源的利用,从而实现教育信息化资源质量的科学管理。它有利于教育部门、学校和社会各界了解教育信息化资源使用状况和使用效果,作为教育信息化资源建设过程中一种富有导向性的手段,来切实提高教育信息化资源的质量水平、适用性和可共享性。因此,世界各国对于教育信息化资源的评价(评估)日益重视,逐步完善资源评价机制、质量保证机制。

国外关于信息化资源绩效评价的研究始于 20 世纪 90 年代末①。1997 年美国学者史密斯(Smith M)和罗兰(Rowland G)提出应该开展电子资源绩效评价问题研究,衡量电子资源的服务情况,这被认为是数字资源绩效评价方面的最早文献。此后,国外对数字资源评价指标体系或模型的研究一般是项目主导,以实际的指标体系建设为主,代表性的机构和项目包括:① 图书馆共同体国际联盟(ICOLC)项目。该项目确立了“基于网络的信息资源使用统计测评指标”②(Guidelines for Statistical Measures of Usage of Web-based Information Resources)。该指标 1998 年公布,2001 年第一次修订,2006 年第二次修订,明

① 赵俊颜.国内外数字资源绩效评价研究综述[J].高校图书馆工作,2012,32(2):62-66.

② Statements and documents of the international coalition of library consortia [EB/OL]. http://www.library.yale.edu/consortia/statementsanddocuments.html.2011-02-20.

确了集团采购的数据库和电子期刊的统计，详细说明了对使用统计数据采集和报告的一系列最低要求，必须提供的数据包括登录数、检索次数、菜单选择次数、全文资源使用数。同时还就统计数据的保密性、访问统计数据的权限、数据获取、统计报告的格式和传递方式提出了明确要求和样例。② E-Metrics项目[①]。该项目属于美国研究图书馆协会新测研究计划（ARL New Measures Initiative）。它致力于建立一种描述和计量网络电子资源的新方法，研究如何通过标准方法进行网络资源的测量和统计。项目制定了相关计量指标的标准分类，指标体系涉及多方面，包括资源、使用、成本、本地数字化馆藏及性能测量等。也有学者从成本-收益的角度探讨数字资源的绩效，如斯文宁森（Svenningsen K）提出了一个基于成本-收益分析的评价模型，包括定义采购数字资源要达到的目标、定义数字资源的成本、确定数字资源的收益和分析可替代资源的成本-收益等[②]；鲍尔（Bauer K）通过分析克拉辛-惠特尼医学图书馆数字资源使用统计数据，从时间成本的角度阐述了数字资源具有良好的使用效益[③]；尼科尔（Nicol D）和科恩（Coen M）从成本-效益的角度提出一个用于评价高等教育 ICT 教学应用的 INSIGHT 模型[④]；劳莉拉德（Laurillard D）提出了一个面向效益的技术增强型学习的成本投入模型[⑤]。

另一方面，在世界各国的教育信息化评价/绩效评价框架（指标体系）中，都有关于资源的设定。例如，美国教育技术 CEO 论坛开发了教育信息化评估工具 STaR（School Technology and Readiness），围绕硬件和网络连通性、教师专业发展、数字化资源、学生成就和考核 4 个指标进行评价。其中，数字化资源主要是指数字资源的媒介形式、教师学生使用比例、购买数字化内容预算、教师使用数字资源的频率和水平、数字资源获取的渠道等[⑥]。英国教育通讯和技术署（BECTA）发布的学校信息化自我评估体系（The Self- review Framework，SRF）由六个要素组成：领导和管理、规划、学习、ICT 能力评价、

---

① Association of Research Libraries [EB/OL].http://www.arl.org/stats/initiatives/emetrics/index.shtml.2011-02-20.

② Svenningsen K.An evaluation model for electronic resources utilizing cost analysis[J].The Bottom Line,1998(1): 18-23.

③ Bauer K.Trends in electronic content at the crushing/Whitney Medical Library: 1999—2003[J].Journal of Electronic Resources in Medical Libraries,2004(4): 31-43.

④ Nicol D,Coen M.A model for evaluating the institutional costs and benefits of ICT initiatives in teaching and learning in higher education[J].Research in Learning Technology,2003,11(2): 46-60.

⑤ Laurillard D.Modelling Benefits-oriented Costs for Technology Enhanced Learning[J].Higher Education,2007,54(1): 21-39.

⑥ 汪琼，陈瑞江，刘娜等.STaR 评估与教育信息化研究[J].开放教育研究，2004(4): 10-14.

专业发展、资源[①]。2009年,联合国教科文组织发布了教育信息化评估指标,用于测量和评价教育中的ICT应用情况,将教育信息化各指标项目分为八大一级指标。2012年,联合国教科文组织又启动了“国家教育信息化指标和数字化学校标准”项目,在其《教育信息化指标和数字化学校标准研究报告》中提出了教育信息化指标体系,该指标体系V1.0版把指标划分为环境维和应用领域维。其中,软件、数字资源等指标属于环境维之下的一级指标。

国内相关研究也比较强调相关标准、指标体系的构建和应用。2009年3月,国家质量监督检验检疫总局和国家标准化管理委员会联合发布了GB/T 13191—2009(信息与文献—图书馆统计),并于2009年9月起实施。该标准代替GB/T 13191—1991,增加了电子资源与服务的统计项目,与国际标准ISO2789:2006接轨,并规定了ISO11620中所需的统计数据[②]。肖珑等提出包括电子资源内容、检索系统及功能、使用情况、价值与成本核算、出版商/数据库商的服务、存档等的指标体系[③]。刘文梅总结了国外研究中已有的绩效指标:用户可获取的资源、电子资源的使用和服务、电子资源和相关基础设施的费用、用户培训、专门从事电子网络资源服务的图书馆员、用户满意度[④]。这些是早期与电子资源、图书馆数字资源相关的研究成果。

近年来,相关研究聚焦在教育信息化这个更大范畴中,所提出的关于资源的绩效评价指标体系也依附于整体评价指标体系而存在。例如,李新晖从教育信息化发展历程的角度,对我国教育信息化不同历史时期的绩效成熟度情况、特征等进行了分析,并建构了相关模型[⑤]。顾小清等从区域教育信息化效益评估的角度,从较为综合、全局的视角建构了区域教育信息化效益评估的模型[⑥]。田小勇提出的信息资源评价指标包括教学课件拥有率、网络课程拥有率、教学管理软件自主开发率、电子图书拥有量、光盘数据库拥有量、网上数据库拥有量、资源检索水平等[⑦]。马宁、余胜泉等从系统发展的角度提出了面向

① 左晓梅.英国BECTA关于学校ICT效益的研究述评[J].中国远程教育,2011(11):11-16.

② 李栎,曹洪欣.图书馆数字资源绩效评价研究综述[J].图书馆学刊,2013(9):125-128.

③ 肖珑,张宇红.电子资源评价指标体系的建立初探[J].大学图书馆学报,2002(3):35-42.

④ 刘文梅.国外数字图书馆绩效评估研究述评[J].津图学刊,2003(6):37-43.

⑤ 李新晖.教育信息化绩效成熟度模型研究[J].电化教育研究,2008(7):25-27.

⑥ 顾小清,林阳,祝智庭.区域教育信息化效益评估模型构建[J].中国电化教育,2007(5):23-27.

⑦ 田小勇.基于绩效技术构建教育信息化评价指标体系[J].新乡学院学报(社会科学版),2011,25(5):188-191.

过程的学校信息化建设评价思路及成熟度模型[①]，其中与资源相关的包括教学资源建设、教学平台建设、软件与工具等方面。吴海燕等从教育类别信息化业务模型出发建立了绩效评价元模型和相关绩效评价指标体系[②]，从信息系统、数据建设与运行的角度对教育信息化资源建设部分的绩效进行评价。王丽红提出了面向学校的教育信息化绩效评估模型[③]，其中与资源相关的包括：三年信息化资金投入情况、图书馆电子资源月下载篇数/在校师生总数、完全购买的和在线可下载的电子图书/在校师生总数、信息资源共享水平、基本信息数据库的容量、各级精品课程数量等。

此外，一些学者就某个教育层次研究其教育信息化绩效评价，典型的包括：(1) 基础教育方面，郭伟刚[④]等人从绩效的本质及投入和产出的角度对学校教育信息化绩效评价模型进行了研究，提出了基于投入产出的学校教育信息化绩效评价模型，构建了组织与管理、基础设施与公用管理平台、教育教学资源建设与应用等若干个一级指标，其中教育教学资源建设与应用包括教学资源库、专题学习网站、学校网站、个人主页、教育博客、数字化图书馆和资源建设的组织机制。吴琼[⑤]构建了中小学教育信息化评价指标体系，提出了组织与管理、基础设施建设、教学资源建设等若干个一级指标，并从资源的数量是否满足教学需要、其质量是否达到师生满意的标准，以及资源的学科覆盖率进行测评。赵福赞[⑥]等人从信息化教学资源对学生、教师、学校和社会的影响 4 个方面设计了"农远工程"环境下信息化教学资源绩效评价指标体系。其中信息化资源对学生的影响主要考察信息化教学资源对学生兴趣态度、过程、效果和素质方面的影响；信息化资源对教师的影响主要考察信息化教学资源对教师专业发展、信息素养和教学水平的影响。魏俊杰[⑦]从信息化资源引发的三种行为或活动（建设、管理、利用）出发，根据绩效视野下"三效"原则，即效果、效率和效益，构建了农村学校信息化教学资源建设与利用绩效评估指标体系。

---

① 马宁，余胜泉.面向过程的学校信息化建设评价及成熟度模型建构[J].远程教育杂志，2010(1)：13-17.

② 吴海燕，蒋东兴，袁芳.教育信息化绩效评价指标体系研究[J].武汉大学学报(理学版)，2012(S1)：48-52.

③ 王丽红.教育信息化绩效评价模型的制定[J].学理论，2013(24)：253-254.

④ 郭伟刚，李亚娟，岑健林等.学校教育信息化绩效评价模型的设计和应用[J].中国电化教育，2010(4)：36-40.

⑤ 吴琼.四川省中小学教育信息化现状及评价指标体系研究[D].成都：四川师范大学，2005.

⑥ 赵福赞，李小龙，安娜等.农远工程环境下信息化教学资源绩效评价指标体系的设计[J].软件导刊(教育技术)，2010(8)：55-58.

⑦ 魏俊杰.农村学校信息化教学资源建设与利用绩效评估指标体系研究[D].长春：东北师范大学，2012.

王海等构建了基于“三效”(效果(Effect)、效率(Efficiency)、效益(Effectiveness),EEE)的农村基础教育信息化绩效评估体系[①]。董黎明指出基础教育信息化教育资源建设主要包括各类信息化教学资源的建设水平和数量两个方面[②]。在信息教育资源方面由多媒体教学素材库、学科教案库和网络课程组成,在信息化教学资源数量方面主要由外购教学资源比例、网上下载教学资源比例、教师自制教学资源比例组成。(2) 高等教育方面,黄琼珍[③]借鉴绩效评价的思想和方法探讨信息化教学资源绩效评价的问题和对策,提出了信息化教学资源的绩效评价指标体系,包括资源投入成本、信息质量、资源的建设与共享、资源利用与服务、资源的获得等方面的内容。周春初基于平衡计分卡理论构建了高等教育资源整合与共享绩效评价指标体系[④],其中“高等教育资源整合与共享业绩”维度包括成本投入、经济业绩、教学业绩等,“高等教育资源整合与共享顾客满意”维度包括学生满意、教师满意、社会满意等。刘慧芳、杨晓明提出的高校教育信息化评价指标体系中包含基础设施建设、信息资源建设、信息技术应用等 6 个一级指标和对应的 29 个二级指标[⑤]。刘秀琴提出了一个较全面、实用的网络课程绩效评价标准[⑥],并采用模糊数学的方法对课程实例进行综合评判。陶宇炜等提出应对高职院校在教育投入、办学定位、教育教学活动、教学科研成果、人才培养和社会服务等方面运用层次分析法和模糊综合评价法进行绩效评价[⑦],其中与资源相关的指标包括:图书期刊利用率、专业课程和职业技能课程设置情况、精品课程和精品教材建设情况等。

在众多国内外教育信息化资源建设绩效评价标准(指标体系)中,熊才平、吉汉强等人提出的绩效评价指标体系获得较多的引用,下面分别介绍。

1. 熊才平等人的网络课程绩效评价指标体系

早在 2001 年,熊才平等人[⑧]就依据任务驱动式的绩效评价目标管理原则,

---

① 王海,解月光,张喜艳等.农村基础教育信息化 EEE 模型的构建与解析[J].中国电化教育,2013(6):39-44.

② 董黎明.基础教育信息化绩效评价研究[D].北京:首都师范大学,2007.

③ 黄琼珍.信息化教学资源绩效评价研究[J].中国教育信息化,2010(5):27-30.

④ 周春初,易臣河.基于平衡计分卡的高等教育资源整合与共享绩效评价研究[J].中国高等教育评估,2008(1):41-45.

⑤ 刘慧芳,杨晓明.浅析教育信息化成本与教育信息化投资的关系[J].中国教育信息化,2010(19):6-10.

⑥ 刘秀琴.网络课程绩效综合评判[J].电化教育研究,2005(4):74-76.

⑦ 陶宇炜,谢爱娟,王娟琳.基于多层次模糊综合评价的高职教育绩效评价体系的构建[J].现代教育科学,2013(5):167-172.

⑧ 熊才平,吴瑞华.网络课程绩效评价指标体系的构建研究[J].现代教育技术,2001(4):13-17.

结合网络课程的教学目标，采用德尔菲评价指标获取法，逐步分解至具体可测的子目标群，从而获得网络课程绩效评价指标。再运用教育统计无量纲频率作为衡量权重分布特征的指标，进行实验统计处理，得出各指标相应的权重值，由此构建了一套科学的网络课程绩效评价指标体系，用于提高网络课程教学质量，引导网络教学的正确发展。该网络课程绩效评价指标体系如表6-1所示。

表6-1　网络课程绩效评价指标体系

一级指标与权重	二级指标与权重	评价标准
教育性(30)	教学目的(8)	符合教育方针，紧扣教学大纲，教学目标适当，教学对象明确
	教学内容(12)	重点突出，难点分散；深入浅出，易于接受；对知识点的分析、判断、推理符合逻辑性；实验演示、操作示范规范
	教学方法(10)	注重启发，促进思维，培养能力，善于引导；组织结构和表现风格符合学生的心理特点和认知规律；适合自学、个别化教学、因材施教；共同经验范围适当，注重多重感官刺激
科学性(15)	科学教育(7)	科学原理的阐述与推理准确；例证典型、真实、可靠；利于培养学生辩证唯物主义世界观
	课件创作(8)	层次清楚，内容正确；动画模拟设计科学合理，视、音频素材选取规范科学，有代表性
技术性(15)	制作软件(7)	适合网络运行环境；算法优化，传输效率高；软件普及程度高，趋向大众化
	多媒体技术(8)	图像、声音、文本设计合理；画面清晰、文字醒目、声音清楚、音量适当、声像同步；动画设计巧妙
交互性(10)	交互功能(6)	随时进入和退出学习内容；任意选择章节和学习方法；自由控制学习内容在屏幕上的停留时间；网上交流、应答方便；网上作业提交
	导航策略(4)	页面跳转、人机应答设计思路清晰；有帮助系统或电子书签的设计；任何人在学习时均不会出现“迷航”

续表

一级指标与权重	二级指标与权重	评价标准
开放性(10)	资源共享(5)	方便网络学习者共享课件资源,为我所用;网上探讨、交换观点方便
	更新内容(5)	随时加入最新教学内容,只需局部修改,操作方便
艺术性(8)	创意(4)	创意新颖,构思巧妙,节奏合理
	审美能力培养(4)	画面悦目,声音悦耳;整体设计美观,具有表现力和感染力
使用性(6)	方便(3)	操作简单;功能键统一;操作提示简单明了,使用汉字
	可靠(3)	不受误操作影响;容错能力强,界面友好
经济性(6)	制作成本(3)	制作成本低,利用率高
	使用周期(3)	维护费用低,使用周期长

2. 吉汉强等人的文献资源建设绩效评价指标体系

文献资源是高校教学和科研不可或缺的重要学术资源,也是高校图书馆赖以生存和发展的物质基础。注重文献资源的建设、提高文献资源服务质量和用户满意度、寻求有效的评价指标体系,是图书馆面临的主要课题。吉汉强等人①根据我国高校图书馆文献资源建设的现状,结合关于绩效评价指标结构的研究成果,构建了文献资源建设绩效评价指标体系,并聘请图书情报学专家对各评价指标的重要性进行测评,采用层次分析法推算出各级指标的权重。最终构建的高校图书馆文献资源建设绩效评价指标体系由 5 个一级指标、25 个二级指标和 16 个三级指标构成,如表 6-2 所示。研究者运用上述的指标体系对图书馆近 3 年购进的文献资源进行了一次系统、全面的评价,从评价结果判断图书馆文献资源建设在哪个环节存在问题,并可以以此为依据设定一个目标值,作为下个年度追求的目标,从而实现文献资源建设绩效目标管理。

① 吉汉强,李丽舒,黄超云等.文献资源建设绩效评价指标体系构建的实践研究[J].图书馆建设,2011(4):26-30.

表 6-2 文献资源建设绩效评价指标体系

一级指标与权重	二级指标与权重	三级指标与权重	备注
文献数量（0.143）	生均图书（0.243）		评价馆藏文献保障率，在校生平均拥有纸质图书数量=馆藏纸质图书总册数/折合在校生数
	生均年进书量（0.336）		评价新增文献保障率，在校生平均拥有新增纸质图书数量=当年新增纸质图书数量/折合在校生数
	生均期刊订购种数（0.421）		评价期刊保障率，年度在校生平均拥有期刊的种数=当年期刊订购种数/折合在校生数
文献质量（0.364）	核心文献占有率（0.314）		评价馆藏专业文献的内容质量，学校专业设置相关学科的核心文献占有比例=本馆该学科收藏的核心文献/该学科所有核心文献
	专业文献经费比例（0.143）		评价馆藏的学科结构，反映馆藏特色，当年专业文献经费占总文献经费的比例
	外文文献经费比例（0.193）		评价馆藏文种结构，当年各种类型、各种载体的外文文献经费占总文献经费的比例
	电子资源经费比例（0.117）		评价馆藏载体类型结构，当年各种类型和各文种的电子资源经费占总文献经费的比例
	期刊数据库经费比例（0.129）		评价馆藏文献类型结构，当年期刊及数据库经费占总文献经费的比例
	当年出版图书的入藏比例（0.104）		评价新书采购及入藏情况，当年出版图书占当年入藏图书的比例=当年出版图书册数/当年入藏图书册数

续表

一级指标与权重	二级指标与权重	三级指标与权重	备注
文献资源建设水平（0.136）	文献资源调查评价（0.164）	文献资源调查（0.365）	至少每3年进行1次文献资源状况调查
		文献资源评价（0.372）	至少每3年进行1次文献资源评价
		绩效目标管理（0.263）	是否每年制订绩效目标
	文献资源建设计划（0.107）	文献发展规划（0.584）	是否制订5年文献发展规划
		年度采购计划（0.416）	是否制订年度采购计划
	文献发展政策及标准（0.179）	文献发展政策（0.676）	是否制订文献发展政策
		采访标准（0.324）	是否制订采访标准
	采访加工效率（0.129）	采访加工周期（0.667）	图书采访和加工时间，即文献从采购到入藏所需时间
		加工效率（0.333）	平均每人每月验收编目加工图书册数
	标准著录（0.193）	著录完整（0.373）	书目数据是否具备所有必备字段及内容摘要字段，如缺少字段或著录错误，则记为不合格
		分类标引（0.364）	书目数据分类是否正确，如分类错误或缺无，则记为不合格
		主题标引（0.263）	书目数据标引是否正确，如主题错误或缺无，则记为不合格

续表

一级指标与权重	二级指标与权重	三级指标与权重	备注
文献资源建设水平(0.136)	资源揭示报道(0.157)	新书报道(0.223)	新书报道情况
		新书推荐(0.181)	新书推荐情况
		电子资源组织与揭示(0.262)	电子资源组织与揭示情况
		资源整合(0.334)	文献资源整合情况
	方便检索(0.071)		评价电子资源能被有效利用的前提条件,书目检索及数据库检索平台方便使用,如界面友好、完备的检索途径等
文献利用情况(0.229)	读者满意度(0.243)		读者对文献资源总体满意情况,以读者问卷调查方式获取
	图书借阅率(0.179)		反映馆藏图书被利用情况,图书借阅=当年图书借阅总册数/馆藏纸质图书总册数
	人均借书量(0.143)		反映读者借阅图书情况,人均借书量=当年图书借阅总册数/目标读者人数
	人均阅览次数(0.114)		反映读者阅览情况,人均阅览次数=当年读者到馆阅览总次数/目标读者人数
	人均电子资源点击次数(0.107)		反映电子资源访问情况,人均电子资源点击次数=当年电子资源点击次数/目标读者人数
	人均电子资源利用篇数(0.214)		反映电子资源被利用情况,人均电子资源利用篇数=当年电子资源浏览或下载篇数/目标读者人数

续表

一级指标与权重	二级指标与权重	三级指标与权重	备注
文献利用成本（0.128）	图书单次借阅成本(0.307)		反映图书被利用的成本,图书每借阅1次所需成本= 特定时间段图书经费/特定时间段图书借阅次数
	电子文献单次使用成本(0.236)		反映电子文献单篇利用成本,电子文献每下载或浏览1次所需成本=特定时间段电子文献经费/特定时间段电子文献下载或浏览次数
	文献利用绩效（0.457）		反映文献资源建设经费使用效果,文献利用绩效=文献利用情况综合得分/(目标读者人均经费投入/人均经费投入标准)

综上所述,教育信息化资源绩效评价除了需要考虑资源的数量、质量、技术支撑等因素外,还要考虑资源的投入成本、服务质量、整合与共享以及资源所产生的效能等方面,据此才能对教育信息化资源进行综合绩效评价。所以在制定相应的指标体系时需全面、综合的考虑,既要有定性指标,也要有定量指标;既要考虑主观因素,也应考虑客观因素。尽管教育信息化资源多种多样,且各教育层次的信息化资源各有其属性,但是所有的教育信息化资源都有共性,因此可以定义教育信息化资源绩效评价所必须具备的基本指标项及其子项,据此构建相应的指标体系,然后在实际评价中再依据不同范畴(例如中学的、高职的,或者区域一级的等)中各类资源的特殊性,给予适当调整或对某些指标项有所侧重。

本章根据教育信息化资源绩效评价指标制定的依据,确定了“投入”和“产出效益”两个一级指标和八个二级指标。其中,投入主要包括:经费投入、人员投入和管理运营投入;产出效益主要包括:资源数量、资源可获取性、资源质量、资源共建共享、资源利用。具体的指标体系如表6-3所示。

表 6-3 教育信息化资源绩效评价指标体系

一级指标	二级指标	三级指标	主要观测点
投入	经费投入	资源购买或制作的费用	对基础教育来说，主要指的是满足各级各类教育需求的优质资源、深度融入学科教学的课件素材和制作工具、各种资源库、优质网络课程等；对高等教育来说，主要是指精品课程（精品资源共享课）、图书文献共享、教学实验平台、学科工具与平台、优质教学和科研资源、数字教育教学资源库及优秀数字文化资源等；对继续教育来说，主要指的是可选的数字教育资源、课程资源和家庭可访问的资源；对职业教育来说，主要指的是数字资源、网络教学平台、虚拟实训软件、远程教育资源等
		培训费用	
	人员投入	资源制作人员总数	
		培训人员总数	
		资源管理人员总数	
	管理运营投入	维护更新的费用	
		资源库/资源管理平台运营成本	
产出效益	资源数量	资源的丰富程度	
	资源可获取性	资源获取的便捷性	
	资源质量	资源内容的规范性	
		资源的易用性	
		资源的安全性与稳定性	
		通过评估与认证的情况	
		优质资源（含转型升级）	
	资源共建共享	资源覆盖面	
		对外开放与辐射	
		资源共享方式与共享平台	
	资源利用	利用率	
		用户满意度	
		教师资源开发能力提升	
		支持学生学习方式转变	
		支持学校教育改革	
		对学习型社会的支持	

第三节 教育信息化资源建设绩效评价实施

构建了绩效评价指标体系后，即可根据实际需要对某教育信息化资源实施绩效评价工作。在具体评价过程中，需要经历哪些环节？可采用哪些评价方法？这些问题对绩效评价结果能否如实反映评价对象的实际情况具有十分重要的作用。鉴于此,本节详细探讨教育信息化资源建设绩效评价的过程,与可用的评价方法。

一、教育信息化资源建设绩效评价过程

根据评价研究的基本步骤,教育信息化资源建设绩效评价的基本过程如图 6-1 所示。

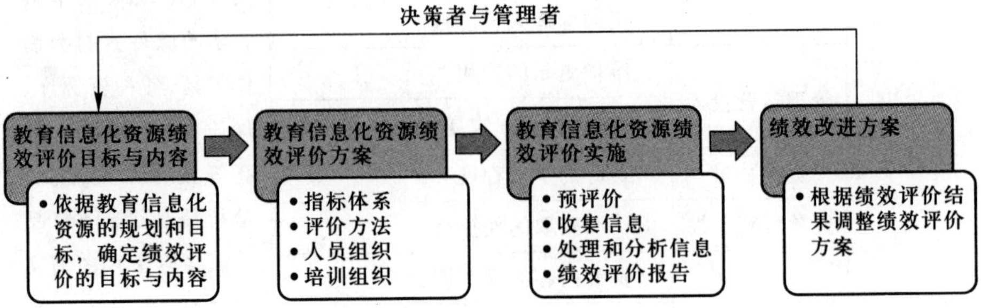

图 6-1　教育信息化资源建设绩效评价的基本过程

(1) 依据教育信息化资源建设的规划和目标,明确评价的目标和内容。教育信息化资源建设绩效评价从绩效评价的根本要求出发,考察教育信息资源的投入成本与产出效益,因此既要考虑资源的人力、物力、财力投入等,也要考虑资源的服务、共享程度和资源对教师、学生、学校产生的影响等方面的内容。由于教育信息化资源种类多样(见本章第一节),各教育层次对教育资源的使用与期望都不尽相同,因此在制定资源建设绩效评价目标和内容时应有所侧重。例如,对于微课、电子教材等资源而言,可从这些资源对教师教学改革、教学方式转变等角度入手设定评价目标;对于虚拟仿真实训系统(平台)等新型资源而言,可增加对企业投入、企业提供的资源和平台(或校企合作开发的资源和平台)等方面的考虑,以充分调动社会力量,进一步发挥行业、企业、学校和社会各方面的积极作用①;而对于资源共享课、视频公开课等资源而言,可加入这些资源对社会公众的效果、在文化传承中的作用等评价目标。

(2) 教育信息化资源建设绩效评价方案的确定。该方案包括制定教育信息化资源绩效评价指标,在此基础上构造合适的评价标准,选择合适的评价方法以及对评价人员的组织和培训等工作。另外,可通过专家法(德尔菲法)、问

① 六部门关于印发《现代职业教育体系建设规划(2014—2020 年)》的通知[EB/OL].http://www.moe.gov.cn/srcsite/A03/moe_1892/moe_630/201406/t20140623_170737.html.2014-06-16.

卷调查法等确定每一个指标的权重,其中专家法可通过到学校进行实地考察,直接由专家通过现场考察、师生座谈、听取学校汇报、查阅学校整体情况表后对每个指标进行打分,确定各项指标的权重。而问卷调查法可通过评价指标确定问卷内容,分别向学校行政领导、信息技术老师、任课教师等发放,然后选用某种评价方法(如下述的定量评价法、综合评价法)计算得出每个指标的权重值。

在教育信息化资源绩效评价指标体系的构建中,可根据实际情况对上述表 6-3 的指标体系进行调整或扩展。例如在评价区域教育资源绩效时,可考虑优质资源和软件工具的对外辐射与共享情况,以考察其在教育均衡中的作用;在评价虚拟仿真实训资源绩效时,可在指标“投入”部分增加企业、社会对职业教育资源的经费投入、人员投入等;在评价开放在线课程资源绩效时,可在指标中增加面向社会公众的科普教育资源、文化宣传数字教育资源的建设与应用情况的指标。

(3) 教育信息化资源建设绩效评价的实施过程。为了使评价工作能顺利进行,最好在正式评价之前,先进行预评价,以取得经验,进一步完善绩效评价方案。下一步是收集评价信息,运用定性和定量的方法搜集评价数据,对收集的信息进行处理和分析,得出评价结论,最后再确定教育信息化资源建设绩效水平。

(4) 教育信息化资源建设绩效改进方案。根据教育信息化资源建设绩效评价结论,诊断出教育信息化资源建设、共享或应用中的不足之处,从而确定进一步的建设目标,制定和实施改进教育信息化资源绩效的计划。同时,也可采用绩效评价的数据和结论辅助决策与管理,确定优化方案。在资源建设的绩效改进中,可引入成熟度模型,据此提出绩效改进策略,将以往一次性静态分析评价,转变成常态化持续的阶梯式过程改进,使得教育信息化资源建设、应用与共享水平循序渐进、自然而然地达到某一目标(成熟度等级),即通过持续的绩效评价和改进最终实现教学水平和人才培养质量的提升。

二、教育信息化资源建设绩效评价方法

开展教育信息化资源的绩效评价,除了收集评价指标数据以外,选择科学、合理的评价方法对绩效指标数据进行统计分析,呈现评价结果,并对其进行解释成为关系整个评价活动成败的关键所在。不同的评价方法,将直接影响评价的效果和质量。早期针对图书馆电子资源绩效评价,不少学者提出了多种方式,如彭红光认为数字图书馆的馆藏评价可采用直观法、用户评议法和

统计分析法①;盛小平认为成本-收益分析法、用户评议法、统计分析法和引文分析法适用于数字图书馆的馆藏评价②;徐革认为电子资源评价可采用专家预测法、AHP层次分析法、频数统计法、主成分分析等③;温东琰等人采用模糊综合评价法构建电子资源的综合模糊判断模型④;等等。

一般来说,对绩效的测量有两个途径,即客观测量和主观测量。客观测量主要是运用统计数据和相关的事实衡量实际绩效水平与预期绩效水平之间的差距;主观测量则是通过了解利益相关者对绩效的满意程度而获得所需要的绩效评估结果,其常用的方法是满意度问卷调查。目前国内外专家学者对评价方法的划分,提出了很多不同的观点,比较具有代表性的主要是按照评价主体和评价性质来进行划分⑤。

(1) 根据评价主体的不同,可将信息化资源评价方法分为用户满意度评价法、第三方评价法和网络计量法。

用户满意度评价法:这是采用问卷调查法收集数据的一种常用方法,主要由信息化资源的研究者将评价指标制定成问卷调查的形式,以纸质访谈、面对面访谈或电子邮件、在线填写等方式提供给用户,用户根据自身需求与感知对信息化资源指标的重要程度或服务质量是否满足自身要求给出定性的评判,最后通过一定的数学方法将不同用户的评判进行统计分析,得到评价指标权重或信息化资源的绩效评价结果与分析报告。采用用户满意度评价法进行评价时,研究者会将评价指标和评价指南告知用户,即使用户对信息化资源的评价机制与专业术语知之甚少,只要是资源的使用者,就能完成评价活动。用户满意度评价法以定性评价为主,因而评价结果偏主观。

第三方评价法:这是由第三方介入的针对资源所有者以及用户所做的定性与定量相结合的电子资源评价方法。它主要形式有两类:一类是商业性的专业网络信息资源评价(如 Magellan Internet Guide,Lycos Top 5%等),另一类是面向学术研究人员、对学术信息资源进行评价的网站等。第三方评价法的评价指标体系由专门的评价服务机构提供,一方面这种相对静止的指标与不断更新变化的数字化信息资源相比,难免会存在滞后。另一方面,第三方提供的绩效指标即使考虑到了使用者的特定需求,面对广泛的用户群体仍旧存在

---

① 彭红光.论数字图书馆的"馆藏"建设[J].图书馆学刊,2003(6):26-27.

② 盛小平.数字图书馆馆藏评价[J].图书情报工作,2003(5):40-43.

③ 徐革.应用模糊理论获得电子资源绩效指标权重的有效性研究[J].情报学报,2007(4):191-197.

④ 温东琰,于光.AHP及模糊综合评价法在电子资源评价中的应用[J].现代情报,2006(8):166-167.

⑤ 柳小梅.支持自主学习的数字化信息资源绩效评价研究[D].武汉:华中师范大学,2011.

适用性的问题,要么过于简单,要么过于专业。

网络计量法:该方法由丹麦皇家图书信息学院的英沃森(Peter Ingwersen)提出,一般利用网上自动搜集和整理网站信息的评估工具,实现网站的访问量统计和链接情况统计,通过对被访问服务器的访问数字进行统计分析,以此对网站进行排序或者通过搜索引擎完成网站被链接次数的统计及排序。这种评价方法通过对网上信息进行定量描述和统计分析来揭示资源的数量特征和内在规律,从客观量化角度对资源进行优选与评价,具有方便、快速、客观公正、评价范围广等优点。

(2) 根据评价性质不同,可将数字化信息资源评价方法分为定性评价法、定量评价法以及定性与定量相结合的综合评价法。

定性评价方法:这是一种较为成熟的评价方法,是按照一定的评价原则、标准、指标对信息化资源进行评价。例如,问卷调查法是评价信息化教学资源的一种常用方法。问卷调查通常有抽样调查和在线调查等形式。由于问卷调查的信度和效度容易受问卷的设计、评价标准、抽样方法、样本数量、样本分布和网络环境等多种因素的制约,因此调查结果并不能全面准确反映资源的质量,在实施评价工作时需要花费较多的时间、人力、物力和财力,成本高,从而使得这种评价方法难以适应大量资源评价的需要。另外,在绩效评价指标体系构建过程中,德尔菲法(专家调查法)也是一种较常用的遴选重要指标的方法①。该方法主要是由调查者拟定调查表(问卷),按照既定程序,以函件的方式分别向专家组成员进行征询;而专家组成员又以匿名的方式(函件)提交意见。经过几次反复征询和反馈,专家组成员的意见逐步趋于集中,最后获得具有较高准确率的集体判断结果。定性评价方法存在较强的主观性,指标项的设置和权重的分配往往会跟随评价标准的制定者而变化。

定量评价方法:这是从客观量化角度,按照一定的数学方法与技术对信息化资源进行优选和评价的方法。定量评价法特别适用于确定评价指标的权重。例如,徐革提出以三角模糊数的形式表达指标的重要性程度②;刘军等提出利用专家调查法构建判断矩阵,通过计算各判断矩阵的最大特征根和特征权向量,所得的特征向量即为各矩阵中对应的指标权重③;贾洁等提出基于BP

① 李栎,曹洪欣.图书馆数字资源绩效评价研究综述[J].图书馆学刊,2013(9):125-128.

② 徐革.确定电子资源评价指标模糊权重的可行方法[J].情报理论与实践,2006(6):690-693.

③ 刘军,莫利江,吴朗等.电子资源综合评价指标体系的构建探讨[J].情报杂志,2010(6):135-137.

神经网络对图书馆的电子资源质量进行评价，先通过调查获取用户对电子资源的满意度数据，构建 BP 网络参数，再通过对 BP 网络进行训练和仿真测试，达到评价电子资源绩效的目的①。中国教育科学研究院（原中央教育科学研究所）对国内高校教育资源绩效进行评价时主要采用定量研究的方法，首先通过文献分析法确定投入和产出指标，再运用聚类分析方法再次筛选并确立指标，最后运用主成分分析方法计算投入综合得分与产出综合得分②。

综合评价方法：这是一种定性与定量评价相结合的评价方法。在信息化资源绩效评价领域使用比较多的综合评价方法有层次分析法、加权平均法、模糊分析法、数据包络分析方法（DEA）等③。其中，层次分析法是一种把人的主观评判用数量形式进行描述和处理的一种定性与定量相结合的评价方法，具有广泛的适用性。该方法的主要思想是通过将复杂问题分解为若干层次和若干因素，对两两指标之间的重要程度作出比较判断，建立判断矩阵，通过计算判断矩阵的最大特征值以及对应特征向量，并充分利用人们分析、判断和综合问题的能力，对复杂问题进行量化。加权平均法是利用"调查求重"的方法求得各指标的权重，然后利用加权平均的思想得出评价。它的指标体系既有定性指标，也有定量指标，既考虑到信息资源的外部特征，也考虑到其内部特征，即信息的内容属性。模糊分析法是考虑到信息资源评价是一个综合评价的过程，需要考虑多种因素的影响作用，而且这些因素往往具有一定程度的模糊性。该方法用模糊数学对受到多种因素制约的事物或对象做出总体的评价，具有结果清晰、系统性强的特点，能较好地解决模糊的、难以量化的问题，适合各种非确定性问题的解决。数据包络分析方法（Data Envelopment Analysis，DEA）是一种针对具有多投入和多产出的复杂系统进行相对有效性综合评价的方法，它运用数学规划模型比较同类型的决策单元之间的相对效率，依据决策单元输入和输出来评价各决策单元有效性。由于 DEA 方法不需要预先估计参数（不需要事先设置权重），也不需要对指标进行无量纲处理，因而可以避免人为主观因素影响，减少误差，简化运算，具有很强的客观性。

---

① 贾洁，彭奇志．基于 BP 神经网络的图书馆电子资源质量评价研究［J］．图书情报工作，2010(21)：84-87．

② 中央教育科学研究所高等教育研究中心．新版《中国高等学校绩效评价报告》［N］．中国教育报，2009-12-10．

③ 柳小梅．支持自主学习的数字化信息资源绩效评价研究［D］．武汉：华中师范大学，2011．黄琼珍．信息化教学资源绩效评价研究［J］．中国教育信息化，2010(5)：27-30．

第四节　典型案例:高校教育信息化资源建设与共享绩效评价

教育信息化的发展水平已经成为衡量一个国家教育现代化水平的重要标志。世界各国都把发展教育信息化看作是关系到本国未来国际竞争力和21世纪发展前途的重要因素。高等教育信息化是促进高校改革创新和提升质量的有效途径,也是推动各级各类教育信息化发展的重要力量。高校教育信息化的核心价值是:充分发挥现代信息技术优势,彰显信息技术对高等教育改革和发展的支撑与引领作用,建立起开放灵活的教育资源公共服务平台,促进优质教育资源普及共享,以推进信息技术与高等教育的深度融合,促进教育内容、教学手段和方法现代化,创新人才培养模式,全面提高高等教育质量。

一、研究概述

目前,广东省拥有100多所高等院校,包括中山大学、华南理工大学、暨南大学等一批国内外知名的高等院校。"十二五"伊始,加快推进教育信息化建设,是广东省创建教育强省,打造南方教育高地的重大战略任务。鉴于此,本研究立足于广东省教育信息化发展的战略高度,围绕高校教育信息化资源建设与共享情况开展绩效评价,以期挖掘近三年来广东高校教育信息化建设的成功经验与优秀典型,同时发现存在问题与不足,并针对性地提出解决对策,为广东高校教育信息化建设的顶层设计与具体实施提供科学的决策依据和重要参考[①]。

国内有关高等教育信息化资源建设及共享的研究相对较多。有的研究者从资源建设的经费投入、资源的种类数量、学科应用率、专用软件采用率等方面对图书馆电子资源、数字博物馆及教育资源的建设与应用开展调查[②]。有的借鉴绩效评价的思想与方法从资源投入成本、信息质量、教育科学性、资源建设与共享、资源利用与服务、资源的获得、师生信息资源素养、技术支撑对高校信息化教学资源现状进行评价分析[③]。周红平基于结构方程模型对中国高校

① Xie Y, Yin R, Chang Y, et al. Current status and solutions towards the construction and sharing of digital educational resources in colleges and universities[C]. Educational Innovation Through Technology (EITT), 2014 International Conference of IEEE, 2014: 244-249.

② 教育信息化建设与应用研究课题组.我国教育信息化建设与应用现状调研与战略研究报告[M].北京:高等教育出版社,2010.

③ 黄琼珍.信息化教学资源绩效评价研究[J].中国教育信息化,2010(5):27-30.

信息化建设与应用水平进行的调研中，通过图书馆电子图书量、多媒体光盘资源、教学资源库容量来考察教育信息化资源的建设水平，通过多媒体辅助课程教学比例、上网课程门数考察资源的利用情况，此外在资源建设与应用的现状方面还开展了经费投入、信息化培训工作等方面的研究[①]。

有关高等教育信息化资源建设及共享的研究也涉及了具体地理区域层面。有研究者从高校资源建设的经费投入、资源种类数量和利用情况入手，对宁夏高等教育教学、科研信息化建设的现状和利用情况进行了调查分析[②]。也有研究者在对河南省高等教育信息化建设与应用现状调查中，通过对各高校门户网站、应用系统建设（数字图书馆、办公自动化、虚拟专用网等）、教学资源（网络课程）建设等方面的考察，研究了教育信息化资源建设与共享情况[③]。

国外有关教育信息化资源建设及共享现状的研究相对较少。美国教育技术 CEO 论坛发布的 STaR 评估框架从数字内容的形式、教师将数字资源整合到教学中的方式、学生使用数字资源加强学习的方式、使用数字资源的学生百分比和使用频率、购买数字资源的经费来源等方面评估教育信息化数字资源的建设与应用水平。英国学校信息化自我评估指标 SRF 从 ICT 资源的丰富性、师生访问 ICT 资源的便利性以及对 ICT 资源的规划与管理等方面评价教育信息化资源建设情况。也有研究者针对国外开放教育资源、高校数字图书馆资源进行了专项评估。例如叶冬连等人从社会性、技术性、可获取性和教育性对开放教育资源的三个典型代表——麻省理工学院开放课程项目、英国开放大学开放学习项目、卡耐基·梅隆大学开放学习创新项目进行了分析[④]。有研究者通过问卷调查对高校数字图书馆资源的类型、在教学中的应用情况、教师对资源的使用态度等开展调研[⑤]。

总体而言，国内外已经对高校教育信息化资源建设与共享的情况做了许多研究，但在研究结果中定性问题分析居多。针对地缘特点和教育特色而言，

---

① 周平红，杨宗凯，张屹等.基于结构方程模型的我国高等教育信息化水平综合评价研究——来自“中国高校信息化建设与应用水平”的调研[J].电化教育研究，2011(11)：5-10.

② 陆凤红.宁夏高等教育信息化资源投入利用调查与研究[J].图书馆理论与实践，2009(12)：35-38.

③ 张新刚，王燕.河南省高等教育信息化建设与应用现状调查研究[J].实验技术与管理，2013(2)：111-117.

④ 叶冬连，焦建利.国外开放教育资源的比较及启示[J].中国电化教育，2010(10)：71-75.

⑤ Mcmartin F，Iverson E，Wolf A，et al.The use of online digital resources and educational digital libraries in higher education[J].International Journal on Digital Libraries，2008，9(1)：65-79.

广东在这些方面均有一定的差异。因此,有必要在国内外已有研究的基础上,结合广东地缘优势和教育特色,开展高校教育信息化资源建设及共享绩效评价研究,针对存在的问题提出绩效改进策略,为广东高校教育信息化良性发展提供科学咨询服务。

二、研究过程与方法

1. 绩效评价工具

本研究围绕广东省高校教育信息化资源的建设现状、共享情况、教师信息技术应用能力培训三个方面设计了一份半结构化调查表(附录 1),其中包括选择题、填空题和问答题三种题型,旨在对广东高校教育信息化资源建设与共享情况有较为深入的概览式了解,发现典型个案,摸查存在问题,为进一步推动高校教育信息化资源建设与共享奠定基础。问卷框架如图 6-2 所示。

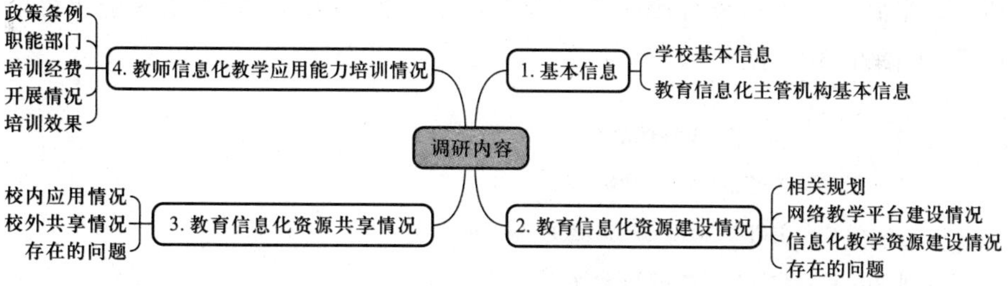

图 6-2　调查问卷内容框架

2. 绩效评价过程

本研究既借助网络对有代表性的 25 所广东高校开展问卷调查,又通过走访、座谈方式选取个别典型高校进行实地调查,以"面点结合式"对广东高校教育信息化资源建设及共享情况进行了绩效评价。具体实施过程如下:

首先,成立研究小组,在梳理国内外教育信息化教学资源相关研究现状的基础上,结合广东省高等教育信息化的特点,科学合理地制定调查问卷。

然后,对广东省本科院校和高职高专院校进行分层抽样,并通过网络发放调查问卷。同时,委托中山大学等 6 所高校结合各自学校的活动与结果,提交评价报告。

最后,抽样选择了华南农业大学等 5 所高校作为深入研究单位(其中 3 所普通本科院校,2 所高职高专院校),委派有关人员到学校进行深度访谈,了解相关情况。

3. 绩效评价的样本

本次绩效评价以广东高校为对象，通过对广东省本科院校和高职高专院校进行分层抽样，选取了25所有代表性的高校作为研究对象。其中，包括2所“985工程”高校，4所“211工程”高校，12所地方普通本科高校以及7所高职高专院校；23所公办学校，2所民办学校。

三、高校教育信息化资源建设绩效评价

1. 网络教学平台建设

研究结果显示，目前已有95.7%的高校建立并使用了网络教学平台，仅有4.3%的高校尚未建立网络教学平台。平台的来源以购买的商业产品为主，约占70.8%；虽然平台自主开发难度较大，但仍有高校根据教学的实际需求进行自主开发，约占29.2%。另外，16.7%的高校是采取与企业合作的方式开发网络教学平台。还有高校直接使用开源软件搭建网络教学平台，或从企业租借产品，如图6-3所示。

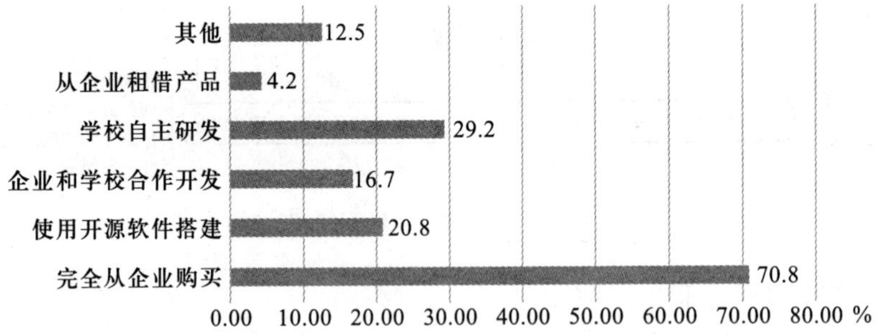

图6-3 学校网络教学平台的来源

网络教学平台中所建设的网络课程基本覆盖学校内各学科门类，78%的高校开设的网络课程覆盖的专业数超过50%，课程覆盖面较广；63%的高校网络教学平台注册学生人数超过学生总人数的50%，学生的受益范围较广。

2. 信息化教学资源管理平台建设

随着国家教育信息化的发展，高校亟需一个教学资源管理平台对零散的资源实施规范管理。调查显示，目前已有65%的高校建立了统一的教学资源管理平台，22%的高校虽未建立统一的资源管理平台，但已有相关计划，仅有13%的高校目前尚没有相关的建设计划。在平台中已建成各种门类教学资源，具体情况如表6-4所示。

表 6-4 被调查高校统一管理的信息化教学资源建设情况

编号	内容	调查结果
1	专业资源库数量(容量)	305 个(94 161G)
2	课程群、专业群数量	241 个
3	网络课程数量	9 884 门
4	校级以上精品课程(精品视频公开课、精品资源共享课)数量	1 781 门
5	专题学习网站	674 个

可见,各高校现已建成的资源种类和数量众多,其中网络课程最为丰富,已建成 9 884 门。其次为精品课程(精品视频公开课、精品资源共享课),共 1 781 门,这与教育部十年来关于精品课程建设的政策导向密切关联。通过调研也发现,通过课程群或专业群的建设实现资源的有效统整与优化配置日益成为资源建设的新路径。目前,已建成课程群、专业群 241 个。

由上述分析可知,广东高校网络教学平台与信息化教学资源管理平台的普及率较高。其中,网络教学平台上所开设在线课程的专业覆盖面广,能较大范围地支持学校各学科专业学生的在线学习;信息化教学资源管理平台的资源逐渐打破以往资源建设“零散化”“孤立化”的格局,而走向“课程(群)化”“专业(群)化”,有效地实现资源的整合式发展,形成良好的资源生态系统,推动资源共建共享,这正是当前高等教育课程教学改革的发展趋势所使然。

四、高校教育信息化资源共享绩效评价

教育信息化资源的共享应用与否,在很大程度上直接决定了学校教育信息化的建设水平高低。若从共享应用的范围看,大致可以将目前高校教育信息化资源共享分为校内普及应用与校外开放共享两种。

1. 校内普及应用

上述有关“网络教学平台建设情况”的分析已表明,当前广东高校已建网络课程基本覆盖学校内各学科专业,尤其以专业核心课程为主。50%以上的高校已建网络课程均来自专业主干课程。但是,相对于全校所开设的所有课程总数而言,已建网络课程的数量及其比例仍是较低的。其中,有接近 80%的高校已建网络课程数占课程总数的比例不到 50%,这一问题值得我们关注与重视。

如图 6-4,目前高校信息化教学资源在校内的应用模式呈多样态,尤其以混合学习模式居多(约 91.7%),表明混合学习已成为广东高校信息化教学改革创新的主流实践模式。自主学习、协作学习和探究式学习模式次之。随着移动学习、泛在学习理念的盛行,已有 21.7%的高校尝试运用移动终端开展教

学,创新教育信息化资源应用模式。

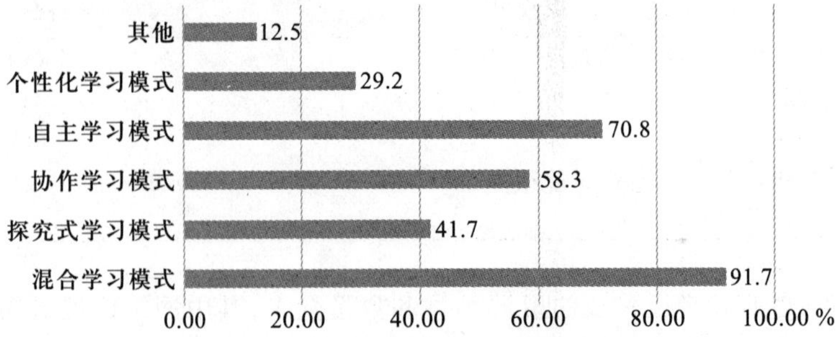

图 6-4　教育信息化资源校内应用模式

在高校,网络公共课(公共必修课)是一类面向全校师生开设的课程,其受益面广泛,影响力较强。对教育信息化资源在网络公选课(公共必修课)的应用情况分析能在一定程度上反映资源普及应用的程度。研究发现,44%的学校已将教学资源平台应用于网络公选课,64%的高校将教学资源平台应用于全校公共必修课中。可见,广东高校教育信息化资源在校内应用是非常广泛的。而且,通过网络公共课(公共必修课)教学推动学校教育信息化资源普及应用是一条值得推广的路径。

教育信息化资源应用是为了更好地促进课程教学改革,并以此推动学校优秀教学成果奖的培育。表 6-5 显示,广东高校已建立起“国家级—省级—校级(含市级)”三级教改项目立项制和教学成果评奖制,且教改项目立项数与教学成果奖项数均呈金字塔状分布。

表 6-5　教育信息化资源校内应用效果情况统计表

应用效果	数量
与教育信息化资源应用相关的教学改革项目数量	965
其中:国家级	15
省级	201
校级(含市级)	749
与教育信息化资源应用相关的教学成果奖数量	216
其中:国家级	13
省级	53
校级(含市级)	150

注:市级教学改革项目与教学成果奖是专属于市属高校。

2. 校外开放共享情况

教育信息化资源除了在校内普及应用外,也应面向兄弟院校、教育机构(部门)、企业和社会大众开放共享。其中,61.5%的高校面向社会大众开放共享资源;46.2%的高校实现了同地域或跨区域的校际开放共享,甚至有23.1%的高校实现了校企共享。有的高校的教育信息化资源还服务于基础教育和国家组织的对口支援院校,如图6-5所示。

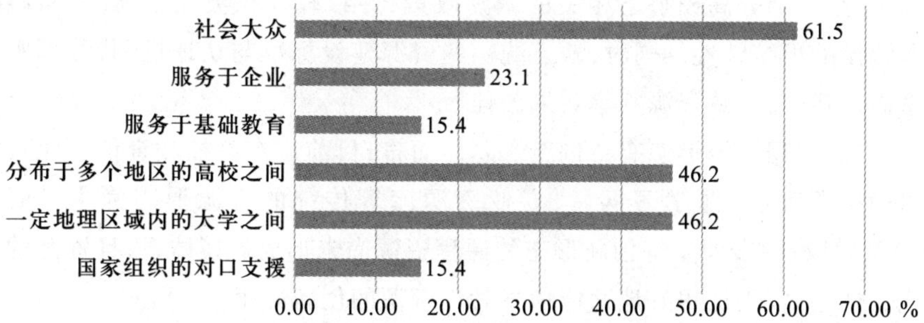

图6-5 学校教育信息化资源对外开放共享的范围

在校外开放共享应用中,以MOOC联盟和区域共建共享开发应用模式为主,分别占35.7%和28.6%。例如,由深圳大学牵头,建立由全国各地56所高校加盟的MOOC联盟,该联盟计划投入巨资大规模建设在线课程,从而实现一定区域内的优质资源共建共享。此外,有28.6%的高校通过教育部爱课程平台、直接免费开放等方式实现资源的对外共享,如图6-6所示。

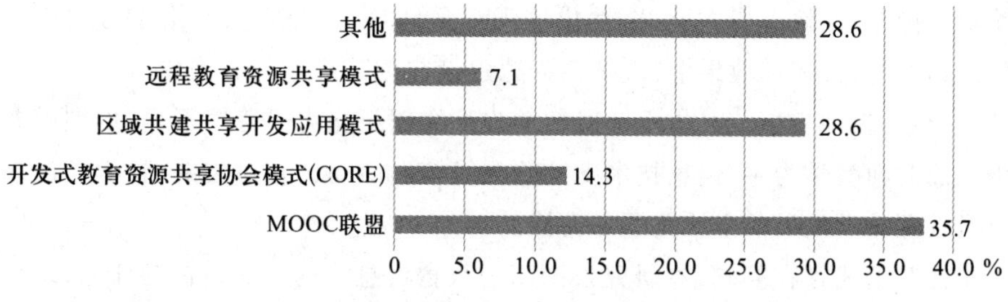

图6-6 学校教育信息化资源对外开放共享模式

上述分析表明,目前广东高校教育信息化资源共享范围相对较广。在校内,绝大多数高校都能够整合应用教育信息化资源,创新教育教学实践,形成多样化的资源应用模式,并初步开创网络公选课(公共必修课)的资源应用新路径;在校外,资源开放共享途径宽广,且初步探索出以MOOC联盟和区域共建共享开发应用为主的共享模式。

五、高校教育信息化资源建设与共享的绩效改进策略

通过绩效评价发现，广东高校教育信息化资源建设规模较为庞大，资源的共享应用初具成效，教师信息化教学能力培训体系相对健全。然而，深入访谈分析发现，广东高校教育信息化资源建设及共享仍存在如下四个方面的问题。

第一，资源建设与共享的机制有待健全。在高校教育信息化资源及共享过程中，绝大部分高校缺乏相关的激励政策，导致教师积极性不高，进而影响资源建设的可持续性。同时，缺乏统一的资源建设标准与认证机制，管理服务体系尚未建立，导致资源共享效果欠佳。

第二，课程资源形态有待创新。总体而言，目前广东高校教育信息化资源仍以网络课程、专题学习网站、专业资源库等传统的资源形态为主。诸如MOOC、微课、同步课堂等创新形态的课程资源尚未形成规模体系，且资源的动态生成性不高，无法很好地适应信息时代资源的创新应用。

第三，资源共享系统有待进一步开放。尽管目前不少高校已开始积极探索教育信息化资源的创新应用与开放共享，但大多数高校仅停留在规划设想层面，统一的资源共享平台尚未建立，对资源的入库标准与分类没有统一的规划管理，成熟的、多元化的共享应用模式尚未形成，且共享深度和广度仍受局限，进而导致校际、区域之间的壁垒尚未完全打破，“信息孤岛”现象仍较明显。

第四，教师培训支持服务体系有待完善。在培训内容上，结合高校办学特色，应紧跟教育技术应用热点前沿，既注重教育技术理论学习，又强调信息技术实践操作；在培训形式上，个性化培训和集体培训相结合、网络学习与面授研讨相结合；在培训效果上，教师在资源建设与创新应用等方面均有一定的提升。但是，教师应用信息技术开展教学改革的创新能力仍普遍不强，培训模式仍以面对面教学为主，信息技术支持的在线培训活动仍相对欠缺，且学校尚缺乏对教师教学发展的个性化服务支持。

针对上述存在问题，本研究根据高等教育信息化的发展目标与任务，结合广东高校的实际情况，提出如下改进策略。

1. 变革信息化教学应用方式，促进人才培养模式创新

高校教育信息化资源建设与共享的终极目标就是创新人才培养模式，提高人才培养质量。由此，高校应重视“信息技术对教育的革命性影响”，创新教育教学理念，变革信息化教学应用方式，积极探索多样化的人才培养模式。如广州大学吴九占老师利用课程教学论坛实现公共必修课“中国近现代史纲要”的混合式教学，将课堂面对面授课与在线互动交流结合起来，很好地促进了师

生之间、生生之间的交流互动,提高了学生的学习成效。

2. 健全资源建设与共享机制,促进信息化资源建设与共享良性循环

高校应积极探索资源建设与共享的有效机制,促进资源建设与共享的可持续发展。一方面,制定资源共享保障机制,促进资源校内、校际共享;另一方面,制定激励机制,调动教师开展信息技术教学应用的积极性。例如,韶关学院为鼓励教师积极投入资源建设与共享应用,先后制定了《韶关学院教学工作量计算办法》《韶关学院教研积分计算及奖励办法》等多项鼓励政策。

3. 转变资源建设思路,创新资源形态

转变资源建设思路,深化以“课程(群)”“专业(群)”为导向的资源建设方式,同时,关注高校教育信息化发展动向,创新资源形态,最大限度支持资源的共享应用。例如,华南农业大学和广东外语艺术职业学院近年来逐步开展微课建设,并取得了一定成效。

4. 探索多元化的共享方式与策略,创新资源共享模式

一方面,建设教育信息化资源管理平台,要保证信息化资源建设标准统一,完善资源的分类和管理,推进信息化资源的共享过程;另一方面,应积极探索 MOOC 联盟、开放式教育资源共享协会模式(CORE)、区域共建共享开发应用模式、远程教育资源共享模式等多元化的资源共享模式,以扩大优质教育资源的应用范围,实现资源在校内、校际、区域之间的共建共享。例如,深圳大学提出了组建全国地方高校 MOOC 联盟的倡议,得到了 28 所高校代表的响应,并于 2014 年 5 月 12 日召开了 MOOC 联盟成立大会,组建了全国地方高校的 MOOC 联盟,推动了地方高校资源共享。

5. 完善教师信息化教学能力培训体系,促进教师信息化教学应用能力持续发展

在培训内容上,可以立足于教师职业生涯发展,针对不同层次的教师(如职前教师、骨干教师等)制定相应教师培训规划与内容,最大程度满足教师的培训需求。在培训方式上,可以融入 e-Learning 在线培训方式,优化培训投入成本,扩大培训辐射面。同时,为教师提供全方位、个性化的教学支持服务,帮助教师解决日常信息化教学中的困惑与问题,切实提高教师信息技术应用能力。例如,华南农业大学在 2008 年出台了《华南农业大学青年教师培训工作实施办法》,要求学校 35 周岁以下且中级专业技术职务以下的青年专任教师,必须参加教育技术能力培训。此后 3 年,该校共举办了 6 期不同层次的教育技术能力培训班,大大提高了青年教师的教育技术能力。

第七章

信息技术教育应用绩效评价

信息技术教育应用是教育信息化发展的核心动力。近年来,随着信息技术的快速发展,信息技术教育应用领域也越来越广泛。为审视信息技术教育应用中存在的问题,提升信息技术应用绩效,本章围绕信息技术在教育教学、科学研究、教育管理、社会服务等领域的应用,构建绩效评价指标体系,开展典型案例研究,提出绩效改进策略。

第一节　信息技术教育应用概述

随着“互联网+”时代的到来,信息技术在教育中的应用无处不在。信息技术在教育教学各个领域中的应用是教育信息化发展的核心动力,分析其应用领域、应用现状、发展趋势等,对于信息技术教育应用绩效评价具有重要作用。

一、信息技术教育应用的主要领域

随着信息技术的迅猛发展,信息技术在教育领域的应用越来越广泛。

《国家中长期教育改革和发展规划纲要(2010—2020年)》(以下简称《规划纲要》)中指出要“推进信息技术与教学融合”“促进高校科研水平提升”“提高教育管理公共服务质量与水平”“增强高校社会服务与文化传承能力”。可见,《规划纲要》主要强调了信息技术在四个领域的应用:信息技术在教学中的应用、信息技术在科研中的应用、信息技术在教育管理中的应用、信息技术在社会服务中的应用。

《我国教育信息化建设与应用现状调研与战略研究报告》第二章关于“我国教育信息化发展状况的基本分析”指出,信息技术教育应用主要指教学信息化应用、科研信息化应用、管理信息化应用、社会服务信息化应用四个方面。

综上可见,目前信息技术教育应用主要包括四个领域:教育教学、科学研究、教育管理、社会服务。

二、信息技术教育应用的现状与趋势

信息技术在教育中的应用正在不同程度地开展,如果将信息技术教育应用的发展阶段分为“单个应用”“数据互通”“流程再造”三个阶段,目前信息技术教育应用正处在“单个应用”到“数据互通”的过渡阶段。本部分围绕教育教学、科学研究、教育管理、社会服务四个方面分别阐述信息技术应用的发展现状与趋势。

1. 信息技术在教育教学中的应用

随着教育信息化的发展,信息技术在各级各类教育教学中的应用已经较为普遍。对于中小学而言,信息技术教学应用存在的应用率较低、应用方式单一、发展不均衡等问题急需解决;对于职业教育学校而言,信息技术教学应用的主要困难在于技能偏低、设备不足、资源缺乏以及时间不够;在高等教育教学中,则表现为学校网络平台使用缺乏相应的政策支持,不同类型学校之间的教育资源库存在明显差异。以上问题需要引起我们的重视。近年来,随着信息技术的发展以及教育教学理念的更新,信息技术在教育教学的应用呈现以下发展趋势:教学内容表现形式多媒化、教学资源立体化、教学实施方式泛在化、教学评价可视化,以及教学环境智能化等,这也意味着教育教学即将出现新的变革。

2. 信息技术在科学研究中的应用

科学研究是高等院校的重要社会责任。为了促进国内高等学校信息技术在科学研究中的应用发展,教育部启动了一些重大工程项目,如“中国教育科研网格(ChinaGrid)计划”和“高等学校仪器设备和优质资源共享系统项目(CERS)”。“中国教育科研网格计划”为全国教育资源的整合和共享打下了良好的基础,为科学研究提供了高性能服务和先进技术手段,为我国高等学校科学研究领域的创新提供了有利的条件。另外,为最大限度地利用有限的资源,让每个有需要的机构都能使用造价高昂的大型高级仪器,教育部启动了“高等学校仪器设备和优质资源共享系统项目”。以上项目充分证明了信息技术在科学研究中的重要程度。随着“互联网+”时代到来,信息技术在科学研究中的应用呈现出新发展趋势,一方面,科研机构及人员越来越重视科研信息的网络共享与管理;另一方面,以大数据为基础的科学研究不仅丰富了科研数据的来源,也提升了科研数据的利用效率;最后,信息化科研平台及共享系统的建设也会极大地促进科研成果转化为教学成果。

3. 信息技术在教育管理中的应用

对于不同的领域与机构而言，信息技术在教育管理中的应用程度有所不同。其中，各级教育行政管理部门的信息技术应用程度最高，高校管理核心业务的信息技术应用程度较高，基础教育管理领域中的信息技术应用则有待提高。为提升信息技术应用于教育管理的整体绩效，还需针对具体领域的现状进行原因分析。随着人们对教育管理信息化绩效提出越来越高的要求，信息技术在教育管理中的应用呈现出以下发展趋势：信息技术将会用来强化各级各类管理平台以及其他部门平台的关联，从而提升管理效率；信息化管理平台的个性化以及智能化程度将会大大提升，从而增强教育管理的人性化程度。

4. 信息技术在社会服务中的应用

社会服务是高等教育的基本职能，而现代远程教育和继续教育则是信息技术支持高校发挥这一职能的最直接表现形式。现代远程教育是指通过音频、视频（直播或录像）以及包括实时和非实时在内的计算机技术把课程传送到校园外的教育，是随着现代信息技术的发展而产生的一种新型教育方式。继续教育是面向学校教育之后所有社会成员特别是成人的教育活动，是终身学习体系的重要组成部分。随着终身学习社会的到来，信息技术在社会服务中的应用发展趋势表现为：开放程度越来越高，不仅表现为学习时空的开放程度提高，学习机会及资源方便获取，更表现为对学习者背景及经验包容性的提高；学习的自组织性越来越强，可通过虚拟社区、远程通讯技术支持学习者形成自发的学习组织，从而促进终身学习。

第二节　信息技术教学应用的绩效评价

根据信息化教学以及教学信息化的内涵与基本内容，可将信息技术教学应用的内容归纳为四个方面：信息化环境、信息化资源、教师活动和学生活动，本节围绕这四个方面的建设与发展情况进行绩效评价。

一、信息技术教学应用概述

1. 教学信息化的内涵与基本内容

所谓“教学信息化”，是指实现教学过程的信息化。教学过程是师生之间的信息交流过程，是教师借助教学媒介（教学材料、教学手段、教学方法）组织起来的系统过程。赵国栋认为，教学信息化是指在教学过程中，改革教学观念、运用系统化的教学设计方法,充分利用信息通讯技术来实现教学组织形式的多样化、教学内容的电子化、教学方法和教学手段的信息化,从而拓展师生之间信息交流的渠道,提高教学效率和效果。① 庞海芍认为教学信息化主要是指在教学过程中,教师和学生能够树立信息化教学观念,以现代教学系统设计理论为指导,有目的、分层次地利用现代信息通讯技术来实现传统教学组织模式与现代教学模式的有机组合,从而提高教学信息传递与反馈的效率,最终促进学生身心诸方面的协调发展。② 张一春则认为高校教学信息化是指充分利用信息技术及现代教育教学的思想、方法和手段进行教学,实现所有教学环节信息化和现代化的过程,最终的目的在于提高教学质量和效率,主要包含教学基础平台、教学资源、教学过程和教学管理等信息化。③

综合以上观点,从教学过程的角度看,教学信息化的主要影响因素包括教师活动的信息化、学生活动的信息化及教学媒介的信息化等。从教学信息化涉及的环节及要素的角度看,教学信息化建设主要包括教学信息化的政策与制度、机构与组织、环境与资源、实施与评价、管理与服务及人才与教育 6 个方面的内容。

2. 信息化教学的内涵与基本内容

关于信息化教学内涵,不同学者有不同的理解。祝智庭认为信息化教学是与传统教学相对而言的现代教学的一种表现形态,它以信息技术的支持为显著特征,因而我们习惯于将之称为信息化教学。当然,以信息技术为支持还只是信息化教学的一个表面特征,在更深层面上,它还涉及现代教学观念的指导和现代教学方法的应用。④ 鬲淑芳认为信息化教学就是指教育者和学习者借助现代教育媒体,教育信息化资源和方法进行的双边活动。信息化教学是以现代信息技术为基础的新教育体系,包括教育观念、教育组织、教育内容、教育模式、教育技术、教育评价、教育环境等一系列的改革和变化。⑤ 张一春则认为信息化教学是以现代教学理念为指导,以信息技术为支持,应用现代教学方法的教学,在信息化教学中,要实现观念、组织、内容、模式、技术、评价、环境等

---

① 赵国栋.论教育信息化的构建结构及因素[J].嘉应大学学报,2003(4):67-73.

② 庞海芍.高校教学信息化的现状及影响因素分析——以北京某大学为例[J].电化教育研究,2006(5):34-37.

③ 张一春,贾晓燕,刘平.创新高校教学信息化建设内涵与发展战略[J].现代远程教育研究,2011(4):27-32.

④ 祝智庭.现代教育技术——走进信息化教育[M].北京:高等教育出版社,2001:179.

⑤ 鬲淑芳.信息化教学研究[M].北京:科学出版社,2005:1.

一系列因素信息化。①

综合以上观点,我们认为信息化教学是以现代教育理念为指导,在信息技术为支撑的教学环境中,利用现代教学资源与教学方法进行的教与学的活动,它包括观念、组织、内容、模式、技术、评价、环境等一系列因素的信息化。其中,观念、组织、模式、评价四个方面属于人的层面,内容在信息时代主要表现为信息化的资源,而环境和技术则可以归为信息化的环境。

教师、学生、教学内容和信息化教学环境是信息化教学过程不可缺少的基本要素。综合信息化教学的定义及内涵,信息化教学包含信息化环境、信息化资源、教师和学生四个要素,如图 7-1 所示。

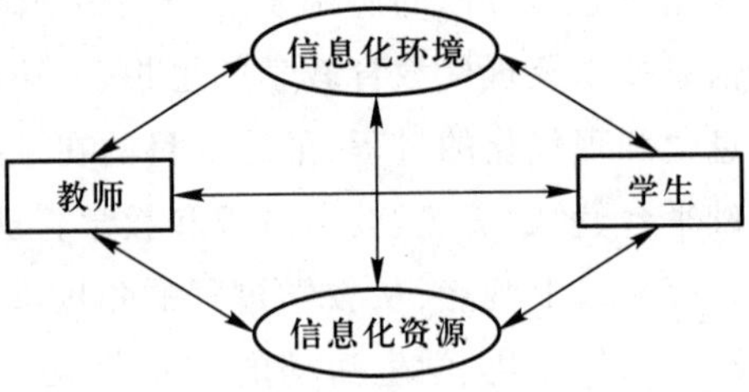

图 7-1 信息化教学基本要素

根据对教学信息化和信息化教学的内涵及基本内容的分析可以发现,“教学信息化”侧重于“信息化”,而“信息化教学”侧重于“教学”,信息技术教学应用是将“信息化”应用于“教学”。因此,信息技术教学应用的基本内容为:信息化环境、信息化资源、教师和学生。

二、信息技术教学应用的绩效评价指标体系

1. 信息技术教学应用绩效评价的基本要素

从管理学的角度看,绩效是组织期望的结果,是组织为实现其目标而展现在不同层面上的有效输出,它包括个人绩效和组织绩效两个方面。组织绩效应在个人绩效实现的基础上实现,但是个人绩效的实现并不一定保证组织是有绩效的。如果组织的绩效按一定的逻辑关系被层层分解到每一个工作岗位以及每一个人,只要每一个人达成了组织的要求,组织的绩效就实现了。

柯氏四级培训评估模式简称“4R”,其主要内容包括四方面:反应评估(Reaction):评估被培训者的满意程度;学习评估(Learning):测定被培训者的学习获得程度;行为评估(Behavior):考察被培训者的知识运用程度;成果评估(Result):计算培训创造的经济效益。

从绩效的定义以及柯式四级评估模型可以得出,在信息技术教学应用的绩效中,信息化环境的绩效主要表现为环境的运行和应用情况;信息化资源的

① 张一春.教师教育技术能力构建——信息化环境下的教师专业发展[M].南京:南京师范大学出版社,2007:3.

绩效主要表现为资源的数量和质量以及应用情况；教师和学生的绩效主要体现在态度、能力和应用方面，如图 7-2 所示。

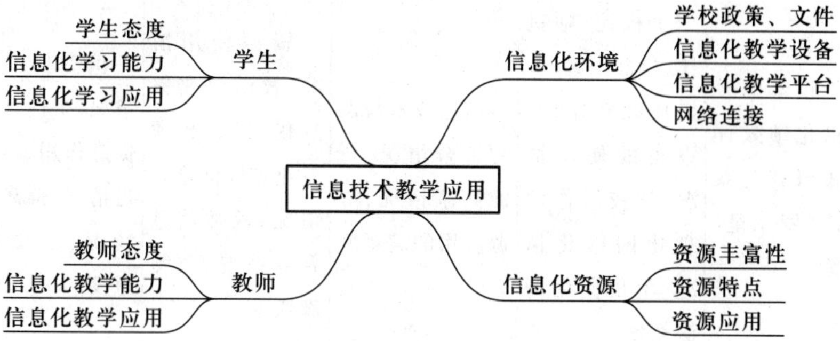

图 7-2　信息技术教学应用的绩效评价要素

2. 信息技术教学应用绩效评价的案例分析

信息技术教学应用的绩效评价主要包括信息化环境、信息化资源、教师和学生四要素。为进一步分析信息技术教学应用的绩效评价指标体系，下面按照信息技术教学应用的要素框架，对已有案例研究做梳理，如表 7-1。

表 7-1　信息技术教学应用要素分析表

相关研究	信息化环境	信息化资源	教师	学生
基于成熟度思想的教育信息化评估模型研究（王瑜，张筱华）	硬件设施、信息化系统平台、资源工具、硬件设备支持、教师信息咨询、学生信息咨询以及保障机制	战略规划、建设内容、维护服务、开发团队、流程机制、开放共享、帮助指导	现代教育理念、信息素养、信息技术与课程整合意识和能力、信息化教学设计能力、高校信息化教学过程组织实施能力	现代学习理念、信息素质、学习资源的利用情况、学习互动情况、学习方式
学校教育信息化绩效评价模型的设计和应用（郭伟刚，李亚娟）	多媒体课室情况、校园网情况、人（师、生）机比及配置情况、信息化公共管理平台情况	教学资源库、专题学习网站、学校网站、个人主页、教育博客、数字化图书馆、资源建设的组织机制	学科教师的信息化意识与形态、信息化知识与技能、信息化应用与创新、信息技术教师的教学实践	学生的信息化意识与形态、学生的信息化知识与技能、学生的信息化应用与交流、信息化学习实践

续表

相关研究	信息化环境	信息化资源	教师	学生
基于校本的教育信息化绩效评价模式研究与系统设计（罗卓笔，焦宝聪）	生机比、师机比、机器配置、多媒体教室比例、设备的使用情况、学校工作信息化网络化情况、学校使用的满意度	信息技术与课程整合情况、资源共享情况、资源应用的满意度	资源使用情况、教学研究信息化情况、教师专业发展信息化情况、教师信息素养情况、教师满意度	信息技术使用情况、个性化发展促进作用、学习促进情况、信息素养情况、学生的满意度
基于EEE模型的农村基础教育信息化绩效评估体系应用方法研究（张晓卉，解月光）	—	—	学科教师信息技术与课程整合能力、信息技术教师教育技术能力、教师科研能力	学生信息意识、信息知识、信息技能、学习方法与策略、情感态度及价值观
“农远工程”环境下信息化教学资源绩效评价指标体系的设计（赵福赞，李小龙）	—	—	教师专业水平的提高、信息化素养的提高、信息化教学水平的提高	学习态度的改善、学习效果的提高、学习过程的优化、视野的扩展、协作能力的提高、创新意识的提高
高校信息化教学质量研究（高鹏飞，张一春）	硬件环境（多媒体教室、网络机房、语音室、微课教室）、软件环境（网络教学平台、教学软件、教学支持系统）、组织机制、人际心理	内容特点（内容的质量、内容的前沿性）、内容组织（内容的层次性、内容组织的适用性）	教师素养（教学理念、信息意识、信息能力、信息技术操作）、教学设计（教学分析、策略设计、教学评价）、教学实施（目标把握、活动组织、媒体应用、学生指导）	学生素养（学习理念、信息意识、信息能力、信息技术操作）、学习过程（情感参与、资源利用、学习方式、学习互动）、学习效果（学习内容、能力素质）

续表

相关研究	信息化环境	信息化资源	教师	学生
信息化教学资源绩效评价研究(黄琼珍)	—	信息质量、教育科学性、建设与共享、利用与服务、资源的获得、技术支撑、师生信息素养	—	—
教育信息化项目的监控与评价(丹尼尔·瓦格纳、鲍勃·戴)	—	—	教师技术技能的发展、教学方法方面的知识、内容掌握以及教学态度的提升	学校项目的知识增长、关于学习的态度改进、发展经济必须技能的获得
高校教与学信息化措施的成本与效益评估模型(大卫·尼古拉,迈克尔·科恩)	—	改进的学习资源获取方式、学习资源的可重用性	提升的教员满意度、教员技能的发展、组织效率的提高	学生的满意度、学生学习质量的提高

3. 信息技术教学应用的绩效评价指标体系

根据信息技术教学应用绩效评价的基本要素和案例分析,可将信息技术教学应用绩效评价指标分为6个维度:学生态度转变、学习方式转变、信息化学习能力提升、教师态度转变、课程教学方式转变和信息化教学能力提升。将每个维度作为绩效评价指标体系的一级指标,然后进一步剖析,提出二级指标及绩效评价的详细内容,具体如表7-2所示。

表7-2 信息技术教学应用的绩效评价指标体系

一级指标	二级指标	详细内容
学生态度转变	学生信息化课程学习兴趣	学生对课程信息化教学的注意力、回答问题、参与课程讨论的热情较好
	学生对信息化教学的满意度	学生对信息化教学的方法、内容、自己的表现以及所取得的效果比较满意

续表

一级指标	二级指标	详细内容
学习方式转变	信息化学习方式应用	能够利用信息化资源开展自主探究和小组协作学习
	学习任务完成质量	利用信息技术完成学习任务的质量较高，主要表现为教师布置的任务完成情况以及学生期末考试的成绩等
信息化学习能力提升	信息化技能	能够主动地利用信息工具，较快掌握信息工具的使用方法，主要表现为学生的动手能力
	学生的信息素养	对信息具有敏锐的嗅觉，能够灵活地获取信息、加工信息、表达信息，主要表现为学生汇报所查找的资料、汇报情况等
	信息化交流协作能力	能够利用信息技术工具（如QQ、Wiki、博客、课程平台等）实现学生间的互动交流与实践
	信息化意识与形态	对工具的使用持批判性的态度，具有良好的创新能力，主要体现在学生完成学习任务的视角和创新点以及教师的评价
教师态度转变	教师利用信息化教学方式的兴趣	教师是信息技术应用的热衷者，经常尝试将新的信息技术应用于教学
	教师利用信息化教学的满意度	教师对信息化教学中学生的表现以及自己应用信息技术的满意度较高
课程教学方式转变	信息化教学模式应用	能够利用信息技术组织学生参与自主学习、协作式学习、探究式学习等，组织学生积极地参与讨论
	课程教学目标实现程度	能够利用信息技术达到预设课程教学目标的程度
信息化教学能力提升	教师的教学理念	意识到新的教学是“教师为中心”向“学生为中心”转变的教学，教师由知识的传授者变为学生学习的引导者

续表

一级指标	二级指标	详细内容
信息化教学能力提升	教师的信息素养	能够主动利用信息工具，对信息具有敏锐的嗅觉，能够更新自己的信息技能以跟上时代的发展
	信息化教学设计能力	能够在课前完成学生的特征分析、教学目标设计、教学内容设计、教学活动设计、教学策略设计、教学评价设计等
	信息化教学评价能力	能够利用信息技术工具实现对学生的评价，包括诊断性评价、形成性评价、总结性评价等
	课程资源设计、开发能力	能够设计课程的内容并利用开发软件（Moodle、BB、Flash等）开发课程资源

三、信息技术教学应用的绩效评价

在信息技术教学应用绩效评价的过程中，可以参照以上评价指标体系，通过评价的规划、评价的开展、数据的处理以及绩效策略的提出等步骤对信息技术教学应用进行绩效评价。

1. 评价的规划

在开展评价前，要先确定评价的课程，了解课程特点、教师教学风格、学生学习风格、课程教学安排的情况，使相关要素在表现最显著时进行测量，以减小测量误差。了解课程的特点，有助于事先安排好测量项目；了解教师的教学风格，有利于解决教师的各方面能力何时测量、如何测量的问题，如教师喜欢采用学生自主学习的方式，那么教师的信息化教学设计能力、资源开发能力在课程信息化教学中就不容易体现出来，这时可以根据课程教学安排的情况，选择教师为主的课程教学时段进行测量；了解学生的学习风格，有利于安排何时测量学生的哪些关键绩效指标；了解课程教学安排是为了解课程特点、教师教学风格、学生学习风格服务的。

2. 评价的开展

在进行具体课程的信息化教学绩效测量时，应按照应用的规划进行，可采用师生问卷调查、访谈与课堂观察相结合的方式。基于客观、公正的原则，专家小组对各项指标评价计分，再用简单加权平均法将评价计分数据与各指标的权重相乘并求和，得到信息技术教学应用绩效评价分值。

3. 绩效分析与改进

信息技术教学应用绩效评价的数据可以为绩效改进提供依据和参考。完成绩效现状调研后，应根据数据进行定性和定量分析，判定目前信息技术教学应用的发展水平，分析绩效差距，发现存在的问题及发生的原因，提出具有针对性的绩效改进策略，并在实践中进行检验。

第三节 信息技术应用于科学研究的绩效评价

将信息技术应用于科学研究的绩效评价就是围绕信息化环境建设、科学研究过程及活动等方面设计绩效评价指标体系，提出绩效评价方法，进而审视信息技术应用于科学研究中存在的问题，并提出绩效改进策略。

一、信息技术应用于科学研究概述

（一）信息技术在科学研究中的应用现状

伴随世界各国科学研究信息化进程的不断推进，我国的科研信息化工作也得到国家科技部、国家自然科学基金委员会、国家教育部等政府相关部门的广泛关注，科学研究信息化工程正如火如荼地开展。

科学研究信息化，简称科研信息化，在英语中被称为 e-Science 或 e-Research，前者侧重于“全球范围内基于网络的分布式大规模合作研究，以及支持这种合作研究的下一代基础体系架构”[①]，而后者更侧重于“信息技术对研究过程与研究活动的支持，以及信息技术为科学研究所提供的新的可能性及方法”。[②] 信息技术在科学研究中的作用主要体现在提供数字化、网络化的科学研究环境和平台，使分布于各地的研究人员能够组成“虚拟的”“协同的”研究团体，使科学研究的过程与活动得到促进、支持、扩展和延伸，并使全球性、大规模的科研合作、资源共享与协同工作成为可能等方面。[③]

随着信息技术在教育领域的广泛应用，教育信息化领域也不断产生着新的应用需求，而教育科研信息化，正是信息技术在教育科研领域应用需求的体

---

① 钱德沛.发展 e-Science 促进科研信息化——访 863 计划“高性能计算机及其核心软件”重大专项总体组组长钱德沛教授[N].科技日报，2005-10-26.

② 顾小清，李雪.信息化科学研究及其教育应用综述[J].开放教育研究，2008(4)：15-21.

③ 顾小清，郭秀霞，谢明颖等.教育科研信息化门户需求调查与功能设计[J].现代教育技术，2009(6)：83-87.

现。科研信息化的技术手段和先进理念极大地促进了教育科研信息化的实现,推动了教育科研方式的数字化转变和科研工作者数字化生存能力的提升,更重要的是彻底打破了传统科学研究的封闭状态,促进了不同专业和学科、不同学校、不同地区、不同国家的科研合作与资源共享。

(二) 信息技术在科学研究中的具体应用

根据科研信息化的内涵,可以归纳出信息技术在科学研究中的具体应用,主要包括信息化环境建设和对科研过程及活动的支持两个方面。

1. 科学研究中的信息化环境建设

《我国教育信息化建设与应用现状调研与战略研究报告》指出,科研是高等院校的重要社会责任。为促进国内高校信息化领域科研发展,教育部启动了一些重大项目,如“中国教育科研网格计划”,连接了高校和科研机构中大量的计算、科研、数据资源,极大地促进了教育信息的共享,为不同地区、研究机构的科研人员协同工作提供了基础和保障;又如“高等学校仪器设备和优质资源共享系统项目”,提高了大型仪器设备(单价80万元以上)的利用率,促进了优质教育资源(国家级实验教学示范中心资源,图谱、标本数字资源等)的开放共享。各高校也纷纷重视科研信息化,建设科研知识共享平台、科研项目交流与协作平台等。

目前,国内部分研究所的科研信息化建设情况如下:高性能计算应用软件的来源和开发方式呈现多样化和均衡化;启动知识库管理系统,促进数字文献资源建设与管理;建设科研系统平台,促进科研人员的交流协作,共享更为丰富的资源。①

通过分析可知,要开展信息化科研,首先需要建立新一代的信息基础设施,如高速网络、可视化设施等,提供基础保障;其次,所有国家的科研信息化基础设施架构均以网格计算为基础,因此需建立教育科研网格平台,为教育和科研提供高性能、安全可靠的网格应用;教育科研信息化的目的是促进全球性的科研合作,因此还需通过网络建设虚拟科研共同体,完善虚拟科研环境、科研信息化平台、网络协同科研环境。

综上可见,教育科研中的信息化环境建设主要包括三个方面:基础设施、教育科研网格平台和科研协作交流平台。

---

① 教育信息化建设与应用研究课题组.我国教育信息化建设与应用现状调研与战略研究报告[M].北京:高等教育出版社,2010.

2. 信息技术对科学研究过程及活动的支持

一般而言,科学研究的活动过程包含五个步骤:确定研究问题、了解研究现状、收集数据资料、分析数据资料和形成研究成果。依据科学研究的活动过程,信息技术可以支持优质科研资源的共享,支持研究工具的开发与应用,支持科研人员的协作与交流,支持科研成果的发布与推广,以及支持科研档案、数据资料及流程的信息化管理。

(1) 优质科研资源的共享

科研资源包括各类仪器设备、计算能力、内容资源等方面。在仪器设备和计算能力方面,信息技术的支持主要体现为通过网格技术、分布式计算等实现大型仪器设备和计算资源的共享;在内容资源服务方面,信息技术可对科研过程提供数据、信息和知识的支撑。通过信息技术整合分散在不同来源的数据、信息和知识,为科研过程提供"嵌入式服务",使得科研人员能够方便高效地满足研究过程中的知识需求。其中,构建数字化图书馆是实现优质资源的一个重要途径,它使得分布在世界各地的研究人员能够通过知识交流的公共平台展开实质性的互动,可推动科研共同体的形成与发展。

(2) 研究工具的开发与应用

信息化研究工具对科研过程具有促进、支持、拓展及延伸作用,表现为数据获取与数据挖掘工具、数据处理与数据追踪工具、数据分析与数据整合工具、建模与可视化工具、科研活动中的交流合作工具、研究成果发布工具等。[①] 这些信息化工具的使用极大地促进了信息化科研的开展,使科研人员从繁琐的数据搜索和分析工作中解脱出来,促使了科学研究高效、高质的开展。

(3) 科研人员的协作与交流

信息技术可支撑跨地区的科研人员通过宽带网络共享研究仪器和工具,分享数据仓库及与之配套的管理工具,共享高性能计算资源。研究人员借助信息化科研软件和基础设施服务,可建立起相互依赖和互信的协同研究关系,进而协同地开展数据的挖掘、模拟、分析与整合,合作完成研究项目。

(4) 科研成果的发布与推广

高校科技成果转化是当今世界各国政府、产业界、学术界关注的热点,也是经济与科技、教育相结合的成功经验。将教育科研成果在科研开放支撑平台上及时发布、生动展示,为创造新技术和研究成果的高校与将科技成果商品化的企业架起了合作创新的桥梁,不仅有利于强化科研工作者的创新热情,也

---

① 顾小清,李雪.信息化科学研究及其教育应用综述[J].开放教育研究,2008(4):15-21.

有利于增强高校科技成果生产的目的性和方向性，加快科研成果的转化与应用。

（5）科研档案、数据资料及流程的信息化管理

科研管理信息化是高校科研信息化的直接要素，是现代管理思想和信息技术在科研领域的具体应用，它改变了传统的科研管理模式，实现了科研项目的动态管理，有效提高了项目管理、科技统计和成果推广的效率和效益。

二、信息技术应用于科学研究的绩效评价指标体系

（一）信息技术应用于科学研究的绩效评价案例

1. 科研机构信息化的绩效评价

某科研机构将其信息化绩效评价指标体系分为信息化环境、信息化应用、信息化效益三大部分，并设立逐级细化的指标，如表 7-3 所示。[①]

表 7-3　某科研机构信息化绩效评价指标

一级指标	二级指标	三级指标
信息化环境	信息化管理	信息化计划/领导/安排
		领导参与情况
		信息化组织机构
		信息化队伍
		信息化资金投入
		制度环境建设
	信息化安全	安全规章与措施
		信息安全硬件情况
		信息安全软件情况
	信息化基础设施	机房基础设施状况
		网络及计算机等
		网络硬件监管情况
		科学数据库总体建设情况 科学数据资源的运维情况
		自建科学数据库

① 仰洁白.科研信息化评估指标改进有方[J].中国教育网络,2011（8）:53-55.

续表

一级指标	二级指标	三级指标
信息化应用	科研管理方面的 IT 系统	科研管理信息化
		电子邮件
		视频系统
		一卡通
		所务系统
		共享软件平台情况
	科研活动方面的 IT 系统	科研协同通用功能
		特色系统工作环境
		图书馆系统及资源共享
		文献数据资源购买及建设
		图书馆服务系统
		数字资产管理
	其他 IT 系统	科普内容建设情况
		信息维护及推送情况
		外部访问科普内容情况
		管理措施
		制作电子课件及网络培训情况
		网络教育内容和具体措施
	所级网站	中文网站
		英文网站
		运维保障措施
	信息化特征	其他自建科研管理系统
		其他信息化相关工作
		其他自建科研系统
信息化效益	科研管理效益	—
	科研活动效益	
	社会效益	

该评价指标体系较好地体现了绩效评价的思想，通过科研管理效益、科研活动效益和社会效益等信息化效益来分析该科研机构信息化的绩效。然而，

鉴于科研机构在信息时代的不断发展,信息化水平的不断提升,在开展科研机构绩效评价时,还应根据自身特殊性和指标体系设置的科学性,进一步调整评价指标体系。

2. 高校教学科研信息化的绩效评价

科研信息化是先进网络技术及信息基础设施在科研领域的率先应用。通过建立一种信息化科研环境,为科研人员提供信息化的手段,可达到深化科研工作的目的。张计龙、胡艳秋[①]提出,教学科研信息化的评价指标体系应从教学资源的建设与应用、教学过程的信息化支持、科研信息网上发布共享水平和科研项目的信息化支持环境 4 个维度进行考察,并通过专家访谈和多次的全国调研取样,提出 10 个二级指标、20 个考察细目,具体内容如下:

教学资源的建设与应用主要包括教学资源制作工具和教学资源库两个方面。其中,教学资源制作工具要考察其是否有提供给全校教师使用的教学资源编辑软件以及该软件的主要用途;教学资源库主要考察学校或学院系统建设的面向学科专业的教学资源库的数量及容量。

教学过程的信息化支持主要包括多媒体辅助教学情况和网络(辅助)教学平台。其中,多媒体辅助教学主要考察课程比例及多媒体教室的比重;网络教学平台主要考察学校或学院(网络学院除外)是否统一建设有网络或辅助教学平台,平台上的课程数量及应用策略。

科研信息网上发布共享水平方面主要包括网上科研信息发布与更新、学科资源库与科研项目交流协作平台。应关注近几年校科研管理部门在网上发布的科研相关信息的条数及更新时间;考察学科资源库中的资源数量及容量;考察科研项目交流协作平台的建设情况等。

科研项目的信息化支持环境方面主要包括工具软件应用水平、高性能计算应用水平与大型仪器设备信息共享水平等。工具软件应用水平主要考察学校是否统一提供支持科研项目的专业工具软件及工具数量;高性能计算应用水平方面主要考察学校是否有高性能计算机,以及高性能计算机的利用率;大型仪器设备信息共享水平方面主要考察是否有大型仪器设备及其数量。

该评价指标体系明确指出高校教学科研信息化评价的要素和内容,并将定性与定量评价相结合,可测量性较强,对高校教学科研信息化绩效评价指标体系的建立具有积极的借鉴意义。

---

① 张计龙,胡艳秋.中国高校信息化评价指标体系调查报告之三:教学科研信息化[J].中国教育网络,2008(8):58-59.

(二) 信息技术应用于科学研究的绩效评价指标体系

根据目前信息技术科研应用的现状与具体内容,通过实际调查及要素分析,将信息技术可以应用的绩效评价指标分为两个维度:信息化环境建设和科学研究过程及活动,每个维度作为绩效评价指标体系的一级指标,可进一步分成二级指标、三级指标和详细考察内容,具体如表 7-4 所示。

表 7-4　信息技术应用于科学研究的绩效评价指标体系

一级指标	二级指标	三级指标	详细内容
信息化环境建设	基础设施	设备种类	学校的数字化校园建设配有基本的信息化设备,是否达到数字化建设标准
		设施配置	
	教育科研网格平台	覆盖率	教育科研网格平台是否有相关的资源、工具及功能支持,其数量、更新及利用率如何
		利用率	
	科研协作交流平台	功能种类	科研协作交流平台的运行机制是否合理,基本功能支持是否有效,利用率如何
		交流方式	
		互动成果	
科学研究过程及活动	优质科研资源的共享	内容丰富性	优质科研资源的共享范围、资源内容及结构的多样性及利用率
		共享范围	
	研究工具的开发与应用	丰富性	研究工具的有效性、更新时间、种类及利用率
		有效性	
		利用率	
	科研人员的协作与交流	互动频率	科研人员的协作交流关系复杂度、交流频数、信息技术应用的支持程度
		互动范围	
	科研成果的发布与推广	兼容性	应用信息技术发布科研成果的时效性、科研信息的推广范围、发布平台的访问融合等
		时效性	
		推广范围	
	科研档案、数据资料及流程的信息化管理	数字化程度	科研档案、数据资料及流程的管理是否实现数字化,各方面管理是否方便
		连通程度	

三、信息技术应用于科学研究的绩效评价

在信息技术应用于科学研究的绩效评价过程中,可以参照表 7-4 的绩效

评价指标体系，通过剖析基本任务、明确数据收集方法和工具、落实绩效分析与改进等步骤，对信息技术应用于科学研究的情况进行绩效评价。

（一）剖析基本任务

科研信息化中的直接要素包括科研环境信息化和科研过程活动信息化对科学研究各个方面产生的影响。根据信息技术科研应用的绩效评价指标体系，确定绩效评价的主要任务包括组织层面、部门层面和个人层面的绩效现状。在组织层面要考察科研设施覆盖率与利用率、不同科研人员对信息技术应用的满意度、应用方式与成效；在部门层面要考察科研部门与信息技术应用相关的项目、科研成果，考察信息技术对科研发布与研究过程的有效支持程度，查看部门不同人员对信息技术的使用方式与程度；在个人层面主要考察个人申请项目、取得科研成果中与信息技术应用的相关程度，个人在获取科研信息、分析科研数据、发布科研成果等方面应用信息技术的范围与程度。

（二）明确数据收集方法和工具

基于信息技术科研应用的绩效评价指标体系，可采用多种方法和工具进行数据收集，较为方便的数据收集方法包括访谈法、小组座谈法和问卷调查法。

1. 访谈法

访谈法是用来收集有关组织当前的绩效和商业需求数据的有效方法。绩效分析人员可以选择组织中各个阶层的关键人物进行访谈，从而获取他们对事物的主观感受。访谈法在绩效评价中的应用可分为行为事件访谈和深度访谈。其中，行为事件访谈通过一种开放式的行为回顾探索，揭示事物的主要特征，找出最优绩效者的特点。深度访谈则是针对符合特定条件的访问对象，使用非结构式的方法进行个人对话式访问，从而揭示受访者潜隐的行为、动机、目的、态度及感受，并发现其内在的关联，从而达到解读受访者行为的目的。在绩效评价中应用访谈法的优势在于能获得有关组织当前情形的深度信息，收集一线工作人员关于如何应对当前情形的建议。

2. 小组座谈法

小组座谈法与访谈法类似，但访谈对象不是单独的一个人，而是能够提供所需信息的一个群体。在进行绩效分析时，首先需识别出能提供绩效信息与组织需求的一个人群，然后尽量选择那些社会地位和处境相同的人安排在一个小组，并对他们进行访谈。小组座谈的优势在于能够获得丰富的绩效相关信息，不仅可以记录小组成员多样性的语言，还可以观察非语言行为。

3. 问卷调查法

问卷调查法是科学研究及评价中最常用的方法。在绩效评价中采用问卷调查,不仅可以通过传统的笔纸测试,还可以通过电子问卷的方式实施。应用调查问卷,可以在低成本的情况下获得大范围调查数据;数据统计方便,可以很快地提供结果;不仅可提供量化数据,也可以提供定性数据。

(三) 绩效分析与改进

在确定基本的评价任务及数据的收集方法和工具后,应及时开展绩效现状调查。接着根据评价指标体系的框架,对统计的数据进行定量及定性的分析,得出分析报告。然后根据教育科研信息化建设的目标及教育教学发展的规律确定绩效差距,判定目前信息技术在教育科研中应用的发展水平,发现信息技术科研应用中的问题及发生的原因,并提出促进绩效提升的对策与建议。

第四节 信息技术应用于教育管理的绩效评价

对信息技术应用于教育管理的绩效评价应围绕信息化投入、信息资源管理、信息化管理应用、组织和管理、人力资源、信息化效益等方面,通过设计绩效评价体系,提出绩效评价策略,发现信息技术在教育管理应用中的问题,以期提升教育管理绩效。

一、信息技术应用于教育管理概述

1. 教育管理概述

美国学者奥洛斯基把教育管理视为管理科学加教育。管理是将理性认识付诸有组织的活动。在现代工业社会中,各组织及其管理都具有很强的相互渗透力。所以,管理是一大类普遍性的活动,它的具体应用领域虽然各不相同,如商业、公关、医疗、教育以及其他行业,但其中采用的管理思想和方法有共通的地方。①

日本学者安藤尧雄在《学校管理》一书中强调学校管理应该是对学校教育的管理。教育管理不仅是对学校物质设备的管理,更为重要的是对教育计划和教育活动的管理。②

我国学者张复荃先生提出,教育管理是社会管理的特定领域。实现教育管理的职能,需要考虑到社会管理各领域中那些最一般的、共同的职能。教育管理是以培养某种规格的人为自身的目标和归宿。管理的客体不同,任务和

---

① 奥洛斯基等著.今日教育管理[M].张彦杰等译.北京:春秋出版社,1989.

② 陈孝彬.教育管理学[M].北京:北京师范大学出版社,1999.

手段不同，教育科学所确定的过程和规律的性质也不同，从而与社会管理的其他领域有所区别。①

李汪洋、秦元芳等人认为所谓教育管理，就是教育管理者在一定的教育价值观的指导下，遵循一定的管理原则并运用一定的管理方法手段，通过充分动员和利用人、财、物、信息等各种资源来多快好省地实现预期的教育管理目标的一种人类社会实践活动。②

根据教育管理学的内容体系，我们认为一般教育管理包括教育行政管理和学校管理。其中，教育行政管理主要包括教育行政体制、教育预测规划、教育政策法规、教育督导评价、教育人事行政和教育财务行政等；学校管理主要包括学校目标管理、学校质量管理、学校组织管理、学校公共关系以及学校领导艺术等。

2. 教育管理信息化内涵

教育管理信息化是教育管理现代化发展的重要组成部分，它对促进教育管理优化、解决教育管理难题、提升教育管理绩效具有重要的推动作用。不同领域的专家、学者从不同角度对教育管理信息化的建设与发展提出了自己的观点与建议。

杜占元指出，要把握好对教育管理信息化工作的认识，首先教育管理信息化不能理解为单纯的数据采集，数据采集只是一个基础，主要任务是通过数据采集来提供服务。二是教育管理信息化不仅是现有管理过程的电子化，而更应该注重管理过程的优化与再造，要通过信息化手段推进管理水平的提高。三是教育管理信息化不是单纯的建信息系统，更重要的是解决教育管理中的现实紧迫问题，要服务教育改革发展的大局。总之，教育管理信息化须坚持信息技术与教育教学实践紧密融合，以服务需求为导向，注重管理过程的优化与再造，通过信息化手段推进管理水平的提高，解决教育管理中的现实紧迫问题。③

刘延东副总理强调，加快教育信息化既是事关教育全局的战略选择，也是破解教育热点难点的紧迫任务，所以必须深刻领会并将其运用到教育管理信息系统建设过程中。如现在要建设的全国学生管理信息系统和学生教育卡，就是要实现对全国学生学籍异动的信息化管理，保证学生学籍数据在全国范围内共享交换，应用信息技术解决教育管理中这类关键问题。

---

① 张复荃.现代教育管理学[M].哈尔滨：黑龙江教育出版社，1989.

② 李汪洋，秦元芳等.教育管理学[M].海口：南海出版公司，2004.

③ 杜占元.杜占元副部长在教育管理信息化工作研讨会暨2012年全国教育信息中心主任会议上的讲话[J].中国教育信息化，2013(1)：3-5.

葛艳芳指出,成人教育管理信息化是指在管理信息化观念的指导下,应用各种信息技术,根据成人教育管理特点构建信息化的管理模式,这种模式以实现全方位的数字化管理,促进信息的共享和沟通,最大限度地提高成人教育管理质量和效率为最终目的。①

因而,教育管理信息化是指在教育管理中应用各种信息技术手段,建设管理信息系统,密切融合管理过程、深入广泛利用信息化资源,最大限度地提高教育管理现代化与绩效的过程。

3. 教育管理信息化构成

从教育管理学的内容体系看,教育管理一般包括教育行政管理和学校管理。《我国教育信息化建设与应用现状调研与战略研究报告》中指出,信息技术教育管理应用包含各级教育行政管理部门管理应用、高校管理应用、中小学学校管理应用三大部分。②

2002 年 9 月 4 日教育部印发的《教育管理信息化标准》中包含学校管理信息标准、教育行政管理部门管理信息标准、信息交换标准、管理软件规范四大部分,内容涵盖了学校日常管理和教育行政部门管理工作中的方方面面。其中,学校管理信息标准包括:幼儿园管理信息、普通中小学校管理信息、中等职业学校管理信息、高等学校管理信息四部分;教育行政管理部门管理信息标准包含教育部管理信息、省(自治区、直辖市)级教育管理信息、地(市)级教育管理信息、县(区、旗)级教育管理信息。

综上,教育管理信息化主要包含两部分:学校管理信息化和教育行政管理部门管理信息化。其中,学校管理信息化包括:幼儿园管理信息化、普通中小学校管理信息化、中等职业学校管理信息化、高等学校管理信息化;教育行政管理部门管理信息化包括:省(自治区、直辖市)级教育管理信息化、地(市)级教育管理信息化、县(区、旗)级教育管理信息化。

二、教育管理信息化的绩效评价指标体系

(一) 教育管理绩效③

绩效是指成绩和效能。在实际工作和生活中,我们运用绩效这个概念时,是指组织运作或活动所产生的积极的结果。

---

① 葛艳芳.高等体育成人教育管理信息化研究[J].沈阳体育学院学报,2008,27(4):44-46.

② 教育信息化建设与应用研究课题组.我国教育信息化建设与应用现状调研与战略研究报告[M].北京:高等教育出版社,2010.

③ 李汪洋,秦元芳等.教育管理学[M].海口:南海出版公司,2004.

管理绩效是指在管理工作中，领导者按照预定的目标，以科学的方法在有限的时间和特定的条件下，充分发挥各种因素的作用，以最低的消耗，最快的速度，获得最佳的效果。教育管理绩效则表现为在最短的时间内，以较少的人力、财力、物力资源的消耗，为教育教学提供充分的物质条件，以争取较高的教育质量和良好的教学效果。

教育管理绩效可以从三个方面理解：(1) 优秀的工作成果，包括质与量两个方面在内的教育成果，这些成果可以基本满足教育组织所面对的公众的合理要求；(2) 高质量的教育组织团体和人员素质；(3) 通过改革创新而实现的对环境变化的适应能力，教育组织既能从变化的环境中努力吸收更多的资源，又能通过自身完善对社会做出更大的贡献。

（二）教育管理信息化的绩效评价案例

教育管理信息化是指在教育管理中应用各种信息技术手段，深入广泛利用信息化资源，最大限度提高教育管理质量与效率，更好地推进教育管理现代化发展。围绕教育管理信息化的目标与定位，这里针对教育管理信息化的绩效评价案例做如下梳理。

1. 教育管理信息化评价标准体系

根据系统评价理论，对于一个过程系统，其可评价的项目内容可分为三类：关于系统的素质条件的内容；关于系统的运动过程的内容；关于系统运行结果或效果的内容。这一划分方式从时间维度上对应事前、事中、事后三个阶段，强调不同时间段对评价标准的不同需求。从这一角度出发，可制定由条件标准、功能标准、效能标准所共同构成的教育管理信息化评价标准体系。三种标准构成自下而上的层级关系，下层标准是上层标准的实现基础，上层标准是下层标准的目标与动力，如图 7-3。①

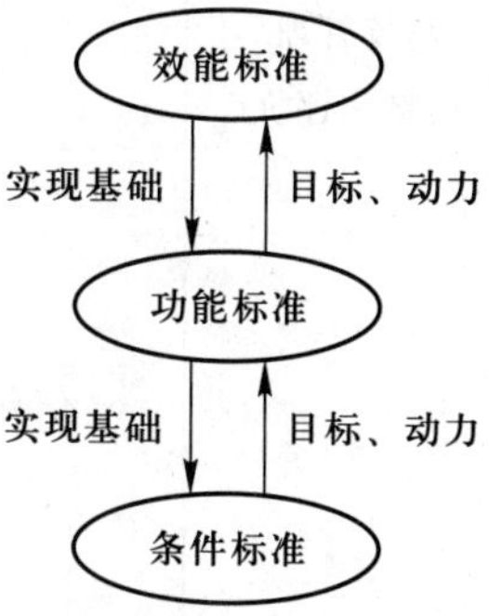

图 7-3　教育管理信息化评价标准

条件标准（素质标准）：以各级教育信息化建设验收标准作为物质条件。《中小学教师教育技术能力标准》等针对教育活动实施者的评价标准作为人员条件，CELTS 等作为技术标准以及学校全面工作评价中的教育信息化相关指标，共同构成教育管理信息化工作顺利开展的前提条件，它们都可归属为条件标准之列。

① 丁婧，李艺.教育管理信息化评价标准体系初议[J].教育导刊，2011(4)：52-55.

功能标准(职责标准):明确管理工作的具体任务与要求。

效能标准(绩效标准):该标准包含两个方面,一方面是最终效果要求,另一方面是效率效益指标。

2. 高校管理信息化评价指标体系

刘思娟通过综合分析高校管理信息化自身的特点以及内容,以 AHP 和 DEA 理论为支撑,建立起一套高校管理信息化评价指标体系①,具体指标如表 7-5。

表 7-5　高校管理信息化评价指标体系

目标	一级指标	二级指标
高校管理信息化评价	战略地位	信息化建设规划水平
		信息化工作部门的组织地位
		信息化建设经费投入情况
	基础设施建设	教师人均计算机拥有量
		职工人均计算机拥有量
		学生人均计算机拥有量
		计算机联网率
		服务器台数
		多媒体教室、会议室所占比例
		视音频点播系统总数
		无线网络覆盖率
	信息化资源	统一数据库平台
		基础信息服务
		资源检索水平
		公共软件资源
		人均电子图书
		人均光盘数据量
		中外数据库拥有量

① 刘思娟.基于 DEA\AHP 模型的高校管理信息化水平评价及应用研究[D].昆明:昆明理工大学,2010.

续表

目标	一级指标	二级指标
高校管理信息化评价	信息化应用系统	办公自动化系统应用水平
		远程教育系统情况
		数字化校园管理系统应用水平
		校园一卡通系统建设水平
	信息化人才资源	教师信息化技能普及率
		职工信息化技能普及率
		学生信息化技能普及率
		信息管理专门人才比率
		信息技术专门人才比率

这一评价指标体系明确指出了高校管理信息化评价的要素和内容,可测量性较强,对于教育管理信息化绩效评价指标体系的建立具有积极的借鉴意义。

3. 高校科研管理信息化评价指标体系

潘琼提出高校科研管理信息化评价指标体系包括基础设施建设、信息资源、信息化应用、组织和管理、人力资源和信息化效益 6 个维度①,每个维度作为一级指标,然后根据具体内容提出可测量的二级指标,具体如表 7-6。

表 7-6　高校科研管理信息化评价指标体系

一级指标	二级指标
基础设施建设	信息化建设投入
	网络性能
	人均计算机台数
信息资源	内容建设
	资源管理
	资源应用
	资源操作

① 潘琼.高校科研管理信息化测度指标体系构建[J].浙江教育学院学报,2008(6):43-47.

续表

一级指标	二级指标
信息化应用	信息采集的信息化手段覆盖率
	办公自动化系统的应用程度
	核心业务流程信息化水平
	信息系统集成程度
	决策信息化水平
	网站建设水平
组织和管理	信息化组织建设
	学习型科研管理组织的建设
	规范制度的制定和执行
	业务流程的重组和优化
	安全管理
人力资源	人员整体知识水平
	信息技术培训率
	信息化专业人才拥有情况
信息化效益	提高科研经费使用率
	降低科研管理成本
	提高学校科研竞争力
	服务水平和质量的改善，工作满意度的提升

在基础设施建设方面，可通过信息化建设投入、网络性能和人均计算机台数三个指标来评价科研管理信息化硬件设施的建设水平；在信息资源方面，通过内容建设、资源管理、资源应用和资源操作等指标来评价科研管理信息资源的建设水平、利用绩效以及可持续发展的可能性；在信息化应用方面，可通过信息采集的信息化手段覆盖率、办公自动化系统的应用程度、核心业务流程信息化水平等指标来评价信息技术应用于科研管理过程的有效性；在组织和管理方面，可通过信息化组织建设、学习型科研管理组织的建设、规范制度的制定和执行、业务流程的重组和优化等指标评价科研管理与组织的信息化水平；在人力资源方面，可通过人员整体知识水平、信息技术培训率、信息化专业人才拥有情况等指标反映科研管理信息化水平；在信息化效益方面，则通过提高科研经费使用率、降低科研管理成本、提高学校科研竞争力、服务水平和质量的改善、工作满意度的提升等来反映科研管理信息化绩效。

这一评价指标体系已经明显涵盖绩效评价的思想，它通过信息化效益等指标来分析科研管理信息化的绩效。另外，它从横向与纵向两个维度分别将一级指标细化为二级指标的方法与途径也为科研管理绩效评价指标体系的建设提供了良好的思路。

（三）教育管理信息化的绩效评价指标体系

根据教育管理信息化评价指标的构建原则，结合教育管理绩效的理念，这里将信息技术教育管理应用绩效评价指标分为6个维度：管理信息化投入、管理信息资源建设、管理信息化应用、组织和管理优化、管理技能提升与管理信息化效益。将每个维度作为绩效评价指标体系的一级指标，然后分别从要素分析和过程分析两个角度提出二级指标，具体如表7-7。

表7-7　教育管理信息化的绩效评价指标体系

一级指标	二级指标
管理信息化投入	信息化建设投入
	网络
	人均计算机台数
	多媒体教室、会议室
	视音频点播系统、录播系统
管理信息资源建设	基础信息服务与建设
	资源管理
	资源应用
	资源操作
管理信息化应用	信息采集的信息化手段覆盖率
	办公自动化系统的应用程度
	核心业务流程信息化水平
	信息系统集成程度
	决策信息化水平
	网络平台建设水平
组织和管理优化	信息化组织建设
	科研管理组织的建设
	规范制度的制定和执行
	业务流程的重组和优化
	安全管理

续表

一级指标	二级指标
管理技能提升	人员文化水平
	人员信息化技能普及率
	信息化专业人才比率
管理信息化效益	立项与科研成果
	服务水平和质量
	工作满意度

三、教育管理信息化的绩效评价

与前两节类似，教育管理信息化的绩效评价可参照教育管理信息化的绩效评价指标体系，通过基本任务剖析、评价方法与工具选取、绩效分析与改进等步骤来开展。此外，由于教育管理信息化的主体包括学校和教育行政管理部门等不同机构，它们各自具有不同的特点，因而在开展过程中须针对不同任务灵活应用上述绩效评价指标体系。

第五节　信息技术应用于社会服务的绩效评价

社会服务是高等教育的基本职能，而开展现代远程教育和继续教育则是信息技术支持高校发挥这一职能的最直接的表现形式。为审视信息技术应用于社会服务中存在的问题，提升信息技术应用绩效，本节通过分析远程教育信息化和继续教育信息化评价的相关案例，综合采用关键要素提取法和德尔菲法建立相应的绩效评价指标体系，并提出绩效评价的方法与过程。

一、信息技术应用于社会服务概述

目前，现代远程教育已经涵盖了高等教育、成人高等教育、职业教育和岗位培训等教育类型，并形成了学历教育和非学历教育并举的格局，成为我国普通高等教育的重要补充，为培养社会所需人才提供了灵活有效的途径。在现代远程教育推进我国高等教育大众化的进程中，信息技术发挥了重要的作用，它以网络技术、多媒体技术为支撑，有效地发挥各种教育资源的优势，为不同的学习对象提供着方便、快捷、广泛的教育服务。

继续教育是面向学校教育之后所有社会成员特别是成人的教育活动，是终身学习体系的重要组成部分。它对专业技术人员知识和技能的更新、拓展与提高，知识结构的进一步完善，以及创造力和专业技术水平的提高具有重要作用。信息技术在继续教育发展过程中，起到了重要的支持作用，如电视大学、开放大学等继续教育机构通过提供丰富的信息化资源、开发网络课程等有效促进了继续教育教学内容更新以及教学实践方式的革新。

因此，为探索信息技术应用于社会服务的绩效评价，本节将在继续教育信息化和现代远程教育信息化评价的基础上，建立相应的绩效评价指标体系，并提出绩效评价的方法与过程。

二、信息技术应用于社会服务的绩效评价指标体系

为审视信息技术应用于社会服务中存在的问题，提升信息技术应用绩效，本节通过分析远程教育信息化评价指标与继续教育信息化评价指标的相关案例，综合采用关键要素提取法与德尔菲法建立信息技术应用于社会服务的绩效评价指标体系。

（一）远程教育信息化的绩效评价案例

1. 国外远程教育信息化评价指标体系

2000 年 4 月，美国高等教育政策研究所经过深入调查和研究，发表了名为《在线教育质量：远程互联网教育成功应用的标准》（Quality on the Line: Benchmarks for Success in Internet-Based Distance Education）①研究报告。在该报告中，整个远程网络教学的质量评价系统被分为 7 个项目，如图 7-4，分别是学校支持、课程开发、教学过程、教学组织、学生服务、教师培训、教学效果，具体包括 24 项评价标准。这七个维度为远程教育信息化评价提供了有益的借鉴。

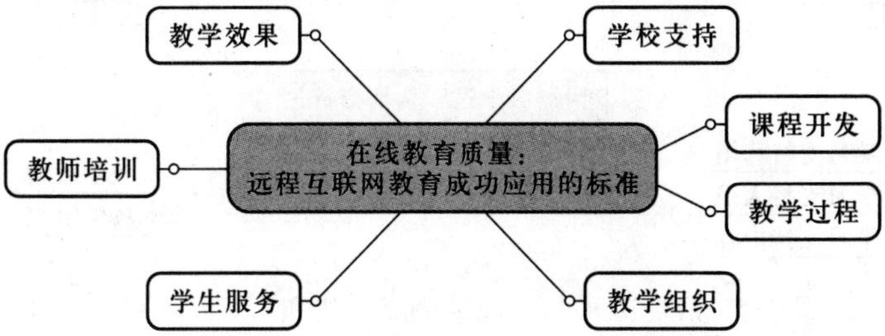

图 7-4 《在线教育质量：远程互联网教育成功应用的标准》评价项目划分

① 赵国栋，刘强.美国远程互联网教育的质量评估[J].中国远程教育，2000（12）：17-21.

英国高等教育质量保证委员会发布的《远程学习质量保证指南》(Guidelines on the Quality Assurance of Distance Learning)①,是该委员会针对远程学习提出的质量保证建议性指南。该指南提出了一些比传统的校园学习更加严厉和详细的要求,包括系统设计、课程的设计、验收与检查、课程的发送、学生发展与支持、学生交流与表达和学生评价几个部分的内容。针对这一学习指南,开放远程学习质量委员会的《开放和远程学习质量控制标准》也提出了相关评价指标。该标准包括导言部分共有 11 项,涉及具体认证活动的内容包括课程目标与结果、课程内容、广告和招生、学生入学程序、学习支持、开放学习中心、学习者享有的福利和学校 8 项。另外还有两项是对认证活动进行的说明,分别是认证关于联合办学单位的规定,取得认证必须按要求上交材料的说明。这一标准提出远程教育信息化评价的具体指标,对改进远程教育的质量与提升办学绩效具有重要的导向作用。

2. 国内远程教育信息化评价指标体系

目前,国内许多专家、学者以及相关院校都在积极研究远程教育信息化评价指标,虽然尚无统一标准,但不同角度的研究对远程教育信息化绩效评价研究都具有积极意义。

在网络教学评价方面,黄荣怀等(2003)②用 ISO9000 族国际标准提出了 PDCA(plan-do-check-act)方法,对网络教学过程的四个关键环节进行了分析,进而设计了网络教学过程认证指标,包括一级指标 4 项:课程导入、网络学习组织、学习支持以及教学评价;二级指标 10 项:教师小组、学生、教学资源、教学活动、教学组织、学习支持环境、学习支持人员、学习支持内容、对学生的考核以及课程评价活动,如图 7-5;还有三级指标 19 项以及相应的备注说明。

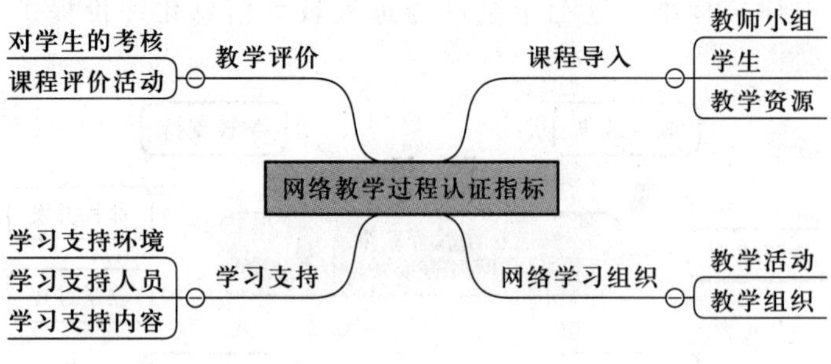

图 7-5 网络教学过程认证指标的一级和二级指标示意图

① 张进宝,姬凌岩.远程学习质量保证指南[J].中国远程教育,2003(15):66-69.

② 黄荣怀,张进宝,董艳.关于网络教学过程认证标准的研究[J].开放教育研究,2003(5):5-9.

许多研究提出“远程教育教学质量评价指标体系”这一概念，试图以网络教学过程为主线提出远程教育信息化评价维度。陈斌提出远程教育（第三代：网络教学）质量评价内容体系，包含质量策略、学习支持、教学组织、基础设施、教学管理、社会声誉、教学支持、教学效果8个关键因素及相关内容要素等。①与之类似，黄宇②等提出现代远程教育质量评价指标体系，包含5项一级指标：培养目标与规格、教师管理、教学资源管理、设施与管理服务、教学过程管理，以及26项二级指标，如表7-8所示。

表7-8 现代远程教育质量评价指标体系

一级指标	二级指标
培养目标与规格	学校定位、办学思路
教师管理	师资队伍数量与结构、主讲教师、教师风范
教学资源管理	教学资源的整体规划与设计、课件的编制、资源传输与接受、教学软件的维护、评价
设施与管理服务	教学基本设施、多媒体设施、服务、教学经费
教学过程管理	专业、社会声誉、实践教学、质量控制、课程、毕业论文或毕业设计、管理队伍、学习风气、基本理论与技能、学生参与、教师参与、就业

通过以上分析，可发现国内外网络远程教育质量保证体系共同的基本要素，包括远程教育的资源设计、开发与发送及其评估，远程教育的学生学习支持服务，远程教育的双向通信交互，远程教育的宽进严出及其落实（课程考核与学生学业评价），远程教育的管理，远程教师的专业发展与培训，远程教育研究，远程教育的基础设施建设，远程教育的财政支持和经费保证③，其中多项指标涉及信息技术应用，这对远程教育信息化绩效评价提供了良好的借鉴。

（二）继续教育信息化的绩效评价案例

所谓继续教育评价，是指按照组织的价值标准，通过系统地收集、处理信息和资料，对受教育者的发展变化及构成其变化的诸种因素所进行的价值判断。

---

① 陈斌.构建现代远程教育质量评价内容体系[J].中国电化教育,2007(4):42-45.

② 黄宇,周少华.现代远程教学质量评价指标体系研究[J].中国电化教育,2006(6):35-37.

③ 丁兴富.远程教育质量保证国际比较研究及其主要结论——“远程教育质量保证及质量评估与认证国际比较研究”成果(1)[J].中国远程教育,2005(2):9-13,78.

1. 国外继续教育信息化评价指标体系

德国成人教育研究所 DIE 和教育研究机构 ArtSet 研制了“面向学习者的继续教育质量评价模型(LQW)”[①]。LQW 模型树立了质量评价的一个基本准则,即培训机构能否以学习者为中心、引导学习者进行“成功学习”。围绕这一基本准则,培训机构的各个质量领域受到评价检验。该模型包含 11 个继续教育质量评价范围,即办学宗旨、市场需求、关键环节、教学过程、工作考核、办学设施、领导因素、人力资源、控制手段、客户关系和战略目标。每个质量范围均包含测评项目、质量标准以及用来证明达标的要求。这一评价模型在基本准则以及评价范围的提出方面,为教育绩效评价提供了良好的思路。

英国成人教育培训机构提出了成人教育督导评价指标[②],评价周期为 4 年。评价范围主要包括:根据入学前的知识水平和学习目标,学员所取得的成就与达到的水平;教学、培训、自我评估与学习的质量;取得成就所依赖的办学条件;办学管理的效率、办学质量保证与质量提高,以及资源的合理有效利用;培训机构中的教育社会公众化程度,教育培训中机会均等程度,包括提供给有学习障碍者和残疾人的便利条件。评估过程分为自我评价、评价检查、确定评价报告和制订整改方案四个阶段。英国的继续教育评价相对来说比较成熟,不仅具有完善的评价指标体系,更具有一套成熟的评价实施过程与方法,为相关培训机构的教育绩效提供了良好保证。

2000 年,芬兰赫尔辛基理工大学(TKK)等八所大学合作开发了继续工程教育自我评价模型(EFQM)[③]。EFQM 适用范围广泛,虽然称为“继续工程教育自我评价模型”,但是,该模型可完全用于继续教育领域,其基本框架、指标体系、评价方法适用于大学的继续教育学院和各类企事业培训机构的继续教育。欧洲和美国大学的继续教育均使用该模型促进继续教育质量的提高。该模型由 9 大指标构成,包括领导力、战略和政策、员工、合作伙伴和资源、过程管理、客户满意度、员工满意度、社会满意度和关键绩效结果,如表 7-9 所示。

---

① 戴凌云,袁方,杨纪生.德国继续教育质量测评模型 LQW 述评[J].高等工程教育研究,2007(1):91-93.

② 段少敏.英国成人教育督导评估[J].继续教育,2005(2):60-61.

③ 胡东成,王爱义.国际继续工程教育协会继续教育自我评估模型研究[J].成人教育,2011(11):4-8.

表 7-9 继续教育自我评价模型指标体系

促成要素	领导力	1a 愿景和使命的确定
		1b 管理体系的持续改进
		1c 领导者与外部关系
		1d 领导者与激励
	战略和政策	2a 使命、愿景、价值观及战略
		2b 战略规划的制定
		2c 战略规划的设计、沟通和确认
		2d 政策和战略的实施与战略规划的更新
	员工	3a 人力资源管理
		3b 员工能力开发
		3c 员工的责任感与参与度
		3d 内部沟通
	合作伙伴和资源	4a 外部合作关系管理
		4b 经济和财务管理
		4c 技术管理
		4d 信息和知识管理
	过程管理	5a 需求分析
		5b 课程设计和教学
		5c 竞争对手分析
		5d 沟通与营销
		5e 基础设施和后勤支持
		5f 行政和财务管理
		5g 质量控制
		5h 证书颁发
结果要素	客户满意度	6a 培训内容
		6b 授课情况
		6c 学员服务
		6d 教学设施
		6e 后勤支持
		6f 客户满意度

续表

结果要素	员工满意度	7a 员工满意度
		7b 员工素质
	社会满意度	8a 形象
		8b 社会责任
		8c 影响力
		8d 可持续性
	关键绩效结果	9a 经济效益
		9b 培训规模与学术成果
		9c 培训质量

在表 7-9 中，前 5 项指标，即促成要素展现的是机构实现既定目标所应采用的方法。后 4 项指标，即结果要素，涉及了机构所实现的目标。促成要素促进结果要素的产生，而来自结果要素的反馈又使促成要素更加完善。这 9 大指标又可细分为 39 项次级指标，每项次级指标又根据组织发展的成熟度划分为 5 个等级。5 个等级分别是：第 1 级，质量管理完全以个人为中心（管理流程缺乏）；第 2 级，质量管理具备初步流程（管理流程萌芽）；第 3 级，制定了流程和标准，建立了质量保障体系（管理流程形成）；第 4 级，系统的评估和改进管理流程（管理流程成熟）；第 5 级，以实现外部卓越为目标（管理流程卓越）。这 5 个等级由低到高，依次递进，逐步上升。培训机构每达到一个发展等级，就意味着该机构在质量改进的道路上前进了一步。

以上我们可发现，国外继续教育信息化评价已经开始将绩效理念与评价相结合，并从机构自身特点建立评价指标体系，这对绩效评价具有很好的借鉴意义。

2. 国内继续教育信息化评价指标体系

我国继续教育发展的时间还比较短，对继续教育质量评价的研究还处在摸索阶段，尚未建立一套科学、有效、定性定量的质量评价体系。本节选取几种具有代表性的研究进行分析。

陈晋南和朱雪芬[①]等人在调研科协系统继续教育现状和需求的基础上，提出了中国科协继续教育质量的评价体系。这一评价体系重点关注机构或培训

① 陈晋南，朱雪芬，于导华等.继续教育质量评估体系的建立与实证研究[J].继续教育，2012(7)：7-9.

中心的办学条件和管理，包括6个一级指标，10个二级指标。其中，6个一级指标包括：① 领导力，即卓越的领导应明确行业或培训中心的使命；② 法规和政策，即卓越的机构应当根据市场和企业条件制定发展战略；③ 组织机构与员工，即卓越的机构能够发现和挖掘员工的潜力，为员工发挥他们的能力创造条件；④ 基础设施与资源，即卓越的行业能够有效地规划和管理外部合作伙伴、供应商和内部资源，能够平衡机构、社区以及环境的当前和未来的需求；⑤ 教学过程的控制和管理、效果，即卓越的机构能够设计、管理和改进管理流程，满足客户、员工以及其他利益相关方的需求，并为他们创造价值；⑥ 效果，即卓越的机构评价学员、学员的雇主及其所属机构部门等客户满意度。这一评价体系的启发意义在于两点，一方面其所涉及的"办学条件及管理"指标对信息技术的应用十分重视；另一方面，通过"效果"指标可明显发现其绩效导向的取向。

陈妍茹等①（2013）构建了我国高等继续教育机构的自我评价模型，这一模型的设计借鉴了由国际继续工程教育协会推广和应用的"继续工程教育自我评价模型（EFQM）"的思路和内容，如表7-10所示。

表7-10 我国高等继续教育机构的自我评价模型

序号		A	B	C	D
1	管理者	发展方向和目标	运作流程或管理体系	与外界的关系	与员工的沟通体制
2	发展规划	制定发展规划	实施发展规划	监控和评估机制	应对机制
3	人力资源	岗位职责	业绩评价和激励措施	员工能力培训和提升	员工沟通机制
4	管理制度	财务管理	技术、信息和知识管理	人事（管理人员、师资队伍）管理	
5	项目管理	市场研发及竞争对手分析	项目设计以及更新	教学管理及质量监控	证书发放
6	办学效益	培训人数	财务绩效评估	学术著作发表数量	社会评价
7	客户满意度	培训内容	培训质量	学习环境	客户服务

① 陈妍茹，韩大海等.我国高等继续教育机构的自我评估模型[J].继续教育，2013(9)：9-13.

我国继续教育评价主要是围绕国内教育机构的发展现状提出的,为保证机构的正常发展,从自我评估的角度关注办学绩效,从而追求可持续发展。

(三)信息技术应用于社会服务的绩效评价指标体系

参照继续教育信息化和现代远程教育信息化评价指标体系的构建原则与内容,结合绩效的价值理念与方法,本节将信息技术应用于社会服务的绩效评价指标分为6个维度:政策法规实施、组织机构与员工配置、基础设施应用、资源建设优化、支持服务开展、效果监测。政策法规实施包括服务定位、工作规划、管理制度3个二级指标项目;组织机构与员工配置包括领导者、人员配置与结构、队伍建设规划与实施、教育科研4个二级指标项目;基础设施应用包括硬件设施、网络系统、信息安全、服务保障4个二级指标项目;资源建设优化包括资源配置与结构、资源的设计与开发、课程更新、资源评价4个二级指标项目;支持服务开展包括学生注册、辅导答疑管理、考试和考察、教学意见反馈4个二级指标项目;效果监测包括客户满意度、员工满意度、社会满意度、培训质量4个二级指标项目,如表7-11所示。

表7-11　信息技术应用于社会服务的绩效评价指标体系

一级指标	二级指标
政策法规实施	服务定位
	工作规划
	管理制度
组织机构与员工配置	领导者
	人员配置与结构
	队伍建设规划与实施
	教育科研
基础设施应用	硬件设施
	网络系统
	信息安全
	服务保障
资源建设优化	资源配置与结构
	资源的设计与开发
	课程更新
	资源评价

续表

一级指标	二级指标
支持服务开展	学生注册
	辅导答疑管理
	考试和考察
	教学意见反馈
效果监测	客户满意度
	员工满意度
	社会满意度
	培训质量

该绩效评价指标体系在综合远程教育信息化评价以及继续教育信息化评价的基础上，融入绩效评价的理念，不仅关注信息技术应用于社会服务的过程与结果，而且重视测量结果与目标间的差距，从而能够发现问题并提出改进策略。

三、信息技术应用于社会服务的绩效评价方法

开展信息技术应用于社会服务的绩效评价，各机构可参照上述绩效评价指标体系，根据自己部门或单位的发展目标，确定本单位所处的水平与发展目标间存在的差距，从而分析原因并提出绩效改进策略。与前几节类似，可通过评价的规划、评价的实施、数据的处理以及绩效策略的提出等步骤来完成信息技术应用于社会服务的绩效评价。

第六节　典型案例：面向区域的电子书包教学应用绩效评价

《教育信息化十年发展规划（2011—2020年）》提出，要"建设智能化教学环境，提供优质数字教育资源和软件工具，利用信息技术开展启发式、探究式、讨论式、参与式教学，进一步推进信息技术与教学的深度融合"①。作为信息技术与教育应用深度融合的产物，电子书包以不可逆转之势迅猛进入基础教育一线阵地。它不仅是实现教育现代化、培养创新人才、创建学习型社会的关键

① 教育信息化十年发展规划（2011—2020年）[EB/OL].http://www.moe.gov.cn/publicfiles/business/htmlfiles/moe/s3342/201203/xxgk_133322.html.2015-06-07.

媒介，还是“三通两平台”教育信息化体系架构的核心组成内容。随着全国多个地区（江苏、上海、广州、北京、深圳、佛山等）电子书包试点项目的大范围铺开，电子书包在基础教育教学中的应用已经成为教育信息化发展的前沿热点。然而，纵观当前电子书包教学应用发展现状，我们发现在应用模式、推进策略等方面有较多的经验，但也面临着观念、技术等现实问题，如何宏观把握区域电子书包教学应用的发展现状，综合衡量电子书包教学应用的实际绩效与存在问题，是当前需要关注的重点。

一、研究概述

当前电子书包教学应用的研究热点聚焦在功能特点分析、应用模式探究、推进策略探讨等层面，而有关电子书包教学应用评价的研究则相对较少，且多集中于师生对电子书包态度和理解的调查研究。如有台湾学者对小学生在社会场域中使用电子书包的学习效益开展了评估，并探索教师使用在线教学策略后，学生的学习成就和对电子书包接受度等方面的变化[①]。王斐调查了教师技术感知对电子书包使用意向的影响，并从电子书包的课堂教与学活动的要素（即教师、学生、资源与媒体等）对电子书包教与学活动开展了深入系统的评价研究[②]。管珏琪等基于教师访谈内容分析，从对电子书包的价值认同、应用电子书包的教学准备度、外部支持、技术环境支持等方面探讨电子书包应用推进现状及面临的问题[③]。张立春等人针对教师与学生对电子书包的态度和理解层面开展调研，分析了教师与学生对电子书包的内涵理解、使用态度、应用价值等方面的内容[④]。

面向区域开展电子书包教学应用绩效评价的则更是少之又少，在全国多个电子书包试点单位中，仅有闵行区开展了电子书包项目（第一期）的绩效跟踪与绩效评价。该绩效评价的主体为项目预算单位，第三方评价机构负责辅导，结果表明闵行区电子书包项目中存在着诸如经费投入可持续性有待论证、硬件投资比重偏高、教师推进电了书包共识性不高、教学适应性不强等问题，

---

① Hung,C H A study of the learning achievements of e-schoolbag into social studies on elementary students[D].Pingtung:National Pingtung University of Education,2012.

② 王斐，傅钢善.教师技术感知对电子书包使用意向的影响研究[J].现代教育技术，2013(12)：36-41.

③ 管珏琪，苏小兵，钱冬明等.电子书包应用区域推进现状及策略——基于教师访谈内容分析[J].电化教育研究，2014(10)：53-59.

④ 张立春，焦建利.学生对电子书包的态度与理解研究[J].开放教育研究，2015(4)：98-105.
张立春，焦建利.教师对电子书包的态度与理解研究[J].电化教育研究，2015(5)：46-52.

最后绩效评价组基于提高绩效、改善管理的角度提出相应的改进策略。但是该评价方案关注于项目整体的绩效管理,并没有落地到电子书包教学应用的具体绩效表现①。

随着电子书包项目在全国多个试点区域的蓬勃发展,如何在区域范围内宏观把控电子书包项目整体情况,提升电子书包教学应用绩效,改善项目管理水平,促进电子书包教学应用的可持续发展,是当前需要解决的实际问题。

二、电子书包教学应用项目概况

为落实素质教育与创新人才培养战略,珠江三角洲某地区教育局提出了"智慧教育——让教育服务随处可行"的核心理念。该举措以智慧教育云和电子书包为依托,创新教育教学实践,探索满足每一位学生个性化学习需求的路径,提高教育教学质量,从而促进区域内教育高位均衡、内涵式发展。自 2012 年启动电子书包教学应用项目以来,迄今,该项目已普及到高中、初中、小学和特殊教育学校,覆盖了全区 40 多所中小学、200 多个班级以及过万名师生。实验学校覆盖面之广,受益师生数量之大,在全国产生了广泛影响。

本研究以该区电子书包教学应用项目为研究个案,通过评价模型推演、指标体系设计、评价方案实施等过程开展面向区域的电子书包教学应用绩效评价,分析成效与特色,挖掘问题及成因,提出绩效改进策略,进而为开展面向区域的电子书包教学应用绩效评价提供科学的指引与借鉴。

三、绩效评价方案的设计与实施

(一) 绩效评价方案的设计

1. 电子书包教学应用绩效评价模型

在面向区域的电子书包教学应用中,离不开区域教育行政部门、电教部门、教研部门、学校及企业等多方力量的共同承担,离不开电子书包硬件设施与软件资源的技术支持,更离不开教与学活动的师生主体的探索实践。因此,影响电子书包教学应用绩效的主要因素牵涉顶层的组织与管理、驱动层的环境与资源、实施层的教与学实践活动等方面。

---

① 明晰主体职责严格过程管控——上海市闵行区中小学"电子书包"(一期)绩效评价解读[J].财政监督,2015(6):54-56.

本研究依据绩效导向的教育信息化评价模型及推演规则，根据区域电子书包教学应用绩效评价的实际情况，推演出电子书包教学应用绩效评价模型，如图 7-6 所示。我们从组织管理、建设成果、应用过程与创新发展四个维度开展面向区域的电子书包教学应用绩效评价。组织管理方面主要包括区域电子书包教学应用项目的组织规划与投入保障；建设成果方面包括电子书包教学应用中相关环境与资源建设的规模、师生使用满意度；应用过程主要包括师生电子书包教学应用的意识观念与应用水平；创新发展包括使用电子书包开展教学应用之后的效益产出，涉及学生发展、教师发展、学校发展和社会影响等方面。

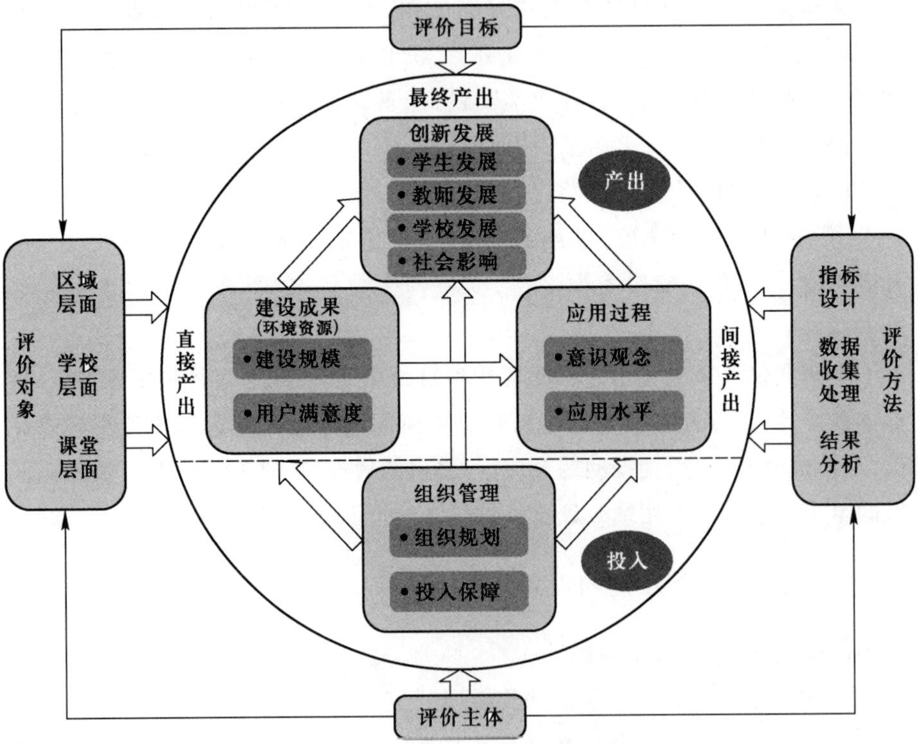

图 7-6　面向区域的电子书包教学应用绩效评价模型

2. 电子书包教学应用绩效评价指标体系

根据电子书包教学应用绩效评价模型，本研究选取教育技术领域专家、区教育局领导、电子书包实验学校领导等，根据德尔菲法、层次分析法确定了面向区域的电子书包教学应用绩效评价指标体系，如表 7-12 所示。

表 7-12　面向区域的电子书包教学应用绩效评价指标体系

一级指标	权重(%)	二级指标	权重(%)	三级指标	权重(%)
组织管理	5.94	组织规划	66.67	区域或学校负责运营电子书包项目的管理部门设置情况	66.67
				区域或学校支持电子书包教学应用的相关规划文件的制定情况	33.33
		投入保障	33.33	电子书包项目中基础设施、平台与终端的建设投入	57.14
				培训师生使用电子书包的经费投入	28.57
				利用电子书包开展教学研究的专项经费投入	14.29
环境建设	14.78	建设规模	75.00	区域或学校网络覆盖情况	40.00
				学习终端拥有率	40.00
				学习资源的类型与数量	20.00
		用户满意度	25.00	网络运行状况及安全性良好	22.22
				学习终端设备能较好提供教学支持	22.22
				教学服务平台的功能支持	44.44
				学习资源/工具科学丰富,满足教学需求	11.11
应用过程	27.99	意识观念	25.00	校长/教师/学生的信息化意识	50.00
				对电子书包教学应用的兴趣与态度	50.00
		应用水平	75.00	电子书包教学应用的课时覆盖率	7.29
				师生每天课外使用电子书包学习的时长比例	4.48
				电子书包支持的教学环节实施情况(如情境教学、互动教学、个性化教学等)	28.03
				电子书包支持的学生学习方式转变情况(自主学习、探究学习、协作学习、个性化学习等)	28.03
				电子书包支持的师生互动情况	16.88
				电子书包支持的多元评价实施情况	15.30

续表

一级指标	权重(%)	二级指标	权重(%)	三级指标	权重(%)
创新发展	51.29	学生发展	38.45	信息素养	8.90
				个性化学习能力	23.91
				协作学习能力	23.91
				问题解决能力	43.28
		教师发展	38.45	信息素养	11.37
				信息化教学设计能力	30.78
				信息化教学组织能力	32.45
				信息化教学评价能力	17.28
				信息化教学研究能力	8.11
		学校发展	14.33	学校教学与科研成果	80.00
				学校教学示范影响	20.00
		社会影响	8.78	电子书包能有效支持家校互通互联	75.00
				电子书包能有效支持区域教育均衡发展	25.00

(二)绩效评价方案的实施

1. 评价方法

本研究开展区域电子书包教学应用绩效评价的过程主要由实地考察和问卷调研两部分组成。在实地考察阶段,主要考察了该区电子书包教学应用项目的总体情况,包括项目组织、实施规模、制度管理等,该项目由区政府主导、实验学校参与,制定了电子书包教学应用项目的一系列规章和制度,教学服务平台使用某教育信息化公司的电子书包平台,并搭建了电子书包项目专题网站。在问卷调查阶段,通过分层抽样,选择三所实验学校收集数据,其中问卷类型分为校领导问卷、教师问卷和学生问卷,收回的有效问卷共295份。

2. 数据处理

本研究采用里克特量表设计问卷,问卷选项中的“完全同意”“同意”“一般”“不同意”“完全不同意”依次赋值为5、4、3、2、1,每一个三级指标的得分为对应的问卷题目所有答案的平均分。利用数学公式即为:

$$y=\frac{\sum\left(\frac{\sum x_i}{i}\right)}{j};i=1,2,3,\cdots,n,j=1,2,3,\cdots,n$$

其中 j 是指某一指标下的第 j 道题,i 是指回答第 j 道题的第 i 位被测评者。同时基于指标得分,我们对指标的状态进行了界定,1~3 分为“差”,3~4 分为“良好”,4~5 分为“优”。

通过问卷得分的计算,三所学校的一级指标、二级指标得分情况如表 7-13、表 7-14 所示。

表 7-13　三所学校的一级指标得分情况

一级指标	实验学校 A	实验学校 B	实验学校 C	平均分
组织管理	4. 35	4. 61	4. 57	4. 51
建设成果	3. 56	3. 24	3. 34	3. 38
应用过程	3. 63	3. 47	3. 79	3. 63
创新发展	3. 32	3. 46	3. 59	3. 46

表 7-14　三所学校的二级指标得分情况

二级指标	实验学校 A	实验学校 B	实验学校 C	平均分
组织规划	4. 67	5. 0	5. 0	4. 89
投入保障	3. 71	3. 83	3. 71	3. 75
建设规模	3. 8	3. 4	3. 4	3. 53
用户满意度	2. 82	2. 77	3. 16	2. 92
意识观念	3. 83	4. 05	4. 37	4. 08
应用水平	3. 56	3. 28	3. 60	3. 48
学生发展	3. 56	3. 91	4. 33	3. 93
教师发展	3. 02	3. 11	3. 02	3. 05
学校发展	3. 2	3. 0	3. 0	3. 07
社会影响	3. 75	3. 75	3. 75	3. 75

四、电子书包教学应用绩效表现

通过对实地调研与数据统计发现,该区电子书包教学应用在教育教学实践创新、师生发展等方面取得了一定的成绩,并在项目预期目标与追求的轨道上继续前行。下面主要从教学应用成效和区域特色两个方面进行分析。

(一)教学应用成效

通过问卷调查发现,实验学校在组织管理、建设成果、应用过程与创新发展方面的平均分为4.51,3.38,3.63和3.46,在一定程度上表明该区的电子书包教学应用整体取得了良好的成效。

1. 建立了相对健全的组织管理体制

从数据上讲,该区电子书包教学应用项目在组织管理方面的得分较高,处于优秀水平。在调研中发现,该区电子书包教学应用项目由区教育局统筹规划,协同大学的教育技术研究所、教育信息化企业等运营,并鼓励实验学校积极参与,制定了支持电子书包教学应用的相关文件条例。区政府从组织规划到投入保障都给予了充足的资金投入与制度保障,学校层面积极响应上级领导,设置学校负责电子书包项目的教研团队,有力支撑了电子书包项目的具体实施。

2. 建设了相对完善的技术应用环境

在环境资源方面,实验学校基本已全部建成覆盖全校的基础网络,基本上保证电子书包实验班学生终端拥有率100%,学习资源涉及中小学各个年级的各个学科。美中不足的是,由于网络运行较慢、终端功能不全等一些技术性问题,导致师生对电子书包教学应用环境持有一定的质疑和抱怨。

3. 形成了鲜明特色的教学应用模式

该区电子书包教学应用过程得分相对较高(3.63),特别是各方面在对待电子书包的态度上具有积极的认识,实验学校的领导、老师和学生表示倾向于使用电子书包开展教学,使用电子书包的课时覆盖率相对较高,基本覆盖了各年级的各个学科。在教学方式上,大多数教师已经尝试使用电子书包开展协作学习、个性化、翻转课堂等多样化的教学方式(具体如表7-15所示),并结合区域的教研特色,将电子书包功能有效应用于课前自主学习、课中个性化教学的过程中,但是总体得分情况一般(3.03),其原因是大多数老师认为自己还不能完全熟练应用这些方法,仅仅停留在尝试阶段,如何更好地熟练应用电子书包开展教学活动,仍是当前亟待解决的关键问题。此外,实验学校C的得分情况明显高于两所中学(实验学校A和B),这与教师的积极性、学生的知识学习阶段有着密切的关联,如电子书包能更丰富地展现小学课堂教学活动。

表7-15　三所学校的二级指标分布情况

学校＼活动	协作学习	个性化教学	翻转课堂
实验学校A	63.2%	63.2%	68.4%
实验学校B	78.6%	71.4%	71.4%
实验学校C	92.9%	64.3%	71.4%

此外，在调查中发现，随着电子书包使用时间的增加，学生对电子书包的兴趣和使用意愿有减弱趋势。如何找到造成这种情况的原因，激发学生使用电子书包学习的兴趣，应该成为后续研究关注的重点。

4. 取得了积极广泛的社会影响

区域电子书包教学应用的成效主要体现在师生发展、学校发展和社会影响上。通过调查发现，学生使用电子书包以后，信息素养、个性化学习能力、协作学习能力、问题解决能力都有了一定的提升，尤其是实验学校 C 的学生发展的得分相对较高。这在一定程度上说明了电子书包在小学生的信息素养、学习能力培养方面取得了较好的成效。教师在使用电子书包开展教学以后，信息素养、信息化教学设计能力、信息化教学组织能力、信息化教学评价能力也都有所提升，但提升幅度不高。研究同时发现，教学应用技术环境、信息技术应用能力、信息技术与课程整合能力等是制约电子书包教学应用中教师发展的关键因素。在学校发展层面，从参与电子书包项目以来，学校之间的教研交流、课例展示等活动的开展，行政领导的访问参观、新闻媒体的采访报导已经在一定程度上增强了学校的影响力。特别是在 2015 年新媒体新技术教学应用研讨会上，该区多节电子书包公开课获得国家级奖励，取得了比较明显的成果。

总体来讲，区域电子书包教学应用的成效已经开始显现：学生的信息素养和数字化学习能力增强，教师的信息素养和信息化教学能力已经开始逐步提升，学校综合实力有一定的发展，并产生了较为积极的社会影响。

（二）区域特色

通过研究发现，珠江三角洲某区电子书包教学应用呈现出鲜明的区域特色：(1) 以智慧教育为导向，由政府主导实施。该区的电子书包项目从顶层规划到实际运营由政府主导，实验学校积极参与，并协同企业、研究所等开展电子书包教学创新实践，提升教育教学质量，打造区域智慧教育品牌。(2) 覆盖面广，广大师生积极参与。目前为止该区共 40 所学校参与电子书包项目，涉及高中、初中、小学和特殊教育学校，参与师生 13 000 多名，覆盖几乎中小学各阶段、各学科，是国内最大范围的电子书包项目试验基地。(3) 依托课题，形成了具有区域特色的电子书包教学应用模式。该区将电子书包功能特点与区域的课题研究相结合，探索出了课前、课中、课后的网络双课堂教学模式。(4) 电子书包教学应用常态化。目前，实验学校电子书包教学应用课时覆盖率高达 50%，应用学科覆盖面广。区教育局有意向继续扩大电子书包项目实验学校与师生，致力于为每一位学生打造个性化学习环境，满足学生个性发展需求，基于此，电子书包教学应用已成常态化发展趋势。

五、存在的问题与改进策略

（一）存在的问题

通过分析发现，当前区域和学校层面的电子书包教学应用主要出现了以下几个方面的问题。

1. 电子书包教学应用环境仍需完善

通过调查发现，学校电子书包教学应用的网络环境、学习平台在一定程度上还不能满足教学需求，网络运行慢、电子书包功能不稳定等影响了电子书包支持教学作用的正常发挥。

2. 教师的信息技术应用能力亟待提升

在电子书包教学应用中，一些教师由于不熟悉电子书包功能，信息技术应用能力不高，导致使用电子书包开展教学的过程中障碍重重，既打击了教师使用电子书包开展教学改革的热情和兴趣，也给教师日常工作增加压力和负担，进而导致电子书包教学应用的效果不明显。

3. 电子书包与学科教学整合力度仍需加强

通过调查发现，电子书包教学应用的主要阵地是课堂教学，大多数教师反馈在电子书包课堂教学应用中遭遇到电子书包与学科教学整合的困惑。如何从学科教学的立场出发，挖掘电子书包的功能与学科教学特征的契合点，探索出行之有效的具有学科特色的电子书包教学应用模式，仍是当前需要进一步解决的关键问题。

4. 电子书包教学应用研究成果亟待凝练

经过一两年的电子书包教学试验，实验学校已经逐步摸索出各学科电子书包支持的教学模式，然而由于缺少相关的激励政策和评比活动，电子书包教学应用的成果不突出，典型案例的培育还相对欠缺。

（二）改进措施

针对电子书包教学应用中出现的问题，本研究主要从技术环境建设、师资队伍培训、课题研究引领、典型案例培育等方面提出改进策略。

1. 完善环境建设，保障电子书包教学应用顺利进行

师生作为技术环境的使用者，环境的稳定性、适切性对师生利用电子书包开展教学起着至关重要的作用。针对网络运行、学习平台功能和学习资源等方面出现的问题，区教育局、学校与企业合作商应该协同解决。在网络运行方面，教育局、学校应加快改善网络设施，解决当前因网络而出现的窘境。在学习平台和资源的建设上，合作商应积极听取师生诉求，有效指导师生电子书包

功能与资源应用，寻求最佳的解决方案，避免电子书包功能浪费和功能滞后并存的尴尬境遇。

2. 加强相关培训，提升教师电子书包教学应用能力

针对当前教师信息技术应用能力、电子书包与学科教学整合的能力较低的问题，教育局、企业合作商、教育技术研究所等相关单位应做好统筹规划，加强开展培训活动。在培训内容上，整合当前先进的教育教学理念，以教师需求为导向，以教育部 2014 年颁发的信息技术应用能力标准为指南，以电子书包与学科教学融合的模式与案例为抓手，针对教师电子书包教学应用能力等方面的内容进行培训。在培训方式上，根据教师不同程度的需求开展分层次、个性化的培训活动。结合专家讲座、集中培训、个性化指导等方式，采用问题解决、任务驱动等形式，定期按需开展培训。同时，实验教师的试点经验是电子书包项目培训的鲜活案例，可让实验教师作为培训者，分享、推广电子书包应用经验。

3. 开展课题研究，引领电子书包教学创新实践

电子书包教学应用仍处于探索阶段，若要有效推动电子书包在学科教学的创新应用，就要以课题研究加以引领。教师以研究者的视角重新审视电子书包教学应用中出现的问题、困境，通过学习、讨论、思考，将研究方法运用于具体问题情境中，激发教师对电子书包教学应用研究的兴趣和主动性，既有助于电子书包教学应用的创新发展，又能促进教师的专业发展。由此，教育局、学校层面应该着力打造电子书包课题研究平台，通过课题申报、立项、验收等科研化流程促进电子书包课题研究的发展。同时，邀请专家进行研究方法指导，加强教师的教育科学理论与研究方法的培训，提升教师科研素养和能力，从而以课题研究推动电子书包教学应用的创新发展。

4. 培育典型案例，凝练电子书包教学应用研究成果

该区电子书包项目已经开展一段时间，受到了领导和媒体的广泛关注，然而优秀的电子书包教学应用案例与研究成果目前仍然缺少，这在一定程度上也打击了教师教学与研究的激情，导致部分教师对电子书包教学应用感到困惑与迷茫。因此，教育局、学校层面要积极培育典型案例和凝练电子书包教学研究成果。首先，完善相关的激励措施，通过“优课”评选活动鼓励教师参加电子书包教学应用比赛，打造培育优秀的电子书包教学课例，辐射示范到区域电子书包实验学校。其次，组建优秀的教师引领团队，在专家指导下，开展课堂教学研究，注重凝练电子书包教学应用的学科模式与实践特色，培育电子书包教学应用的科研成果。

第七节 典型案例：高校课程信息化教学绩效成熟度模型的构建与应用

课程教学与改革是高等学校的主要工作。长期以来，由于影响课程与教学质量的一些关键问题没有得到重视，从而影响了创新人才培养目标的实现。本研究以高校课程与教学为核心，借助成熟度理论把信息化教学绩效的成熟程度分成五个阶段，通过定义关键过程域和关键实践给出了每个阶段的达成条件，构建了高校课程信息化教学绩效成熟度模型。它为高校课程信息化教学绩效评价和绩效改进提供了一套科学规范和循序渐进的进阶指引，促进信息技术与高校课程教学的深度融合，最终实现信息化教学水平和人才培养质量的提升。

一、研究概述

（一）问题提出

《教育规划纲要》指出，高等教育承担着培养高级专门人才的重大任务，提高质量是高等教育发展的核心任务，是建设高等教育强国的基本要求。《教育信息化十年发展规划（2011—2020年）》也指出，要推动信息技术与高等教育深度融合，创新人才培养模式，促进高等教育质量全面提高。由于教育事业是培养人的社会活动，因此提高高等教育质量的根本就是提高人才培养质量。而人才的培养主要通过课程与教学这一途径来实现，因此要提高教育质量，必须首先提高课程教学的质量。

长期以来，影响课程与教学质量的问题具体表现在：(1) 课程的培养目标与社会需求没有很好的对接；(2) 课程之间的教学内容出现较多重复，浪费师生的教学时间；(3) 有相当一部分课程内容明显老化，跟不上时代的步伐；(4) 对课程的教学质量没有给予足够关注，忽略了对学生动手、实践能力的培养；(5) 信息技术教学应用仍然停留在浅层次上等。本研究从绩效的角度入手，通过对信息化教学及其绩效的内涵分析，构建相应的绩效成熟度模型，从而对高校课程信息化教学的行为与业绩成果进行科学评价与指导，以期促进高校课程教学质量的全面提升，最终实现人才培养质量的提高。

（二）国内外相关研究现状

绩效是与组织的目标相一致的行为与业绩成就，是由行为付出而产生的价值成就①。教育绩效是在一定教育目标的指导下，教育目标的实现程度、教育资源的配置状况和教育过程安排等情况的综合反映②。随着高等教育的发展，教育绩效越来越受到重视。本节主要对信息化教学绩效评价和教育信息化绩效评价及成熟度模型三方面的文献进行梳理。

1. 信息化教学绩效评价

（1）教学质量的角度。绩效评价在高等教育中的运用，可以对难以量化的教育教学活动全过程实施动态评价与监督管理。对此，国内外许多学者在理论和实践层面上取得了一些研究成果，例如，尼科尔（Nicol D）和科恩（Coen M）从成本-效益的角度提出一个用于评价高等教育 ICT 教学应用的 INSIGHT 模型③；解月光团队从四维度建立信息化课堂教学绩效评价体系④。

（2）有效教学的角度。国内外学者主要从 ICT 对教师的教学或学生的学习影响来验证信息化教学的有效性。有效性一般包括三个方面的内涵，即有效果、有效益和有效率。信息化教学的有效性是衡量信息化教学绩效的有效测度。

2. 教育信息化绩效评价

国内外对教育信息化评价的研究，始于 1990 年的信息化校园计划（CCP），该计划定期发布各类大学关于信息技术发展和应用现状的详细报告⑤。国外比较著名的教育信息化评价指标体系主要包括：美国教育技术 CEO 论坛开发的教育信息化评估工具 STaR⑥、美国 NCREL 与 NCRTEC 合作开发的 enGauge 评估框架⑦、世界银行 InfoDev 组织提供的教育中 ICT 评估框架⑧、英国教育通讯和技术署发布的 SRF 评估工具⑨。国内的相关研究主要有：顾小

---

① Stolovitch H D, Keeps E J. Handbook of human performance technology. SanFrancisco: Jossey- Bass Publishers, 1999.

② 殷雅竹，李艺.论教育绩效评价[J].电化教育研究，2002(2)：20-24.

③ Nicol D, Coen M.A model for evaluating the institutional costs and benefits of ICT initiatives in teaching and learning in higher education[J].Research in Learning Technology, 2003, 11(2)：46-60.

④ 马鹤.信息化课堂教学绩效评价体系研究[D].长春：东北师范大学，2009.

⑤ CCP.The 2007 national survey of information technology in US higher education[EB/OL].http://www.immagic.com/eLibrary/ARCHIVES/GENERAL/CCP_US/C071029G.pdf.2007-11-14.

⑥ 汪琼，陈瑞江等.STaR 评估与教育信息化研究[J].开放教育研究，2004(4)：10-14.

⑦ CEO Forum on Education & Technology.The CEO forum on school technology and readiness report [EB/OL].http://www.ceoforum.org.2000-10-18.

⑧ Wagner D A, Bob D, et al.Monitoring and evaluation of ICT in education projects: a handbook for developing countries [EB/OL]. Washington DC: infoDev. http://www. infodev. org/en/Publication. 9. html. 2005-11-18.

⑨ BECTA.Self- review framework[EB/OL].http://schools.becta.org.uk/index.php? section = srf.2006-06-08.

清团队“视角、发展、角色”三维度的区域教育信息化效益评估模型[①]；焦宝聪团队基于数据包络分析的教育信息化绩效评价模型[②]；蒋东兴团队“基础教育、职业教育、高等教育、教育行政管理”四种教育类别的教育信息化绩效评价指标体系[③]；解月光团队基于元模型理论提出的 EEE 模型[④]。

3. 成熟度模型

有关成熟度模型的研究最早开始于 1987 年，美国卡耐基·梅隆大学软件工程研究所（SEI）受美国国防部委托，于 1987 年研究制定了能力成熟度模型 CMM（Capability Maturity Model），该模型将软件组织的软件工程能力从不成熟到成熟共划分为 5 个成熟度等级：初始级、可重复级、定义级、管理级、优化级。初始级是自发的，即没有指定的规则或者条令，事情的发展自发的进行，在管理上处于一种混沌状态；可重复级是指建立了一些标准，即在生产过程中，总结出了一些成功的经验，相似的生产过程可以借鉴这些经验；定义级是指具有统一标准，即生产过程中要严格的按照标准执行；管理级是指软件过程中所涉及的标准可以量化，即在生产过程中可以将结果或行为进行量化，找出与规定的标准之间的差距；优化级是指能够持续改进软件，即制定了完整的条令，所有的过程都可以根据条令持续改进，直到满意为止。CMM 的提出给软件组织提供了一个阶梯性提升其软件过程的框架[⑤]。如今，成熟度已广泛应用于知识管理、技术创新、人力资源等领域，衍生出大量模型。在教育领域，新西兰维多利亚大学马歇尔（Marshall S）提出了 eMM 模型（e-Learning Maturity Model），借以评估教育机构实施 e-Learning 的水平和能力[⑥]。后来周勇、张际平团队提出改进的 eMM 模型[⑦]；李新晖提出教育信息化绩效成熟度模型[⑧]；马宁、余胜泉团

---

① 顾小清，林阳，祝智庭.区域教育信息化效益评估模型构建[J].中国电化教育，2007(5)：23-27.

② 焦宝聪，赵意焕等.基于数据包络分析的教育信息化绩效评价模型[J].电化教育研究，2007(4)：38-41.

③ 吴海燕，蒋东兴等.教育信息化绩效评价指标体系研究[J].武汉大学学报（理学版），2012，58(S1)：48-52.

④ 张晓卉，解月光等.基于 EEE 模型的农村基础教育信息化绩效评估体系应用方法研究[J].中国电化教育，2013(1)：30-35.

⑤ Software Engineering Institute.The capability maturity model—guidelines for improving the software process[M].New York：Addison-Wesley Publishing Company，1995.

⑥ Marshall S，Mitchell G.An e-learning maturity model[EB/OL].Proceedings of the 19th Annual Conference of the Australian Society for Computers in Learning in Tertiary Education，New Zealand.http://docushare.unitec.ac.nz/dscgi/ds.py/Get/File-231/173.pdf.2002-01-09.

⑦ 周勇，张际平.一种改进的 eMM[J].电化教育研究，2008(6)：46-48.

⑧ 李新晖.教育信息化绩效成熟度模型研究[J].电化教育研究，2008(7)：23-27.

队提出 ICS-CMM 模型①;祝智庭、尚春光团队提出教育教学创新成熟度模型②;勾学荣、王瑜等人则提出教育信息化成熟度评估模型③,简称 e^2M^2 模型。

综上所述,目前人们关注的多是宏观层面上的教育信息化绩效评价,也有一些教学质量评估的研究成果,但所构建的指标和模型在支持高校课程教学等微观层面的绩效评价和改进方面有所欠缺,未能为其提供可操作的测评工具和科学指导,不利于高校针对自身问题通过持续的绩效评价和改进最终实现高校课程建设、信息化教学水平以及人才培养质量的提升。

二、理论基础

1. 系统论

系统论是美籍奥地利生物学家贝塔朗菲创立的一门逻辑和数学领域的科学。系统论认为,自然界是一个巨大的系统,世界上一切事物、现象和过程几乎都是一个有机整体,且又都自成系统、互为系统;每个系统都是在与环境发生物质、能量、信息的交换中变化发展,并保持动态稳定的开放系统;系统内部与系统之间保持一种有序状态。开放性、自组织性、复杂性、整体性、关联性、等级结构性、动态平衡性、时序性等,是所有系统的共同的基本特征。

2. 绩效理论

绩效包含行为和价值两个方面,即绩效是过程与结果两个方面的综合反映。价值作为绩效概念的属性之一,要求工作行为取得组织系统所期望的、符合组织发展总体目标要求的成效。绩效评价起源于西方国家的商业实践,它作为组织控制的手段、管理决策依据、人力资源开发的途径、绩效改进的动力,具有强大的反馈、控制、激励和开发功能。

3. 教育评价理论

教育评价是指以一定的教育价值观或教育目标为依据,在系统、科学和全面地搜集、整理、分析和处理教育信息的基础上,运用科学可行的手段,对教育的要素、过程及其效果进行价值判断,为改进和优化教育决策提供依据,以期达到教育价值增值的过程。教育评价对决策、规划、控制、改进和完善系统的

---

① 马宁,余胜泉.面向过程的学校信息化建设评价及成熟度模型建构[J].远程教育杂志,2010(1):13-17.

② 祝智庭,尚春光等.教育技术与教育创新——绩效评价的理论、系统与实践[M].北京:高等教育出版社,2011.

③ 王瑜.基于成熟度思想的教育信息化评估模型研究[D].北京:北京邮电大学,2012.

管理水平和教学水平具有重要的意义,其目的在于促进教育改革,提高教育质量。

三、高校课程信息化教学绩效影响因素分析

本研究以信息化教学为主线,结合高校课程的特点,按照绩效衡量与组织目标相一致的行为和结果为准绳,参考已有相关研究,梳理出高校课程信息化教学的绩效评价内容。

(一)高校课程的特点

自20世纪90年代至今,我国高等教育改革与发展的一个重要内容就是高校课程体系与教学内容的改革。传统的高校课程注重科学性、严谨性,课程内容注重模式化、专业化,课程实施大纲化、程序化,课程评价数量化、标准化。这与高等教育培养具有创新性、批判性的人才不甚相符,因此高校课程应加入"人"的因素,充分体现为了人的发展的宗旨。新的课程观强调课程目标的人性化、课程内容的生成性、课程活动的启发性、课程评价的多元化①。

1. 课程目标的人性化

高等教育"以人的完善为目的",其基本内涵是使大学生的批判精神、创新精神、科学精神和人文精神实现和谐统一②,其终极目标是促进人的全面发展。因此在课程目标设定时,应充分考虑"人"的特点。

2. 课程内容的生成性

"生活即教育,社会即学校",课程本质是一种动态的、创造的、生成的实践过程,在进行课程内容的设置时,应注意回归生活,与生活经验相结合,这样既有利于学生的理解,也有助于促进课程的发展。

3. 课程活动的启发性

新的师生观强调师生之间的对话和互动,主张营造一种民主的师生关系,因此在课程教学中教师应转变传统的教学观念,以学生为主体、教师为指导,建立新型的师生关系,让学生成为学习的主人。在课程教学中,教师要灵活地引导学生,注重启发性学习。

4. 课程评价的多元化

这里的课程评价多元化一是指评价主体与对象的多元化,二是指评价方式的多样化。教师与学生参与课程教学的全过程,对于课程教学最具发言权。

---

① 魏小琳.后现代高校课程建设的人本取向[J].教育发展研究,2007,29(Z2):53-56.

② 母小勇,薛红霞.后现代高校课程:回到人类活动的"原点"[J].高等教育研究,2004(4):74-78.

传统的课程评价多以教师评价为主,忽略了学生的意见,新的课程评价应充分考虑主体人的感受。此外,新的课程评价不再局限于以往的量的与标准化的评价,开始关注人性化的方面。课程评价方式的多元化是指课程评价由传统的总结性评价向诊断性评价、形成性评价、总结性评价相结合转变。

(二)信息化教学的要素分析

目前有关信息化教学的定义和内涵尚没有达成统一,其中具有代表性的定义如下。

所谓信息化教学,是与传统教学相对而言的现代教学的一种表现形态,它以信息技术的支持为显著特征,因而我们习惯于将之称为信息化教学。当然,以信息技术为支持还只是信息化教学的一个表面特征,在更深层面上,它还涉及现代教学观念的指导和现代教学方法的应用①。

信息化教学是以现代教学理念为指导,以信息技术为支持,应用现代教学方法的教学。在信息化教学中,要求实现观念、组织、内容、模式、技术、评价、环境等一系列因素的信息化②。

信息化教学是教学者和学习者借助现代教学媒体、教学信息资源和方法进行的双边活动。信息化教学是以现代信息技术为基础的新教学体系,包括教学观念、教学组织、教学内容、教学模式、教学技术、教学评价、教学环境等一系列的改革和变化。信息化教学主要包括六个要素,其中,信息网络是基础,信息资源是核心,信息资源的利用与信息技术的应用是目的,而信息化人才、信息技术产业和信息化政策、法规和标准是其保障。③

在传统的教学理论研究中,教师、学习者和教学内容构成教学系统的三要素。随着信息技术的发展,媒体在现代教育教学活动中发挥了越来越多的作用。媒体在教学中的应用,导致了教学内容的传递方式、表达方式的变化,引发了教学方式革命性的变化,成为信息化教学系统的重要构成要素之一。因此,教师、学习者、教学内容、媒体构成信息化教学系统的四个核心要素。综合信息化教学的定义及内涵,信息化教学包含信息化环境、信息资源、教师和学生四个要素。

信息化教学包括教学观念、教学组织、教学内容、教学模式、教学技术、教学评价、教学环境等一系列的改革和变化,因此可将这七个方面进行细化,进

---

① 祝智庭.现代教育技术——走进信息化教育[M].北京:高等教育出版社,2001.

② 张一春.教师教育技术能力建构——信息化环境下的教师专业发展[M].南京:南京师范大学出版社,2007.

③ 鬲淑芳.信息化教学研究[M].北京:科学出版社,2005.

而得出信息化教学的具体关注点，如表 7-16 所示。

表 7-16　信息化教学关注点

信息化教学基本内容	关注点
教学观念	学生的主体地位、学习方式、学习活动、学习兴趣、互动交流
教学组织	教师如何利用信息技术工具组织学生参与课程教学、讨论、提交作业等作为教师课程信息化教学中组织能力的主要体现
教学内容	教学内容在信息化教学中主要表现为信息资源，资源的种类、数量可作为衡量资源丰富性的指标；资源传输在具体的教学中应考虑其是否能便捷的获取，是否能方便的对其进行管理；在这个时代，信息充斥于大千世界中，如何对其进行合理的组织以及资源内容是否包含多方面的知识成为衡量资源质量的重要因素
教学模式	现代的教学模式强调学生的主体地位，在具体的教学中，教师是否能够转变传统的教学方式，为学生设置学习任务，引导学习者自主探究、协作学习成为衡量教师是否能将现代的教学理念付诸实践的关键。此外，在信息化教学中应考察学生的 3T 素养、思维能力以及创新能力
教学技术	可将教师是否能够灵活的运用信息技术为教学营造一种情景、是否能够充分的运行信息技术的优势帮助学生进行知识建构作为考察教师信息技术运用的能力指标。同样，学生是否能够灵活地应用信息技术的优势进行学习可作为衡量学生信息化学习能力的因素
教学评价	信息化教学评价的评价要素不再局限于评价学习结果，学习过程、学习资源、学习行为等也是评价的重要方面。在具体的评价中不应局限于固定的评估方式，应注重多种方式的应用
教学环境	信息化的教学环境应是多种信息工具、设备等按照一定的需要组成的。不仅包括大的信息化设备，如计算机、多媒体设备等，还应该包括学习平台、网络等

（三）高校课程信息化教学的绩效评价内容

在深入分析信息化教学的内涵的基础上，结合绩效的本质，参考相关的研究，本研究得出课程信息化教学绩效评价内容，如表 7-17。

表 7-17　课程信息化教学绩效评价内容

因素	绩效评价内容
信息化环境	计算机、多媒体设备、教学平台或个人学习空间、网络等的性能以及使用情况
信息资源	资源的种类与数量、内容的结构、导航、先进性、综合性、可重复使用性以及资源的使用情况等
教师	教师利用信息化技术的兴趣、满意度;信息化教学设计、教学过程、教学评价的应用情况;教师信息化教学能力的提高等
学生	学生利用信息技术的兴趣、态度;应用信息技术开展自主探究、协作学习等方式学习的情况;学生信息化学习能力、协作能力、评价能力等的提高

在得出绩效评价内容的基础上,研究团队邀请多位信息化教学专家,经过 3 轮德尔菲法论证,得出以下的高校课程信息化教学绩效评价体系(图 7-7)。

四、高校课程信息化教学绩效成熟度模型的构建

参考 CMM、eMM 及 ICS-CMM 模型的构建思路,经过多轮论证,本研究认为高校课程信息化教学绩效成熟度模型的构建思路如图 7-8 所示。

1. 确定成熟度等级

信息化教学作为教育信息化的重点建设对象,其特征表现应有相似之处。在软件能力成熟度 5 级框架下,参考李新晖对于教育信息化在时间跨度上的不同表现以及马宁、余胜泉对于学校信息化建设成熟度特征解析,综合高校课程信息化教学绩效评价体系,经过专家访谈,我们得出高校课程信息化教学绩效成熟度的五个等级。

第一级:初始级,学校在信息化环境建设、信息化资源设计开发方面没有意识与计划,或者没有建设基本的软硬件环境、教学资源,整个信息化教学系统处于一种无意识、无组织的状态,各种事情自发地进行。

第二级:基本级,学校有信息化环境建设、信息化资源设计与开发、校园网建设方面的意识,建设了基本的信息化环境,包括计算机、多媒体设备、校园网等,开发或购买了一定种类和数量的教学资源;在应用上,教师和学生有初步的信息技术与课程整合的观念,对于信息技术在教学中的应用认识不深,整体上处于将信息技术作为演示工具使用的状态。

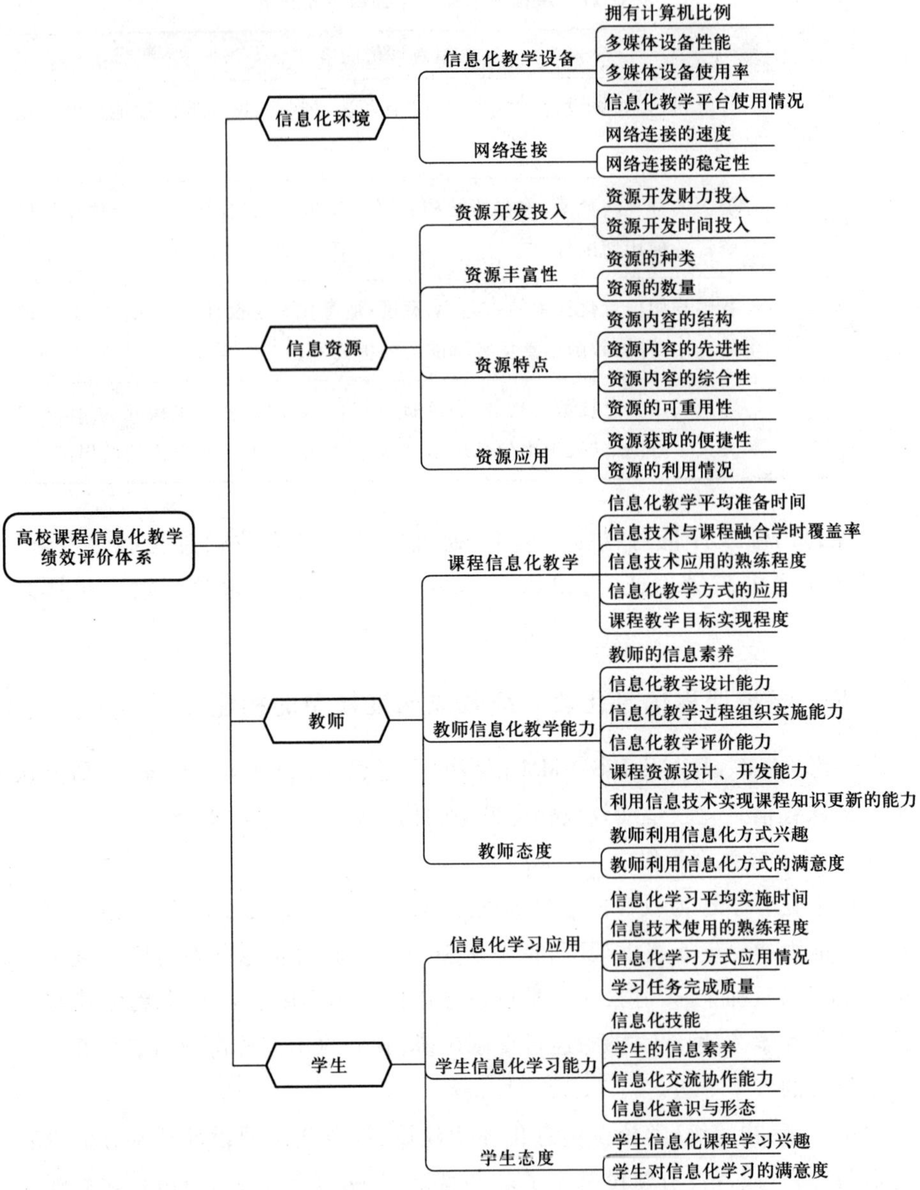

图 7-7　高校课程信息化教学绩效评价体系

第三级:应用级,学校颁布了明确的支持信息化教学的文件,建设了信息化的教学平台,能够快速链接外部资源;教师掌握了先进的教学思想和理论,课程教学中教师能够转变传统的教学观念,注重“学生为主体,教师引导”的教学方式,促进学生的意义建构,并能够利用信息技术开展课程评价、开发教学

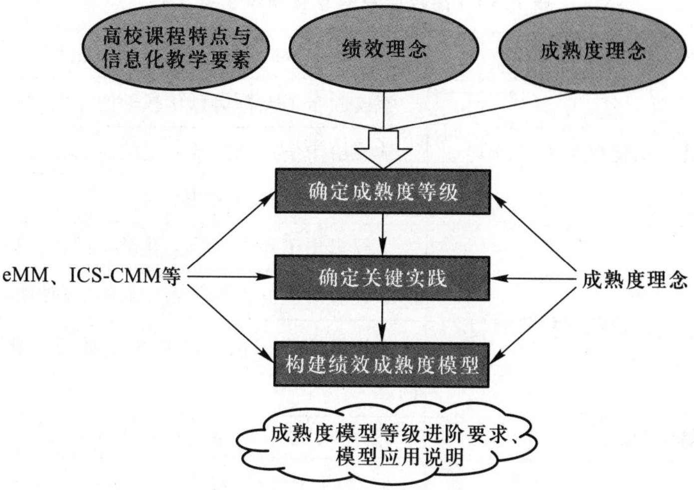

图 7-8　高校课程信息化教学绩效成熟度模型构建思路

资源、完成教学设计等；学生能够快速的掌握信息工具的使用方法。总体上，信息技术与课程教学较好地整合起来，信息技术应用比较成熟。

第四级：变革级，学校建立了完善的制度对信息技术与课程融合的教学改革过程进行监控和评价，能够及时从教学中得到反馈信息并制定相应对策，硬件、平台和资源等实施开放的管理。资源的结构体现了现代的课程观，内容包含国内外知识的新进展，教师能够灵活地应用信息技术开展各种形式的教学，在教学中逐渐发挥出信息技术作为探究、认知等工具的优势。教师的信息化教学和技能水平得到很大提高，学生掌握了信息时代的学习方法，取得了良好的教学成果。

第五级：持续优化级，硬件和资源有完善的管理制度，能够及时发现存在的问题，并将问题反馈给管理人员，使其及时得到处理；资源的应用不仅考虑到当下的需求，而且着眼于其是否可持续利用；教师和学生是信息技术的热衷者，善于将新的技术应用于教与学，以持续改善教与学的效果。

2. 确定关键实践

高校课程信息化绩效成熟度评价体系涉及 34 个关键实践。考虑到模型中标识的便捷性，先对各关键实践进行编码，E(Environment)代表信息化环境，R(Resource)代表信息资源，T(Teacher)代表教师，S(Student)代表学生。其中 Ei、Ri、Ti、Si 分别代表四要素下的各关键实践，如表 7-18。

表 7-18　高校课程信息化教学关键实践

关键实践	过程行为
学校支持信息化教学力度(E1)	学校颁布了支持信息化教学的相关文件
学校支持信息化教学力度(E1)	学校给予信息化教学一定的经费支持
学校支持信息化教学力度(E1)	各文件、协议均有效的执行
学校信息化教学的考核机制(E2)	学校提出了完善的信息化教学的考核标准
学校信息化教学的考核机制(E2)	学校有对应的信息化教学监控、反馈机制
学校信息化教学的考核机制(E2)	学校设立专门的部门负责处理信息化教学中的问题
拥有计算机(E3)	计算机的数量满足课程教学的需求
多媒体设备性能(E4)	拥有的计算机、投影仪等的性能满足课程教学需求
多媒体设备使用率(E5)	课程教学中,计算机、投影仪等的使用频率高
拥有的信息化教学平台或个人学习环境(E6)	拥有多样化的信息化教学平台或个人学习环境,可供课程教学使用
信息化教学平台或个人学习环境使用情况(E7)	课程平台或个人学习环境使用的频率较高,师生对信息化教学平台的使用评价较好
网络连接的速度(E8)	网络连接的速度满足课程信息化教学的需要
网络连接的稳定性(E9)	网络连接的稳定程度较好
资源的种类(R1)	可获取多种类的资源
资源的数量(R2)	可获取数量丰富的资源
资源内容的结构(R3)	资源内容结构设计合理、导航清晰
资源内容的结构(R3)	资源内容结构反映新时代的课程观
资源内容的先进性(R4)	已有资源体现了课程的新知识、新进展
资源内容的综合性(R5)	已有资源涉及相关领域的知识
资源的可重用性(R6)	已有资源可以重复修改使用
资源的可重用性(R6)	制定了完善的资源管理与再开发机制
资源获取的便捷性(R7)	可通过多种途径获取资源
资源的利用情况(R8)	资源的利用率高
教师利用信息化教学的兴趣(T1)	信息技术成为教师教学中必不可少的一部分
教师利用信息化教学的兴趣(T1)	热衷于利用新技术改变教学

续表

关键实践	过程行为
教师利用信息化教学的满意度(T2)	在信息化教学中经常赞扬学生的表现
信息化教学模式应用(T3)	利用信息技术组织学生参与不同形式的学习
	利用信息技术构建情景,促进学生知识建构
课程教学目标实现程度(T4)	利用信息技术实现的课程进度良好
	学生知识掌握情况较好,能够举一反三
教师的教学理念(T5)	课程教学以学生为中心,教师从旁引导
	强调课程活动与交流的重要性
教师的信息素养(T6)	能够科学地、快速地对信息进行分析、加工和表达
	主动利用信息技术为教学注入新知识
信息化教学设计能力(T7)	在课前熟练的利用信息技术工具完成教学设计
信息化教学评价能力(T8)	利用信息技术工具实现对学生的全面评价
课程资源设计、开发能力(T9)	设计课程的内容,开发一定的课程资源
学生信息化课程学习兴趣(S1)	积极参与课程信息化教学
	热衷于利用信息技术更新自己的课程知识结构
学生对信息化教学的满意度(S2)	认同信息化教学的内容、方法
	认同学生在信息化教学中的表现
信息化学习方式应用(S3)	利用信息资源开展自主探究和小组协作学习
	能够利用信息技术实现个性化学习
学习任务完成质量(S4)	利用信息技术出色的完成学习任务
信息化技能(S5)	主动利用信息工具,较快掌握信息工具的使用方法
学生的信息素养(S6)	任务开展中灵活的获取信息、加工信息、表达信息
信息化交流协作能力(S7)	利用信息技术工具实现学生间的互动交流与实践
信息化意识与形态(S8)	对工具的使用持批判性的态度,进行创造性的思考

3. 构建绩效成熟度模型

根据前面课程信息化教学绩效成熟度 5 等级的划分,参考李新晖、余胜泉对于信息化教学成熟度等级的特征界定,借鉴 CMM 中对于 5 个等级的阐释以及已有研究对信息技术在教学中的应用的归纳，可将各关键实践及过程行为划分到5个成熟度等级中，经过论证，具体如表7-19所示。

表7-19　高校课程信息化教学绩效成熟度等级与关键实践对应表

成熟度等级	关键实践
初始级	无表现
基本级	E3,E4,E5,E9,R1,R2,R7,R8
应用级	E1,E6,E7,E8,R5,T3,T4,T5,T7,T8,T9,S3,S5,S7
变革级	E2,R3,R4,T2,T6,S2,S4,S6
持续优化级	R6,T1,S1,S8

在上面成熟度等级划分的基础上结合成熟度等级与过程行为的对应表可得出高校课程信息化教学绩效成熟度模型，如图7-9所示，根据英文首字母，可用CIT-PCMM标识。

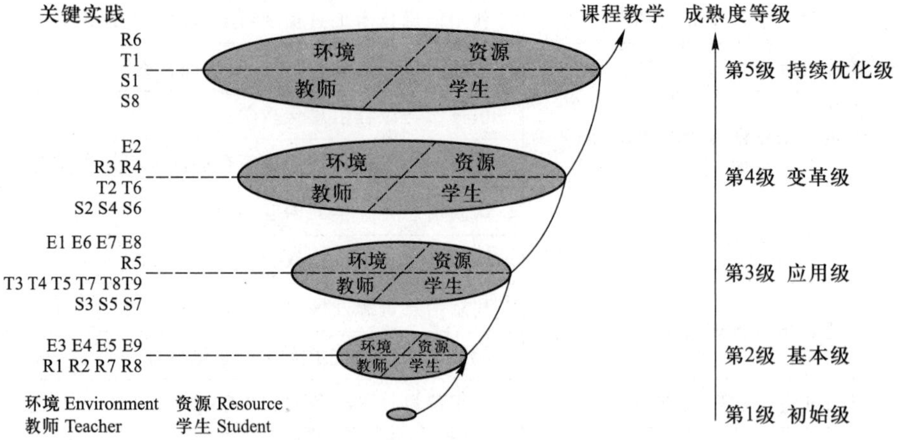

图7-9　高校课程信息化教学绩效成熟度模型(CIT-PCMM)

五、高校课程信息化教学绩效成熟度模型的应用

（一）模型特点

1. 模型阐释

CIT-PCMM指出了评价的对象是课程教学，给出了课程信息化教学的5个发展阶段以及满足条件，反映了高校课程信息化教学的四要素：信息化环境、信息资源、教师和学生。相对于传统的绩效评价体系来说，CIT-PCMM能

够明确表明课程信息化教学所处的等级,各等级之间的特征差异以及从哪些方面进行绩效改进。CIT-PCMM 的提出给高校课程信息化教学绩效成熟度的确定以及绩效改进策略的提出提供了一套行为规范。

CIT-PCMM 按照管理和信息化教学应用循序渐进的逻辑顺序,将高校课程信息化教学划分成“初始级——基本级——应用级——变革级——持续优化级”5 个发展阶段,每个阶段反映了高校课程信息化教学中与目标相一致的行为与结果的不同表现。区别各课程所处的绩效成熟度等级可参照表 7-20。

表 7-20　高校课程信息化教学绩效成熟度获取条件

成熟度等级	获取条件
1	等级 2 的至少一个关键指标得分低于 3.33
2	等级 2 的各关键指标得分不低于 3.33
3	在满足成熟度等级 2 的条件下,等级 3 的各关键指标得分不低于 3.33
4	在满足成熟度等级 3 的条件下,等级 4 的各关键指标得分不低于 3.33
5	在满足成熟度等级 4 的条件下,等级 5 的各关键指标得分不低于 3.33

2. 模型特色与创新

本研究提出的绩效成熟度模型具有以下特色:(1)针对性强。直接面向高校教学的载体——课程,有利于迅速应用于教学,促进教学效果的快速提升。(2)操作性强。模型定义了高校课程信息化教学绩效提升的各个阶段,每个阶段之间的差异以及各关键实践的表现、达成条件,为课程教学的绩效评价和绩效改进提供了一套科学规范和循序渐进的进阶指引。

该模型的创新性在于:(1)构建方式新颖。把成熟度理论应用于高校课程信息化教学,利用关键实践的实施支撑其绩效成熟度的提升。(2)关注点创新。着眼于课程教学绩效的动态持续改进(提升),区别于以往对高校信息化教学现状、效果的一次性静态分析评价(评估)。(3)应用价值高。课程与教学是高等教育的核心,模型的提出使得高校课程教学的绩效水平从低成熟度等级不断螺旋式上升至高成熟度等级,从而推动信息技术与高等教育的深度融合,最终提高人才培养质量。

(二)模型适用范围

模型中的具体指标是以高校特点为依据,鉴于学年阶段课程的不同特点,CIT-PCMM 适用范围为高校;CIT-PCMM 强调课程信息化教学,其适用对象为以课程为载体的信息化教学,不适用于传统教学以及自学、函授等。

（三）模型的应用方法

CIT-PCMM 以课程信息化教学为研究对象，强调外界对于课程信息化教学的评价状况，在具体应用中主要采用教师、学生问卷调查和课堂观察相结合的方式进行，在应用时可参考以下步骤。

1. 应用的规划

在开展评价前，要先确定评价的课程，了解课程特点、教师教学风格、学生学习风格、课程教学安排的情况。开展应用规划的目的是使关键实践在最易体现时进行测量，这样能够减小测量误差。了解课程的特点，有助于事先安排好测量项目；了解教师的教学风格，有利于解决教师的各方面能力何时测量、如何测量的问题；了解学生的学习风格，有利于安排何时测量学生的哪些关键绩效指标；了解课程教学安排是为了解课程特点、教师教学风格、学生学习风格服务的，即根据课程特点、教师教学风格、学生学习风格的情况，将关键实践明显的情景与课程安排相对应，以方便数据的采集，保持数据的科学性。

2. 评价的开展

在进行具体的课程信息化教学绩效成熟度测量时，应按照应用规划进行，主要采用师生问卷调研与课堂观察相结合的方式。在进行具体的测量时，需要参考高校课程信息化教学关键实践，参考表 7-18 中的过程行为综合给出每项关键实践的得分。

3. 数据的处理

在对数据进行处理时，教师、学生、课堂观察所得的数据均采用平均数的方式计入各自的得分，并按照 4 ∶ 3 ∶ 3 的比例计入总得分；在判断高校课程信息化教学的绩效成熟度时，应参考高校课程信息化教学绩效成熟度等级与关键实践对应表与高校课程信息化教学绩效成熟度获取条件（表 7-20），即可得出当前高校课程信息化教学所处的绩效成熟度等级。

4. 绩效分析与改进

根据以上步骤可得出高校课程信息化教学的绩效成熟度等级，得出当前课程信息化教学的薄弱项，针对各薄弱项查找出对应的关键实践和过程行为，根据关键实践和过程行为的描述即可制定相应的绩效改进策略。

（四）高校课程信息化教学绩效成熟度模型的应用

本研究选取教育学领域、计算机领域、心理学领域具有代表性的课程“教学设计原理与方法”“VB 程序语言设计与开发”“心理学原理”作为应用课程，对三门课程的特点进行分析，并按照教学计划规划了各时间段绩效评价的重点。应用过程中主要采用师生问卷调查和课堂观察法相结合的方式收集数据。这里,以“教学设计原理与方法”作为案例进行分析。

1. 应用目的

确定“教学设计原理与方法”课程信息化教学所处的绩效成熟度等级,确定其薄弱项,针对薄弱项提出绩效改进策略。

2. 应用设计

应用对象:“教学设计原理与方法”课程。

应用假设:“教学设计原理与方法”课程处在第2成熟度等级,薄弱项在环境和教师的资源开发能力方面。

应用时间:2013年10月至2013年12月(具体为第6至9周、第15至18周)。

应用方法:采用教师和学生问卷调查与课堂观察相结合的方式。

3. 应用过程

本研究选取“教学设计原理与方法”作为实验课程1,在实验过程中共收集了问卷38份,其中学生37份,教师1份。A、B、C、D、E分别代表5、4、3、2、1分,学生评价的结果是收集到的数据的平均值。教师和学生数据统计结果如表7-21、表7-22所示。

表7-21　“教学设计原理与方法”课程教师意见表

序号	E1	E2	E3	E4	E5	E6	E7	E8	E9
得分	3.00	2.00	4.00	4.00	4.00	3.00	3.00	3.00	3.00
序号	R1	R2	R3	R4	R5	R6	R7	R8	T1
得分	4.00	4.00	4.00	4.00	4.00	3.00	4.00	4.00	3.00
序号	T2	T3	T4	T5	T6	T7	T8	T9	S1
得分	4.00	4.00	4.00	4.00	4.00	4.00	3.00	4.00	4.00
序号	S2	S3	S4	S5	S6	S7	S8		
得分	4.00	4.00	5.00	5.00	4.00	3.00	4.00		

表7-22　“教学设计原理与方法”课程学生意见表

序号	E1	E2	E3	E4	E5	E6	E7	E8	E9
得分	3.30	3.03	3.52	3.35	4.05	3.62	3.56	3.35	3.65
序号	R1	R2	R3	R4	R5	R6	R7	R8	T1
得分	3.27	3.43	3.43	3.24	3.38	3.30	3.24	3.51	3.46
序号	T2	T3	T4	T5	T6	T7	T8	T9	S1
得分	3.49	3.46	3.41	3.76	3.78	3.49	3.46	3.41	3.52
序号	S2	S3	S4	S5	S6	S7	S8		
得分	3.32	3.41	3.43	3.65	3.59	3.56	3.57		

研究在采用问卷调查法的同时还采用了课堂观察的方法,研究者邀请5

位绩效领域的相关研究者，经过4次课堂观察，综合得出的数据如表7-23所示。

表7-23　“教学设计原理与方法”课堂观察意见表

序号	E1	E2	E3	E4	E5	E6	E7	E8	E9
得分	3.00	3.00	3.40	3.60	3.80	3.60	3.60	3.20	3.60
序号	R1	R2	R3	R4	R5	R6	R7	R8	T1
得分	4.20	3.60	3.60	3.60	3.63	3.20	3.20	3.60	3.20
序号	T2	T3	T4	T5	T6	T7	T8	T9	S1
得分	3.40	3.60	3.60	3.80	3.40	3.60	3.20	3.60	4.00
序号	S2	S3	S4	S5	S6	S7	S8		
得分	3.60	3.80	4.00	4.00	3.80	3.60	3.80		

研究者在和绩效领域的相关研究者以及执教教师研讨后，认为从教师、学生、观察者得到的数据可按照4∶3∶3的比例计入总得分，得到的最终结果如表7-24所示。

表7-24　“教学设计原理与方法”课程综合意见表

序号	E1	E2	E3	E4	E5	E6	E7	E8	E9
得分	3.09	2.81	3.68	3.69	3.96	3.37	3.35	3.17	3.38
序号	R1	R2	R3	R4	R5	R6	R7	R8	T1
得分	3.84	3.71	3.71	3.65	3.40	3.15	3.53	3.73	3.20
序号	T2	T3	T4	T5	T6	T7	T8	T9	S1
得分	3.67	3.72	3.70	3.87	3.75	3.73	3.20	3.70	3.86
序号	S2	S3	S4	S5	S6	S7	S8		
得分	3.68	3.76	4.23	4.30	3.82	3.35	3.81		

4. 应用结论

将“教学设计原理与方法”课程综合意见表按照成熟度等级表现出来，即可判断当前课程信息化教学所处的绩效成熟度等级以及需要改进的重点。通过观察，成熟度等级2的E3、E4、E5、E9、R1、R2、R7、R8的综合得分分别为3.68、3.69、3.96、3.38、3.84、3.71、3.53、3.73，各关键指标得分均大于3.33，此门课程信息化教学的绩效成熟度已达到第2成熟度等级。故向上查找，成熟度等级3的E1、E6、E7、E8、R5、T3、T4、T5、T7、T8、T9、S3、S5、S7的综合得分分别为3.09、3.37、3.35、3.17、3.40、3.72、3.70、3.87、3.73、3.20、3.70、3.76、4.30、3.35,如图7-10所示。

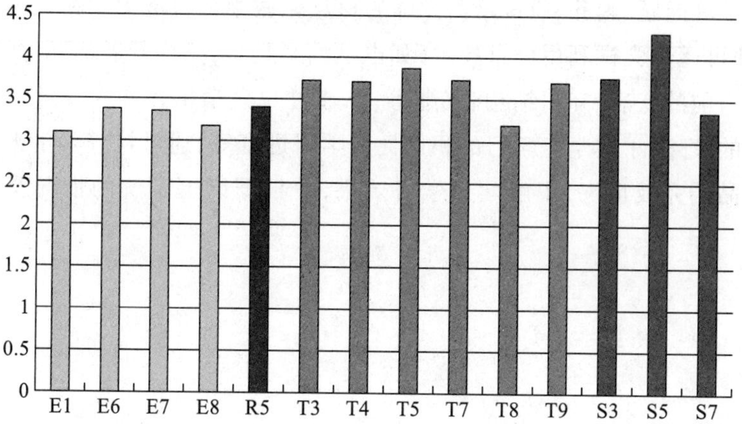

图7-10 “教学设计原理与方法”课程ERTS-绩效成熟度等级对照图

从图7-10可以看出,E1、E8、T8这三个指标没有达标,故“教学设计原理与方法”课程信息化教学绩效成熟度属于第2成熟度等级。这门课程的信息化教学绩效成熟度在向第3成熟度等级进阶时需要重点提高薄弱项E1、E8、T8,可见信息化环境问题已经成为制约此门课程的主要问题。经过访谈并对照前面的过程行为表,发现学校对信息化教学的支持力度、网络速度问题是信息化教学环境主要暴露出的问题,应尽快解决;而在教师方面,教师的信息化教学评价能力则需要重点提升。根据前面对过程行为的描述,提出如下改进建议。

针对E1的改进建议:学校的支持对于信息化的开展非常重要,在信息化环境的建设中需要投入大量的金钱、精力,需要专门的人负责,因为没有学校的支持信息化教学很难实现。学校应颁布支持信息化教学开展的相关文件,明确提出给予设备建设与维修、资源平台的建设与维修等方面的经费支持,设定或者委托专门的部门负责多媒体教室、设备、平台等的管理、维修等。

针对E8的改进建议:一些平台或者网上的资源如视频等需要较大的网络带宽,网络的接入速度在很大程度上决定了学生学习的兴趣和效果。因此,学校应正视这些问题,可将网络设置为多种接入方式,可以在教育网、中国电信、中国移动、中国网通之间灵活组合使用。当前各大电信运营商纷纷下调资费,而且免费升级业务,学校应把握机会,与电信运营商洽谈将网络接入予以解决。

针对 T8 的改进建议:随着教育信息化的推进,未来网络课程教学将越来越多,如何利用信息化手段对学生开展评价,关乎学习是否达标以及如何具体改进教学等问题,因此,应该培养教师的信息化教学评价能力。在具体的教学中,教师可逐步尝试利用信息技术(如电子档案袋)对学生开展诊断性评价,了解学生当前的状态、知识结构、兴趣等;并通过观察学生在课程教学平台上学习留下的痕迹,了解学生学习的积极性及学习进度等;通过检查学生平台任务或者作品的完成情况,了解学生学习效果,并根据以上了解的情况及时改进教学。

第八章

教育信息化队伍建设绩效评价

队伍建设是发展教育信息化的基本保障。教师是教育信息化的实践者，管理人员是教育信息化的领路者，专业技术人员是教育信息化的保障者。造就业务精湛、结构合理的教育信息化师资队伍、专业队伍、管理队伍，才能为教育信息化提供人才支持。开展教育信息化队伍建设的绩效评价，可检视教育信息化过程中队伍建设存在的问题，进而加强队伍建设，增强信息化应用与服务能力，促进教育信息化可持续发展。

第一节　教育信息化队伍概述

教育信息化队伍是教育信息化建设的领导者、执行者和应用者。建设一支拥有信息时代先进的教育理念，具备娴熟的信息技术应用能力、专业技术能力、信息化领导力要求的队伍，是推进教育信息化的先决条件和重要任务。

一、教育信息化队伍的构成

依据《教育信息化十年发展规划(2011—2020 年)》，教育信息化队伍主要涉及教师队伍、专业队伍和管理队伍三个层面。

1. 教师队伍

教师队伍是指具有先进教学理念，能有效利用信息技术开展教学的教师，其基本职责是应用信息技术优化课堂教学，应用信息技术转变学生学习方式，促进信息技术与教育教学深度融合。具体建设内容主要包括：建立和完善各级各类教师教育技术能力标准；对各级各类教师实施培训、考核和认证一体化的教师教育技术能力建设；加快全国教师教育网络联盟公共服务平台的建设，开展教师职前、职后相衔接的远程教育与培训，其目的在于采取多种方法和手段帮助教师有效应用信息技术，更新教学观念，改进教学方法，提高教学质量。

2. 管理队伍

管理队伍是指各级各类教育行政部门、专业机构和学校的管理者，其基本职责是制定教育信息化技术类和管理类标准、信息化环境设备配置规范、教育信息化发展水平的评估类指标等系列标准规范，督查教育信息化建设工作进程。具体建设内容主要包括：建立教育行政部门、专业机构和学校管理者的定期培训制度，开展管理人员教育技术能力培训和教育信息化领导力培训，提升信息化规划能力、管理能力和执行能力。

3. 专业队伍

专业队伍是指为教师和管理人员提供技术支持与保障服务的专门人员，其基本职责是参与教育信息化建设方案的整体规划与设计，开发、管理和维护信息化学习环境与资源。具体建设内容主要包括：开展各级各类教育信息化专业人员能力培训，实现教育信息化专业人员信息化能力达标，使其能有效开展教育信息化系统建设、软件开发、系统运营维护以及技术服务等工作。

二、教育信息化队伍建设的主要举措

近年来，国家及省、市、区等教育行政部门推行一系列举措加强教育信息化队伍建设，提高教师应用信息技术水平，建设专业化技术支撑队伍，提升教育信息化领导力和优化人才培养体系等。现对一些主要举措加以介绍。

1. 中小学教师国家级培训计划

根据党的十七大关于“加强教师队伍建设，重点提高农村教师素质”的要求，为进一步加大教师培训力度，提高教师教育教学能力和整体素质，促进基础教育改革和素质教育的实施，2008 年教育部正式启动中小学教师国家级培训计划（简称“国培计划”）。2008 年“国培计划”主要由教育部支持西部边远地区骨干教师培训专项计划、普通高中课改实验省教师远程培训计划、中西部农村义务教育学校教师远程培训计划、中小学班主任专项培训计划和中小学体育教师培训计划五个部分组成①。2009 年“国培计划”进一步加大力度，扩大受训教师覆盖面，继续推出边境民族地区中小学骨干教师培训项目、培训者培训项目、援助地震灾区中小学教师培训项目②，以及中西部地区中小学骨干教师培训项目。其中，针对中西部地区中小学骨干教师培训，其培训重点为：实施素质教育的理论与实践，有效教学方式方法，现代教育技术的应用，师德

---

① 教育部.教育部办公厅关于印发《2008 年中小学教师国家级培训计划》的通知[EB/OL].http://www.moe.gov.cn/srcsite/A10/s7058/200804/t20080408_81495.html.2005-04-04.

② 教育部.教育部办公厅关于印发《2009 年中小学教师国家级培训计划》的通知[EB/OL].http://www.moe.gov.cn/srcsite/A10/s7058/200907/t20090707_81500.html.2005-04-04.

教育和教师专业发展。[①] 为充分发挥“国培计划”示范引领和促进改革的作用,2010 年教育部、财政部安排 5.5 亿元专项资金,启动实施“国培计划”,包括“中小学教师示范性培训”和“中西部农村骨干教师培训”两项内容。“中小学教师示范性培训”主要包括中小学骨干教师培训、中小学教师远程培训、班主任教师培训、中小学紧缺薄弱学科教师培训等示范性项目,由中央本级财政支持实施,每年 5 000 万元。“中西部农村骨干教师培训项目”,以农村中小学教师置换脱产研修、农村中小学教师短期集中培训、农村中小学教师远程培训为重点,2010 年中央财政安排专项资金 5 亿元,支持中西部省份按照“国培计划”总体要求,对农村义务教育骨干教师进行有针对性的专业培训。截至 2011 年统计,“国培计划”共培训中小学教师 100 多万人,其中农村教师 80 多万人,覆盖全国 31 个省份 1 000 多个县。

2. 全国中小学教师信息技术应用能力提升工程

2012 年,教育部等九部门颁发的《关于加快推进教育信息化当前几项重点工作的通知》(教技[2012]13 号)指出,教育信息化深入应用的关键在于教师的应用能力。要把应用信息技术能力作为教师业务能力的基本要求,将利用信息技术改进教学方法,提高教学质量,推进教学改革的理论、方法以及案例作为教师培训的重要内容,加大培训力度。2013 年,教育部启动实施“全国中小学教师信息技术应用能力提升工程”[②],其总体目标与任务是建立教师信息技术应用能力标准体系,完善顶层设计;整合相关项目和资源,采取符合信息技术特点的新模式,到 2017 年年底完成全国 1 000 多万中小学(含幼儿园)教师新一轮提升培训,提升教师信息技术应用能力、学科教学能力和专业自主发展能力;开展信息技术应用能力测评,以评促学,激发教师持续学习动力;建立教师主动应用机制,推动每个教师在课堂教学和日常工作中有效应用信息技术,促进信息技术与教育教学融合取得新突破。为全面提升中小学教师的信息技术应用能力,促进信息技术与教育教学深度融合,教育部还专门制定了《中小学教师信息技术应用能力标准(试行)》(教师厅函[2014]3 号),规范与引领中小学教师在教育教学和专业发展中有效应用信息技术。该标准根据我国中小学校信息技术实际条件的不同、师生信息技术应用情境的差异,对教师在教育教学和专业发展中应用信息技术提出了基本要求和发展性要求。其

---

① 教育部.教育部办公厅关于组织实施 2009 年中西部地区中小学骨干教师培训项目的通知[EB/OL].http://www.moe.gov.cn/srcsite/A10/s7058/200908/t20090810_81212.html.2005-04-04.

② 教育部.教育部关于实施全国中小学教师信息技术应用能力提升工程的意见[EB/OL].http://www.moe.gov.cn/publicfiles/business/htmlfiles/moe/s7748/201311/xxgk_159042.html.2013-10-25.

中,应用信息技术优化课堂教学的能力为基本要求,应用信息技术转变学习方式的能力为发展性要求。

为加快落实"全国中小学教师信息技术应用能力提升工程",2014年,教育部大力推行"一师一优课、一课一名师"活动①,组织200万名教师在国家教育资源公共服务平台上"晒课",从中评选出2万堂"优课"。其目的旨在进一步增强教师对信息技术推进教学改革、提高教学质量重要性的认识,充分调动各学科教师在课堂教学中应用信息技术的积极性和创造性,使每位教师能够利用信息技术和优质数字教育资源至少上好一堂课;建设一支善用信息技术和优质数字教育资源开展教学活动的骨干教师队伍,使每堂课至少有一位优秀教师能够利用信息技术和优质数字教育资源讲授;促进优质数字教育资源的开发与共享,形成一套覆盖中小学各年级各学科各版本的生成性资源体系,推动信息技术和数字教育资源在中小学课堂教学中的合理有效应用和深度融合。

3. 教育信息化领导力提升项目

管理者水平的高低,对教育信息化建设的决策与推行尤为重要。对于中小学校而言,校长是管理者的中坚力量。为促进中小学校长专业发展,提升中小学校长信息化领导力,促进信息技术与教育教学深度融合,加快基础教育信息化步伐,教育部于2014年12月又发布《中小学校长信息化领导力标准(试行)》(教师司函[2014]97号)。该标准是信息时代中小学校长履行职责的基本要求。它指出中小学校长作为学校信息化工作的带头人,应该具备引领教育理念变革,促进教学模式创新,推进管理方式转变的意识;中小学校长作为学校信息化工作的组织者,应该具备整合多方资源,协同创新的能力;中小学校长作为学校信息化工作的践行者,应该具备利用互联网进行自主学习、终身学习,遵守信息技术应用的法律法规的基本素养。随后,教育部与中国电信集团公司签订战略合作框架协议,组织实施"教育部-中国电信中小学校长信息技术应用能力提升项目",目标是2014—2015年,采取集中培训和远程培训的方式,对全国10.1万名中小学校长进行信息技术应用能力提升培训,提高中小学校长信息化领导力,促进中小学教育信息化水平提升。其中,集中培训是针对全国教育信息化工作基础较好的中小学校长,2014—2015年每年培训500人。远程培训是面向全国中小学校长,2014—2015年

---

① 教育部.教育部办公厅关于开展2014年度"一师一优课、一课一名师"活动的通知[EB/OL]. http://www.moe.gov.cn/publicfiles/business/htmlfiles/moe/s5972/201407/xxgk_171300.html.2014-07-01.

每年培训5万人。

此外，这一提升项目还扩展至各省市区教育行政部门的管理者，如省级教育行政部门教育信息化分管负责人、职能处室处长，地市级教育局局长，县区级教育局局长等，以进一步提升管理队伍的教育信息化领导力。据统计，2014年4月至11月教育部共举办了16期“教育厅局长教育信息化专题培训班”。

4. 全国职业院校信息化教学大赛

为贯彻落实《教育规划纲要》《国务院关于加快发展现代职业教育的决定》和《教育信息化十年发展规划(2011—2020年)》，推动职业教育教学改革创新，提高教师教育技术应用能力和信息化教学水平，促进信息技术在教育教学中的广泛应用，自2010年以来，教育部每年都举办全国职业院校信息化教学大赛。各省区市也相应举办职业院校信息化教学大赛，为全国职业院校信息化教学大赛遴选推荐优秀作品。该大赛是大力提高职业教育信息化教学水平，促进现代信息技术与教育教学相融合，以信息化带动职业教育现代化的重要举措。

全国职业院校信息化教学大赛涉及中等职业院校、高等职业院校和军事职业院校三类院校，包括多媒体教学软件、网络课程、信息化教学设计、信息化课堂教学和信息化实训教学等多个比赛项目。其中，信息化教学设计比赛重点考察教师充分、合理运用信息技术、数字资源和信息化教学环境，突出教学重点，解决教学难点，系统优化教学过程，完成特定教学任务的能力；信息化课堂教学比赛重点考察教师在课堂教学中运用信息技术、数字资源或教学平台完成教学任务的能力；信息化实训教学比赛重点考察教师在信息化环境下，针对给定的实训教学内容，进行信息化教学设计和实际操作的能力。

2014年，教育部副部长鲁昕在全国职业院校信息化教学大赛闭幕式发表的讲话中指出，全国职业院校信息化教学大赛是推动我国职业教育事业科学发展的一项重要制度设计。自2010年举办首届比赛以来，大赛逐年完善、不断创新，由最初的中职赛事发展为一年一度、中高职全面覆盖的职教盛会，在职教战线形成了“学生有技能大赛，教师有信息化教学大赛”的可喜局面，推动了职业教育信息化发展，形成了较为完备的竞赛组织体系，突出了为教育教学服务的办赛宗旨，培育了一支坚强有力的职教信息化教学队伍，建设了一大批信息化教学资源。

5. 全国高校教师网络培训

加强教师培训，是全面提高高等教育质量、推动高等教育内涵发展的一项重要举措,是建设高素质专业化教师队伍的重要环节和途径。为促进优质教学成果的应用与共享,进一步提高高校教师业务水平和教学能力,全国高校教师网络培训中心于2007年成立起,与各地分中心和有关高校相互支持配合,面向高校教学需求和教师专业成长需要,承担起全国高校教师的网络培训工作。截至2012年,该中心系统推进"全国高校教师网络培训计划",建立起覆盖全国的高校教师网络培训体系,搭建起面向各学科教师的"教师发展在线"平台,形成由五大系列、600门课程组成的课程体系,通过集中学习、自主在线学习等方式,培训17万人次高校教师,覆盖全国92%的本科院校和80%的高职院校,有效推广了高等教育教学改革和项目建设成果,促进了教师队伍建设和高等教育质量提高。①

全国高校教师网络培训工作以研讨交流先进教学理念、经验、技术和方法为主要内容,由高校教学名师奖获得者、国家精品开放课程主持人、国家级教学团队带头人、国家级特色专业负责人等担任主讲教师,培训对象为高校承担与所培训课程相同或相近教学任务的在职教师,重点是中青年教师。培训内容涉及哲学、经济学、法学、教育学、文学、历史学、理学、工学、农学、医学、管理学等学科专题课程,同时兼顾高校信息化教学改革的发展方向和趋势,开设诸如"国家精品课程建设""微课制作技术"等专题研修班。培训方式主要是通过全国高校教师网络培训系统进行,分为集中培训、网络直播培训、在线培训和网络公益讲座。

第二节 教育信息化教师队伍绩效评价

根据信息时代对教师的信息技术应用能力要求,信息化教学能力是教育信息化教师队伍绩效评价的主要衡量指标。因此,本部分将着重论述教师信息化教学能力的绩效评价。

一、教师信息化教学能力绩效评价指标体系制定依据

从上述教育信息化队伍建设的主要举措,我们不难发现,培训是目前我国大幅度提高教师信息化教学能力的主要途径。随着教育绩效技术研究思想的提出,它追求整体效应(synergistic effect),强调持续改进,关注投入产出关系,为教师信息化教学能力的绩效评价提供了一种新的思维方式——不仅要重视

---

① 李凌.全国高校教师网络培训中心成立五周年[N].中国教育报,2012-11-24.

培训结果,更应强调培训过程。

1. 培训结果的绩效评价依据

1995 年,美国学者柯克帕特里克教授(Kirkpatrick D L)提出了培训评估模型。该模型以受训者作为评价对象,将培训效果的评价分为四个递进的层次:反应(Reaction Level)、学习(Learning Level)、行为(Behavior Level)和结果(Results Level)。反应层次用来评估被培训者的满意程度,包括对培训教师、内容、教材、实施和环境等方面的感受与看法。学习层次用来测量被培训者对知识和技能等培训内容的掌握程度。行为层次用来考察被培训者的知识运用程度,即在培训结束后的一段时间里,由上级、同事、下属或者客户观察被培训者的行为在培训前后是否发生变化,是否在工作中运用了培训中学到的知识。结果层次用来计算培训创出的经济效益,如节省成本、组织效益持续改进等。由此,教师信息化教学能力建设的培训结果评价大体可以从四个方面入手:(1) 教师对培训的满意程度;(2) 教师对信息化教学的基本知识与技能的掌握程度;(3) 经过培训后,教师能否将所学的知识转化为自觉的教学实践,以及其教学行为与方式是否发生转变;(4) 教师是否具有终身学习的意识,其信息化教学能力是否得到持续发展。

2. 培训过程的绩效评价依据

1967 年,美国学者斯塔弗尔比姆(Stufflebeam D L)在对泰勒(Tyler R W)行为目标评估模式反思的基础上提出了 CIPP 评估模型。该模型由四项评估活动组成:背景评估(Context Evaluation)、输入评估(Input Evaluation)、过程评估(Process Evaluation)和成果评估(Product Evaluation)。其中,背景评估是对培训的需求和目标进行界定,输入评估是对培训的资源及其使用情况进行评价,过程评估是对培训过程中的问题及其原因进行分析,成果评估则是对培训后所达到的结果进行衡量。可见,该模型强调培训评估的过程性,以实现对培训过程的监控及决策指导。因此,教师的信息化教学能力建设的培训过程评价可以此为参考框架,着重对培训内容、培训形式、培训资源等方面考察。

二、教师信息化教学能力绩效评价指标体系

根据上述分析,教师信息化教学能力绩效评价指标体系可以从培训过程和培训结果两个维度加以考虑。

(一) 培训过程的绩效评价维度与指标

1. 培训过程的绩效评价维度

近年来,有研究者立足过程的角度出发,对教师培训的绩效进行评价。如

龙彦从培训内容、培训师资和培训形式三个方面确定绩效指标。[①] 其中，培训内容重在评价内容的实用性、有效性和兴趣性；培训师资主要评价工作态度、知识水平、教学能力和沟通能力；培训形式则围绕培训安排、培训条件、培训方式和培训资源等展开。韦妙将资源配置与培训管理作为评价培训过程的关键指标。[②] 其中，资源配置主要包括师资队伍、硬件环境和信息资源三个指标。师资队伍是指在培训中承担教学任务的教师队伍，其职称结构、学历结构、年龄结构、教学能力、理论素养和信息素养等都对培训结果有着很大影响。硬件环境则指支持培训开展的各种教学条件、学习设施和后勤保障等。信息资源指帮助培训学员开展学习的各种课程资源、网络资源及其资源结构等。培训管理主要包括培训内容、培训实施和培训环境三个指标。培训内容是指对培训内容的整体设计与规划的评价；培训实施是对培训规模和方式等情况的考察；培训环境则是评价政策、资金、制度等环境。

2. 培训过程的绩效评价指标

从培训过程维度看，由于投入是绩效评价需要考虑的关键因素，所以在上述“培训内容”“培训方式”和“培训规模”等过程性维度的基础上，应增加“培训投入”这一评价维度，具体指标如表 8-1 所示。

表 8-1　教师培训过程绩效评价指标体系

一级指标	二级指标	三级指标	指标内涵
培训过程	培训投入	经费投入	培训项目支出经费（含资源购置、材料开发等）
		人力投入	培训人员的支持力度（含培训师资、管理服务人员等）
	培训内容	培训目标	培训目标明确，符合信息时代对教师教学能力发展的要求，有助于促进教师专业发展
		课程规划	培训内容与培训对象的教育教学工作贴近，能够帮助他们解决教育教学工作问题
		内容设计	培训内容系统科学，有针对性，符合信息时代教育教学发展的前沿

① 龙彦.中小学教师教育技术能力（中级）培训效果评估研究[D].北京：首都师范大学，2009.

② 韦妙.高校教师教育技术能力培训绩效的评价指标体系研究[D].武汉：华中师范大学，2009.

续表

一级指标	二级指标	三级指标	指标内涵
培训过程	培训方式	培训安排	培训内容规划、培训日程安排是否能让受训者满意
		培训形式	培训形式是否多样化，满足培训对象的需求
		培训资源	培训资源是否充足，是否便于培训对象获取
		培训考核	是否具有动态考核机制和措施，能及时反馈培训对象的评价信息
	培训规模	培训周期	培训项目的层次与数量、培训项目的课时等情况
		培训对象	培训人次、培训对象的层次与受益面等情况

（二）培训结果的绩效评价维度与指标

1. 培训结果的绩效评价维度

综观已有文献，关于教师信息化教学能力的培训结果主要聚焦于教师教育技术能力标准的评价。世界上不少国家都制定了教师教育技术能力标准①，为教师的信息化教学能力建设与培训提供了规范与指引。其中，以美国《国家教育技术标准》、联合国教科文组织的《教师信息与通信技术能力标准》和我国的《中小学教师教育技术能力标准（试行）》（教学人员）最具影响。就美国而言，美国国际教育技术协会（International Society for Technology in Education，ISTE）在 1993 年就制定了第一版面向教师的美国国家教育技术标准（National Educational Technology Standard for Teachers，NETS · T），直至目前已历经四次修订。其中，2008 年修订的最新版 NETS · T 中包括 5 个能力范畴②：促进和激励学生的学习和创造性；设计、开发数字时代的学习经验和相关评估工具；成为数字时代工作和学习的典范；提高数字化时代公民素养及责任意识并成为典范；注重专业能力和领导力的发展。联合国教科文组织 2008 年发布了《教师信息与通信技术能力标准》（ICT Competency Standards for Teachers，ICT-

---

① 需要说明：信息化教学能力与教育技术能力既有关联，又有区别。信息化教学能力是教育技术能力的核心，而教育技术能力的内涵更为宽广。它不仅包含信息化教学能力，而且包括教师具有利用技术进行终身学习以实现专业发展与个人发展的意识与态度，还有利用技术实现教学资源与过程的有效管理以及支持自身科研工作与专业发展等能力。

② International Society for Technology in Education. ISTE Standards：Tehchers[EB/OL]. http://www.iste.org/docs/pdfs/20-14_ISTE_Standards-T_PDF.pdf.2014-11-20.

CST)[①],通过将技术素养(technology literacy)、知识深化(knowledge deepening)、知识创造(knowledge creation)三种途径与教育系统的六个成分——政策视野(policy and vision)、课程与评估(curriculum and assessment)、教学法(pedagogy)、信息通信技术(ICT)、组织与管理(organization and administration)和教师专业发展(teacher professional development)相结合的方式,提出了教师 ICT 教学应用能力要求。经过三年多的应用以及世界范围内的学科专家和用户的反馈,2011 年,联合国教科文组织对该标准进行了修改,发布了《教师信息与通信技术能力框架》(ICT Competency Framework for Teachers, ICT-CFT)[②],将原先的"政策视野"改为"理解教育中的 ICT"(understanding ICT in education),"教师专业发展"改为"教师专业学习"(teacher professional learning),重新规范了教师 ICT 教学应用能力要求。至于我国,2003 年 4 月,教育部师范司就正式启动"中国中小学教师教育技术标准(试行)"研制项目,委托全国教师教育信息化专家委员会组织实施,并于 2004 年 12 月 25 日正式印发《中小学教师教育技术能力标准(试行》(教学人员),分别从意识与态度、知识与技能、应用与创新、社会责任四个层面对其能力要求进行规定。上述标准都是面向中小学教师的。除了中小学教师教育技术能力标准,2010—2011 年间,北京师范大学马宁等人开展了"高校教师信息素养现状与高校教师教育技术能力框架的研究"课题研究,在广泛调研华北、华东、西南和西北四个地区的 45 所高校后,结合高校教师群体的特点,确定了我国高校教师教育技术能力现状与需求,并在参考国内外教师教育技术能力标准和框架基础上,经过多次修订、广泛征求意见,提出了《国家高校教师教育技术能力指南(试用版)》(简称《指南》),作为新时期高校教师专业化发展的指导。该《指南》对高校教师的教育技术能力结构提出了一个参考模型,其核心目标有三个:一是加强高校教师对信息技术工具支持下的教学变革和创新人才培养的认识,加强教师有效应用教育技术的意识;二是提高高校教师在教学中有效应用技术工具的能力,促进高校教学质量的提升;三是提高高校教师利用技术工具开展教学科研的能力。[③] 因此,该《指南》主要包括意识与责任、知识与技能、设计与实施、教学评价、科研与发展五个部分。

---

① UNESCO. ICT Competency Standards for Teachers [EB/OL]. http://cst. unesco - ci. org/sites/projects/cst/default.aspx.2014-11-20.

② UNESCO.ICT Competency Framework for Teachers [EB/OL]. http://unesdoc. unesco. org/images/0021/002134/213475e.pdf.2014-11-20.

③ 马宁,陈庚等.《国家高校教师教育技术能力指南》的研究[J].远程教育杂志,2011(6):3-9.

倘若说国家层面制定的标准仅仅是对教师信息化教学能力绩效评价提供一个宏观框架,那么许多学者则纷纷从微观的角度,对教师教育技术能力的绩效评价进行了探索与实践。例如,张建伟提出了一个中小学教师的教育信息技术绩效标准,从5个维度来规定教师的教育信息技术水平:一般ICT素养、ICT用于教学、教学评价、职业发展与终身学习、与ICT应用有关的人文、道德和法律问题等①。马韦伟等人从理论素养、学科专业素养、信息素养、信息技术和课程整合素养、教学支持和管理素养等方面评价中小学教师的教育技术能力②。朱晓菊等人侧重从培训转化的思想对教师参与培训后的教学应用能力绩效进行考量,具体指标为:信息意识和态度、信息能力、信息技术与课程整合能力、教学设计能力、自我素养、对组织的影响。③

2. 培训结果的绩效评价指标

结合上述文献分析,根据柯克帕特里克的培训评估四级模型,培训结果的绩效评价维度可以从培训对象的满意度、知识与技能掌握程度、培训效果转化和自我持续发展等方面来考虑。经过培训后,培训对象的知识与技能掌握程度主要体现在其信息化教学能力的提升上。教师的信息化教学能力的实质是教师在真实的教学情境中,运用ICT将学科知识“转化”成学生有效获得的一种知能结构体,其目的在于实现技术促进型学习(Technology-enhanced Learning)。教师不仅应具备媒介与信息素养(Media and Information Literacy),还必须涵括根据具体而真实的教学情境所形成的设计、实施与评价能力,其背后的知识基础是“信息技术—教学法—课目内容”三者的相互融通转化。具体指标如表8-2所示。

三、教师信息化教学能力绩效评价方法

在教师信息化教学能力评价中,可以参照上述绩效评价指标,运用一定评价方法对教师的绩效进行测量和评估。

---

① 张建伟.中小学教师的教育信息技术绩效标准研究(下)[J].中国电化教育,2003(3):13-17.

② 马韦伟,江玲,高艳.中小学教师教育技术培训绩效模糊综合评价及实例研究[J].中国教育信息化,2007(3):70-73.

③ 朱晓菊,许霞.教师教育技术能力培训后的绩效评估实施[J].现代教育技术,2012(7):35-39.

表 8-2　教师培训结果绩效评价指标体系

一级指标	二级指标	三级指标	指标内涵
培训效果	满意度	培训对象的满意度	培训对象对培训内容、授课形式、组织安排等方面的满意程度
	知识与技能掌握程度	意识与态度	能够认识到信息化教学能力是教师专业素质的必要组成部分，具有在教学中积极开展信息技术与课程融合、进行教学改革研究的意识
		基本知识	具有扎实的学科知识、一般教学法知识、学科教学法知识和技术知识
		基本技能	掌握信息化教学设计的一般方法，积极开展信息化教学实践活动，并应用技术开展对学生的评价和对教学过程的评价
	培训效果转化	教学方式转变	能采用先进的教育教学理念，应用信息技术优化课堂教学，应用信息技术转变学习方式
	自我持续发展	专业成长	具有主动利用信息技术促进自我反思与发展的意识，利用信息技术积极开展自主学习与共同体研修，以实现自身专业成长

1. 量表法

量表法就是将一定的分数或比重分配到各个绩效评价指标上，每项评价指标都有一个权重，然后由评价者根据评价对象在各个评价指标上的表现，对照标度的标准对评价对象做出判断并打分，最后汇总计算出总分，从而得到最终绩效评价结果。[①] 该方法主要用于教师信息化教学能力培训效果的绩效评价。表 8-3 是依据《中小学教师教育技术能力标准》《中小学教师教育技术能力培训大纲》，结合中小学教师教育技术能力培训的相关研究成果和培训实践，确定的培训后教师信息化教学能力的绩效评价量表。

---

① 刘美凤，方圆媛.绩效改进[M].北京：北京大学出版社，2011：277.

表 8-3　培训后教师信息化教学能力的绩效评价量表①

指标体系		指标描述	评分标准				
一级指标（权重）	二级指标（权重）		A 优秀	B 良好	C 合格	D 基本合格	E 不合格
信息意识和态度（0.150）	使用信息化资源进行教学的意识（0.555）	教学中能主动利用信息化资源					
	使用信息化资源进行教学的频率（0.445）	教学中能经常利用信息化资源					
信息能力（0.195）	获取信息的能力（0.330）	能利用搜索引擎工具或数字图书馆等获取所需信息					
	信息的加工与处理能力（0.240）	能对获取的信息进行基本的文字处理、视音频处理、图像处理等					
	信息资源的开发能力（0.205）	能进行教学课件或教学网站的开发与制作					
	信息交流的能力（0.225）	能熟练使用QQ、email、BBS 等进行交流					
信息技术与课程整合能力（0.205）	整合的意识和态度（0.300）	能积极进行信息技术与课程整合的教学实践					
	整合的应用能力（0.340）	能恰当、合理地将信息技术与学科教学相整合					

① 朱晓菊，许霞.教师教育技术能力培训后的绩效评估实施[J].现代教育技术，2012(7)：35-39.

续表

指标体系		指标描述	评分标准				
一级指标（权重）	二级指标（权重）		A 优秀	B 良好	C 合格	D 基本合格	E 不合格
信息技术与课程整合能力（0.205）	整合的应用效果（0.360）	能提高学生发现问题、思考问题、解决问题的能力					
教学设计能力（0.205）	对教学内容的设计能力（0.325）	能科学、合理地组织教学内容，并与生活或社会实践相联系					
	对教学资源的设计能力（0.285）	能合理选择相关的教学资源					
	对教学活动的设计能力（0.390）	能根据教学内容和教学资源安排多样化的教学活动					
自我素养（0.150）	教学管理能力（0.275）	能对教学资源、学习活动、教学过程进行有效管理					
	评价与反思能力（0.280）	具有对教学资源的利用、教学过程、教学效果进行评价与反思的意识和能力					
	科研的意识和能力（0.210）	能结合学科教学进行教育技术应用及应用效果的研究					

续表

指标体系		指标描述	评分标准				
一级指标（权重）	二级指标（权重）		A 优秀	B 良好	C 合格	D 基本合格	E 不合格
自我素养（0.150）	自我发展的意识和能力（0.235）	具有利用信息化资源进行终身学习以实现专业发展与个人发展的意识和能力					
对组织的影响（0.095）	对同事的影响力（0.356）	能对他人的教育技术应用提供指导和帮助					
	对学校信息化建设的影响（0.288）	能形成良好的信息化应用氛围，促进学校信息化建设					
	对学校信息技术应用及教学改革的影响（0.356）	能形成良好的信息化应用氛围，促进学校的教育教学改革					

2. 调查法

调查法就是借助问卷或访谈的方式，测量个人行为和态度倾向的方法。该方法主要用于教师信息化教学能力培训效果的绩效评价。表 8-4 是某研究为了解教师参与在线培训的绩效表现所设计的问卷的主要问题要素。

表 8-4　教师参与在线培训的调查问卷主要问题要素①

绩效指标	问卷主题
对培训项目整体的印象	主题1：对项目的整体意见 ❑ 培训总印象 ❑ 基本收获

① 黄颖.基于绩效的在线培训的评价研究[D].上海：华东师范大学，2007：22-23.

续表

绩效指标	问卷主题
对网络学习环境的反应	主题2:对网络学习环境的意见 ❑ 平台界面友好性 ❑ 平台运行速度 ❑ 平台操作的方便性 ❑ 平台信息资源 ❑ 平台学习支持
对培训目标的意见	主题3:对网络学习目标内容的意见 ❑ 内容与目标的一致性 ❑ 内容的丰富性 ❑ 培训活动多样性 ❑ 网络培训的互动性 ❑ 培训目标与工作的关联性 ❑ 培训教材实用性
对网络培训内容的反应	
对网络学习的参与度	主题4:收获与参与 ❑ 每天网络学习的参与时间 ❑ 对网络培训的接受程度 ❑ 影响参与网络学习的因素 ❑ 对培训印象最深的部分 ❑ 培训收获
对学习收获的意见	

3. 360度反馈评价法

360度反馈评价法是指由与被评价者有密切关系的人,包括被评价者的上级、同事、下属和客户等,分别匿名对被评价者进行评价。此外,被评价者也可以进行自评。然后,由专业人员根据评价结果向被评价者提供反馈,以帮助被评价者提升能力水平和工作绩效。该方法为个体提供了一个能够尽可能反映各方面意见的、更为客观的评价结果。例如,在开展教师信息化教学能力培训活动中,可以结合360度反馈评价法和网络培训的特点,让每个参与培训的教师建立自己的个人学习空间,通过个人学习空间记录自己在参加培训后的学习工作所产生的变化,他们在工作中对培训所学知识的应用和遇到的问题。而他的同事、学生、共同参加培训的学员以及主管领导可以浏览他的个人学习空间,并且根据自己的观察和理解发表评论。

第三节　教育信息化管理人员绩效评价

“教育中的革命，要求具有卓越能力、熟练技术、远见卓识的教育领导者。”[①]在教育信息化建设中，各级各类教育行政部门、专业机构和学校的管理者作为核心领导，在决定技术与教育融合的深度与广度上发挥着关键作用。其中，信息化领导力是教育信息化管理人员绩效评价的关键指标。

一、教育信息化管理人员绩效评价指标体系制定依据

《教育信息化十年发展规划（2011—2020 年）》第十章明确提出：“建立教育行政部门、专业机构和学校管理者的定期培训制度，开展管理人员教育技术能力培训和教育信息化领导力培训，提升信息化规划能力、管理能力和执行能力，逐步建立工作规范和评价标准，将管理者的信息化领导力列入考核内容。”目前，针对管理人员的信息化领导力提升，主要采用培训的方式加以开展。

根据绩效强调的“投入-产出”关系，教育信息化管理人员绩效评价同样借鉴了关注结果的柯克帕特里克（Kirkpatrick D L）的培训评估四级模型和关注过程的斯塔弗尔比姆（Stufflebeam D L）的 CIPP 评估模型。对于前者而言，“信息化领导力”是教育信息化管理人员培训结果绩效评价的集中体现。可以从四个方面入手：(1) 管理人员对培训的满意程度；(2) 管理人员对信息技术基本知识与技能的掌握程度；(3) 经过培训后，管理人员能否将所学的知识转化为自觉的管理实践，如信息化规划、信息化管理与信息化执行等；(4) 管理人员是否具有持续的信息化领导力，带动学校或者区域的发展。对于后者而言，培训内容、培训形式、培训资源等方面依然可以作为教育信息化管理人员培训过程的绩效评价参考。

二、教育信息化管理人员绩效评价指标体系

同样，教育信息化管理人员的绩效评价指标体系可以从培训过程和培训结果两个维度加以考虑。

（一）培训过程的绩效评价维度与指标

在培训过程维度上，这里参考了本章第二节关于“教师信息化教学能力建

---

① National Commission on Excellence in Educational Administration. Leaders for America's Schools [EB/OL]. http://www.eric.ed.gov.2015-03-19.

设绩效评价指标"在培训过程维度上的设计，只是在部分指标的具体内涵表述上有些许差异，如表 8-5 所示。

表 8-5　管理人员培训过程绩效评价指标体系

<table>
<tr><th>一级指标</th><th>二级指标</th><th>三级指标</th><th>指标内涵</th></tr>
<tr><td rowspan="11">培训过程</td><td rowspan="2">培训投入</td><td>经费投入</td><td>培训项目支出经费(含资源购置、材料开发等)</td></tr>
<tr><td>人力投入</td><td>培训人员的支持力度(含培训师资、管理服务人员等)</td></tr>
<tr><td rowspan="3">培训内容</td><td>培训目标</td><td>培训目标明确，符合信息时代对地区、学校各级管理人员的要求，有助于促进管理人员信息化领导力的发展</td></tr>
<tr><td>课程规划</td><td>培训内容与培训对象的教育教学管理工作贴近，能够帮助他们解决教育教学管理工作问题</td></tr>
<tr><td>内容设计</td><td>培训内容系统科学，有针对性，符合教育信息化管理的工作需求</td></tr>
<tr><td rowspan="4">培训方式</td><td>培训安排</td><td>培训内容规划、培训日程安排是否能让受训者满意</td></tr>
<tr><td>培训形式</td><td>培训形式是否多样化，满足培训对象的需求</td></tr>
<tr><td>培训资源</td><td>培训资源是否充足，是否便于培训对象获取</td></tr>
<tr><td>培训考核</td><td>是否具有动态考核机制和措施，能及时反馈培训对象的评价信息</td></tr>
<tr><td rowspan="2">培训规模</td><td>培训周期</td><td>培训项目的层次与数量、培训项目的课时等情况</td></tr>
<tr><td>培训对象</td><td>培训人次、培训对象的层次与受益面等情况</td></tr>
</table>

(二) 培训结果的绩效评价维度与指标

1. 培训结果的绩效评价维度

(1) 国外信息化领导力研究。随着教育信息化的发展，各国在制定教育宏观发展政策时，越来越重视信息化领导力的发展，早在 2000 年，美国教育领导协会(The Institute for Educational Leadership，简称 IEL)在报告《学习化领导力：原理重构》(Leadership for Student Learning：Reinventing the Principalship)中就规定了 21 世纪的教育管理者应该承担三种作用：教学领导、团体领导和愿景领导。目前，国外较具代表性的有关管理人员的信息化领导力标准有：全美教育管理政策委员会(National Policy Board for Educational Administration，NPBEA)与州学校主管委员会(Council of Chief State School Officers，CCSSO)共同制定的《教育领导政策标准：ISLLC 2008》(Educational Leadership Policy

Standards:ISLLC 2008)和美国国际教育技术协会颁布的《面向管理者的国家教育技术标准》(National Educational Technology Standards for Administrators, NETS · A)第一版与第二版等。

① 教育领导政策标准:ISLLC 2008。为了追求卓越的教育,应对未来世界的挑战,美国对1996年《学校领导者标准》(Standards for School Leaders)进行了修订,并于2008年将其更名为《教育领导政策标准:ISLLC 2008》。该标准把提升学生成就作为教育领导者追求的目的,把实施教学领导作为教育领导者的重要职责。该标准旨在引导包括教育政策制定者、地区教育领导者及学校领导者等各级各类教育管理人员更好地开展工作。具体内容如表8-6所示。虽然该标准并未直指信息时代的教育领导力,但它为后来的《面向管理者的国家教育技术标准》提供了框架。

表8-6　教育领导政策标准:ISLLC 2008的指标①

标准	职能
标准1:发展、表达、实施、保持与所有利益相关者共享的、支持的学习愿景	❑ 合作发展一种共享愿景和使命; ❑ 通过收集和运用数据来确定目标、评估组织的有效性、促进组织学习; ❑ 制定和实施计划,以便实现目标; ❑ 促进不断地持续改进; ❑ 调节和评估实施过程,以修订完善计划
标准2:倡导、培育和保持有助于学生学习及教职员工专业成长的学校文化和教学规划	❑ 孕育和保持协作、信任、学习和高期望的文化; ❑ 建立一个全面的、缜密的、连贯的课程计划; ❑ 提供一个人性化和有助于激发学习者学习的环境; ❑ 指导教学的开展; ❑ 建立监控学习者学习过程的评估系统与问责系统; ❑ 发展教职员工的教学和领导能力; ❑ 最大化优质教学的时间; ❑ 促进最有效和最恰当的技术支持教与学; ❑ 调节与评估教学计划对学习者学习的影响

① Council of Chief State School Officers. Educational Leadership Policy Standards: ISLLC 2008 [EB/OL]. http://www.wallacefoundation.org/knowledge-center/school-leadership/principal-evaluation/Documents/Educational-Leadership-Policy-Standards-ISLLC-2008.pdf.2015-03-12.

续表

标准	职能
标准3:确保对学校的组织、运作和资源的有效管理,从而创设一种安全、有效率、有效益的学习环境	❑ 监控与评估管理和操作系统; ❑ 获得、分配、协调和有效使用人力、财力和技术资源; ❑ 提高和确保学生和教职员工的福利和安全; ❑ 发展分布式领导的能力; ❑ 确保教师和相关组织的时间能够集中支持高质量学习者学习
标准4:与家庭和社区成员进行合作,满足多元化的社区利益与需求,调动社区的各种资源	❑ 收集和分析与教育环境相关的数据和信息; ❑ 提高对社区多样性的文化、社会和智力资源的理解、欣赏和运用; ❑ 与家庭和监护者建立和保持积极的关系; ❑ 与社区成员建立和保持建设性关系
标准5:将正直、公平和符合伦理的态度融于行动之中	❑ 建立对每一位学习者的学业成就和社交成功的问责系统; ❑ 树立自我意识、反思实践、符合伦理行为的规范榜样; ❑ 捍卫民主、公平和多样性的价值观; ❑ 考虑与评价潜在的道德和法律决策结果; ❑ 促进社会公正以及确保学习者个体在所有正规教育方面的需要获得满足
标准6:理解、回应、影响更为宽广的政治、社会、经济、法律和文化情景	❑ 为了儿童、家庭和监护者而倡导相关事情; ❑ 采取行动,影响当地、区、州和国家做出有利于学习者学习的决策; ❑ 为了适应领导策略,评估、分析和期望新兴趋势与首创精神

② 面向管理者的国家教育技术标准。2002年,美国国际教育技术协会推出《面向管理者的国家教育技术标准》第一版(NETS · A-2002),与《面向学生的国家教育技术标准》和《面向教师的国家教育技术标准》共同成为教育工作者改进教育学的重要指南。NETS · A-2002对管理者提出的标准维度为“领

导力与愿景”“学习与教学”“工作效率与专业实践”“保障、管理与运作”“评价与评估”“社会、法制与道德问题”。时隔7年,信息技术的空前发展给管理者带来了前所未有的挑战。为此,美国国际教育技术协会于2009年启动了NETS·A-2002的修订计划。随后颁布了《面向管理者的国家教育技术标准》第二版(NETS·A-2009)。NETS·A-2009将原先的6个维度精简为5个维度,分别为“愿景领导力”“数字化时代的学习文化”“卓越的专业实践”“系统化改进”“数字化时代的公民素养”,具体指标如表8-7所示。由此可见,NETS·A标准的重心已从微观层面运用信息技术实施管理转向了宏观层面基于技术的教育战略规划和学校的系统化改进。两个版本的标准都是针对教育督学和执行主管、学区领导者和学校领导者三种角色的管理者而言的。

表8-7　NETS·A-2009绩效指标①

维度	指标
愿景领导力	教育管理者能够激发和引领一种旨在充分整合技术与教学的共同愿景,并实施这一愿景以支持和促进整个组织的转型与卓越发展 ❑ 在所有利益相关者之间激发和促进一种有目的性变革的共同愿景,从而实现数字化资源应用的最大化,以达到和超越既定的学习目标,并支持有效教学实践,提升学区和学校领导者的工作绩效; ❑ 参与一个与共同愿景一致的过程,从而开发、实施和交流整合多种技术的战略规划; ❑ 在地区、州和国家层面提倡有关的政策、项目和经费投入,以支持一个融合多种技术的愿景和相应战略规划的实施
数字化时代的学习文化	教育管理者能够为全体学习者创建、发展和维持一种能让学习者融入其中的、充满教育意义的、动态相联的数字化学习文化 ❑ 确保数字化学习持续发展的不断创新; ❑ 促进支持学习的技术有效、持续使用,并树立典范; ❑ 提供一个整合多种技术和学习资源的“以学习者为中心”的学习环境,以满足全体学习者个性化、多样化的需求; ❑ 确保技术与课程教学整合的有效实践; ❑ 促进并参与区域性、全国性和全球性的学习共同体,以激发创新和加强数字时代的合作

① International Society for Technology in Education.National Educational Technology Standards for Administrators(2009)[EB/OL].http://www.iste.org/docs/pdfs/20-14_ISTE_Standards-A_PDF.pdf.2015-03-12.

续表

维度	指标
卓越的专业实践	教育管理者能够改进适于专业学习和创新的环境，从而使教育工作者可以借助现代技术与数字化资源的整合有力地促进学习者的学习 ❑ 合理分配时间、资源和访问权限以确保技术的畅通和技术整合过程中专业的可持续发展； ❑ 参与学习共同体，以激励、培养教育管理者和教职员工开展技术支持的学习与研究； ❑ 利用数字化工具促进利益相关者之间的有效交流与协作，并树立榜样； ❑ 把握技术有效应用的前沿趋势与研究动态，鼓励对新技术的评价，从而挖掘其改善和促进学习者学习的潜力
系统化改进	教育管理者能够提供数字化时代的领导与管理，并通过信息技术的有效应用不断改善整个组织 ❑ 通过恰当运用技术和丰富的媒体资源，领导有目的的变革以实现学习目标； ❑ 通过协作建立评价标准、收集和分析数据、解释结果和分享研究发现，进而提高教职员工的绩效和学习者的学习能力； ❑ 聘用和留住能娴熟地、创造性地运用技术促进教与学并达到管理目标的高绩效人才； ❑ 建立并影响战略合作伙伴关系以支持系统化改进； ❑ 建设并维护一套强大的技术基础设施，包括整合的、可互操作的技术系统，以支持管理、教学与学习
数字化时代的公民素养	教育管理者能够促进一种与不断发展的数字文化有关的社会、伦理道德和法律问题的理解，并树立榜样 ❑ 确保所有学习者平等使用技术工具和资源的权利，以满足他们的需求； ❑ 制定有关安全地、合法地、符合伦理道德地使用技术工具和资源的相关政策法规，并树立典范； ❑ 促进运用信息技术负责任地进行社会交往，并树立典范； ❑ 通过运用现代交流与协作工具，形成一种共享的文化意识和对全球性问题参与的意识，并树立典范

(2) 国内信息化领导力研究。国内有关信息化领导力的研究主要体

现在官方制定发布的相关标准和研究者关于信息化领导力的相关研究等方面。

① 相关标准。目前,我国较具影响的两个有关管理人员信息化领导力的标准分别是2004年教育部发布的《中小学教师教育技术能力标准(试行)》(管理人员)和2014年教育部颁发的《中小学校长信息化领导力标准(试行)》。

2004年的《中小学教师教育技术能力标准(试行)》(管理人员)更多的是从学校领导者的角度,围绕“意识与态度”“知识与技能”“应用与创新”以及“社会责任”四个方面对教师的能力要求作出具体规定。其中,意识与态度方面主要包括对教育技术重要性的认识、教育技术的应用意识、评价与反思、终身学习意识等;知识与技能包括了管理人员教育技术能力的基本知识与技能;应用创新方面包括应用教育技术能力与手段开展决策与规划、组织与运用、评估与发展、合作与交流等能力;社会责任方面包括公平利用、有效应用、安全使用和规范行为等内容。2014年的《中小学校长信息化领导力标准(试行)》则突出对“校长”这一关键的学校管理者角色进行职能规范,主要表现在“规划设计”“组织实施”和“评价推动”三个维度上。

② 相关研究。国外研究者以“e-Leadership”“Technology Leadership”“ICT Leadership”来指称信息时代的领导力。国内学者在研究中大多以“信息化领导力”这一术语表示。信息化领导力就是领导者在信息化环境下,利用信息技术影响被领导者并引领组织实现预定目标的一种能力。① 由于我国中小学校一般实行三层管理,即高层(校长、副校长、校长委员会等)、中层(科室主任、年级主任、学科主任等)和基层(学科教师、学生、技术支持人员、后勤与服务人员等),所以,有研究者认为,信息化领导角色动态分布于学校组织成员中,是一个由学校高层、中层、基层等三个层面组成的分布式领导。② 鉴于学校高层和中层在工作事务上都集中于学校管理,其主要任务和角色任务较为一致,因此,有研究者将信息化领导力的绩效评价标准分为学校管理者和教师两部分。前者进一步细化为“信息化愿景”“信息化教与学”“信息化环境建设”“信息化管理”“信息化沟通协调”“信息化评价”“领导者个人影响力”七个方面;后者

① 孔祯祥,任玲玲,郭旭凌.学校信息化领导力的概念与评价研究[J].电化教育研究,2014(12):34-41.

② 黄荣怀,胡永斌.信息化领导力与学校信息化建设[J].开放教育研究,2012(10):11-17.

则划分为“参与学校信息化规划与管理领导力”“信息化教学领导力”“信息化学习环境建设领导力”“信息化沟通协调领导力”“教师信息技术能力和素养”五个方面。[①] 也有学者指出，学校领导者的信息化领导力包括教育信息化系统规划能力、信息化教学与课程改革领导能力、教师专业发展领导能力、教育信息化制度建设能力四个方面。[②] 目前，更多研究者是针对“校长”提出了一系列信息化领导指标。刘美凤等人指出，校长信息化领导力的九个关键行为是：“确定和分享共同愿景”“承担责任”“提升个人影响力”“指导和评估教学”“为教师提供各种支持”“激励教师”“与学校中其他管理人员合作”“合理配置学校资源”“了解外部环境，获得外部支持”[③]。张际平等人给出的校长信息化领导力的评价维度为：“信息意识与信息技术能力”“信息化决策与规划能力”“信息化组织与管理能力”“信息化评价与发展能力”。[④] 王佑镁等人指出，校长教育信息化领导力主要包括五个核心维度：“学校信息化发展愿景与规划制定”“师生信息技术专业发展”“教育信息技术环境构建”“教育信息化效益评价研究”“教育信息化发展中的公共关系”等。[⑤] 化方等人将中小学校长信息化领导力绩效评价指标体系具体分为 17 个方面，主要包括“基本的信息素养”“信息化系统规划能力”“信息化应用指导能力”“信息化管理评价能力”“信息化规制建设能力”“信息化沟通协调能力”等。[⑥]

2. 培训结果的绩效评价指标

在参照国内外关于信息化领导力相关标准与研究的基础上，我们认为，对管理人员培训结果的评价维度主要应从培训对象的满意度、信息意识与基本素养、信息化规划设计能力、信息化组织实施能力、信息化评价能力、组织持续改进等方面考虑。具体指标及内涵如表 8-8 所示。

---

① 孔祯祥，任玲玲，郭旭凌.学校信息化领导力的概念与评价研究[J].电化教育研究，2014(12)：34-41.

② 祝智庭，顾小清.突破应用瓶颈，关注教育效益：教育信息化建设的问题与对策[N].中国教育报，2006-03-06.

③ 杜媛，刘美凤.校长信息化领导力的九个关键行为[J].中小学信息技术教育，2009(3)：5-7.

④ 谢忠新，张际平.基于系统视角的校长信息化领导力评价指标研究[J].现代教育技术，2009(4)：73-77.

⑤ 伍海燕，王佑镁.校长信息化领导力的核心维度与案例研究[J].管理 E 线，2011(4)：68-70.

⑥ 化方，杨晓宏.中小学校长信息化领导力绩效指标体系研究[J].中国教育信息化，2010(4)：7-10.

表 8-8　管理人员培训结果绩效评价指标体系

一级指标	二级指标	三级指标	指标内涵
培训效果	满意度	培训对象的满意度	培训对象对培训内容、授课形式、组织安排等方面的满意程度
	信息意识与基本素养	信息意识	认识地区/学校推进教育信息化的重要性，认识到信息化领导力是管理人员必备的基本素质要求，更新教育理念，转变管理方式，引领地区、学校教育信息化建设
		信息素养	具备信息检索、加工、处理、整合等能力，能利用信息技术支持教育教学管理工作，并遵守相关的信息技术应用法制规范
	信息化规划设计能力	信息化发展愿景	理解国家教育信息化的方针政策与战略部署，结合地区/学校的实际情况，规划和建设一个共同分享的信息化发展愿景
		信息技术支持教师专业发展	组织制定教师信息技术应用能力提升计划，促进教师专业发展
		信息技术支持学生发展	制定信息技术与教育教学融合的推进计划，为学生提供整合多种技术与资源的个性化学习环境，提高学生应用信息技术进行学习的能力
	信息化组织实施能力	文化氛围	整合多方面资源，创设教师和学生学习应用信息技术的文化氛围
		活动组织	鼓励教师积极开展信息技术支持专业发展的活动，鼓励学生开展信息技术支持学习发展的活动
		制度规范	调动多方力量，组织建立健全的信息化发展规章制度，规范师生有效应用信息技术，保障信息化建设有序进行
	信息化评价能力	评价反馈	能对教育信息化各系统要素和整体效益进行通盘考虑和全面评估，为教育信息化持续发展提供反馈
	组织持续改进	地区/学校发展	通过信息技术有效应用和有目的变革，实现地区/学校教育信息化持续发展，并树立典范

第四节　教育信息化专业技术人员绩效评价

教育信息化专业技术人员是为教师和管理人员提供技术支持与保障服务的专门人员。[①] 他们对教育信息化的持续推进发挥着保障支持作用。根据其工作职能,信息化能力是对教育信息化专业技术人员进行绩效评价的主要指标。

一、教育信息化专业技术人员绩效评价指标体系制定依据

《教育信息化十年发展规划(2011—2020 年)》强调,“应明确教育信息化专业人员岗位职责”“持续开展各级各类教育信息化专业人员能力培训,到 2020 年,实现中小学专业人员信息化能力全部达标”。

根据绩效强调的“投入-产出”关系,教育信息化专业技术人员绩效评价同样可借鉴关注结果的柯克帕特里克的培训评估四级模型和关注过程的斯塔弗尔比姆的 CIPP 评估模型。对于前者而言,可以从四个方面入手:(1) 专业技术人员对培训的满意程度;(2) 专业技术人员对信息技术基本知识与技能的掌握程度;(3) 经过培训后,专业技术人员能否将所学的知识转化为自身的技术实践,为学校教育信息化建设提供支持与服务;(4) 专业技术人员是否具有自我发展的持续意识和推动学校教育信息化发展的改进意识。对于后者而言,培训内容、培训形式、培训资源等方面依然可以作为教育信息化专业技术人员培训过程的绩效评价参考。

二、教育信息化专业技术人员绩效评价指标体系

与教育信息化教师、管理人员的绩效评价一样,教育信息化技术人员的绩效评价指标体系也可以从培训过程和培训结果两个维度加以考虑。

(一) 培训过程的绩效评价维度与指标

在培训过程维度上,这里参考了本章第二节关于“教师信息化教学能力建设绩效评价指标”在培训过程维度的设计,只是在部分指标的具体内涵表述上

---

① 根据黄荣怀等人在《信息化领导力与学校信息化建设》(开放教育研究,2012 年第 10 期)中所指出的,我国中小学校一般实行三层管理,即高层(校长、副校长、校长委员会等)、中层(科室主任、年级主任、学科主任等)和基层(学科教师、学生、技术支持人员、后勤与服务人员等)。根据具体的工作场景与工作职能,由于学校高层和中层在工作事务上都集中于学校管理,所以将其绩效评价归入管理人员中加以考虑。而技术人员的工作基本集中于服务支持和技术保障,所以将其绩效评价纳入技术人员中加以考虑。

有些许差异,如表 8-9 所示。

表 8-9　技术人员培训过程绩效评价指标体系

一级指标	二级指标	三级指标	指标内涵
培训过程	培训投入	经费投入	培训项目支出经费(含资源购置、材料开发等)
		人力投入	培训人员的支持力度(含培训师资、管理服务人员等)
	培训内容	培训目标	培训目标明确,符合信息时代对技术人员的要求,有助于促进技术人员信息化能力的发展
		课程规划	培训内容与培训对象的技术开发、管理等服务支持和保障维护工作贴近,能够帮助他们解决具体的工作问题
		内容设计	培训内容系统科学,有针对性,符合教育信息化技术人员的工作职能
	培训方式	培训安排	培训内容规划、培训日程安排是否能让受训者满意
		培训形式	培训形式是否多样化,满足培训对象的需求
		培训资源	培训资源是否充足,是否便于培训对象获取
		培训考核	是否具有动态考核机制和措施,能及时反馈培训对象的评价信息
	培训规模	培训周期	培训项目的层次与数量、培训项目的课时等情况
		培训对象	培训人次、培训对象的层次与受益面等情况

(二)培训结果的绩效评价维度与指标

1. 培训结果的绩效评价维度

国内外有关教育信息化专业技术人员信息化能力的研究相对较少,仅有美国国际教育技术协会与联邦教师培训和评鉴委员会、联邦教育部合作研究制定的《教育计算机技术管理人员的高级纲要标准》和我国教育部制定的《中小学教师教育技术能力标准(试行)》(技术人员)。

(1)《教育计算机技术管理人员的高级纲要标准》。该标准对技术人员识别、选择、安装、维修、管理计算机硬件和软件,以及在整个课程中使用计算机和有关技术进行管理支持提出了要求。[①] 具体评价维度及指标如表 8-10 所示。

---

① 彭云,张倩苇.美国《教育计算机技术管理人员的高级纲要标准》评介[J].中小学电教,2003(2):70-72.

表 8-10 《教育计算机技术管理人员的高级纲要标准》的评价维度及指标

维度	指标
研究和理论	技术人员能在教育中识别和应用与教育技术有关的研究成果、学习心理学及指导计算机和技术使用的原则 ❑ 了解教育技术应用的有关重要研究成果和趋势，以支持与K-12环境的技术整合； ❑ 应用学习、教学和教学设计的理论及它们与技术应用之间的关系辅助教学； ❑ 设计一个包含评定在K-12环境中使用特定技术的方法
教学产品开发	技术人员能运用教学设计原理开发学习环境与各种多媒体教学产品 ❑ 恰当使用一种以上计算机操作程序设计环境，并对其特征和适用性进行评估； ❑ 设计并开发大量基于计算机的交互式多媒体教学产品，供教学使用
信息的获取与传递	技术人员能用在K-12学校中获取的信息和传递的资源来支持教师教学与学生学习 ❑ 安装、配置和使用本地大量的存储装置和媒体，存储并提取信息和资源； ❑ 为学校选择、安装和维护广域网； ❑ 使用信息资源支持教师的课程研究与教学
操作系统	技术人员能在学校环境中安装、定制和配置计算机操作系统和计算机网络 ❑ 识别和描述与在K-12学校建立的计算机平台有关的重要操作系统； ❑ 对教室和实验室的计算机操作系统进行评价、故障检修、安装、维护
软件的选择、安装与维护	技术人员能在教室和其他环境中识别、安装和操作软件 ❑ 识别在教室和其他环境中所需的教学工具、管理工具等； ❑ 了解获取软件的相关程序和途径； ❑ 为教师教学与学生学习安装适用的软件，并对软件的应用进行评估

(2)《中小学教师教育技术能力标准(试行)》(技术人员)。结合技术人

员的工作职能,《中小学教师教育技术能力标准(试行)》(技术人员)从意识与态度、知识与技能、应用与创新、社会责任等四个方面提出了教育信息化专业技术人员的信息化能力标准。其中,意识与态度是指技术人员对信息技术推进教育信息化、促进教育教学改革、培养创新人才等方面作用的认识,以及对推进信息技术与课程有效整合,辅助与支持教学人员和管理人员应用教育技术、利用教育技术进行终身学习以不断提高个人素质的意识。知识与技能是指技术人员对教育技术基本理论与发展动态、多媒体技术与网络技术的基本原理等知识的了解,对教学媒体与资源的设计、开发、管理、评价等技能的掌握。应用与创新是指技术人员能参与学校教育信息化方案的规划和学校信息化环境与资源的建设维护,能为学校教学人员的课程教学与研究提供支持服务,能为学校管理人员的管理与评估工作提供支持服务。社会责任是指技术人员能加强信息资源管理,提供安全的信息环境,通过有效的统筹安排保障所有教师和学生均能利用学习资源得到良好发展,同时规范自身的技术应用行为方式。

2. 培训结果的绩效评价指标

在参照上述相关研究的基础上,专业技术人员的培训结果评价可以从培训对象的满意度、信息意识与基本素养、信息化支持与服务能力、系统化改进等方面加以考虑。具体指标及内涵如表 8-11 所示。

表 8-11　技术人员培训绩效评价指标体系

一级指标	二级指标	三级指标	指标内涵
培训效果	满意度	培训对象的满意度	培训对象对培训内容、授课形式、组织安排等方面的满意程度
	信息意识与基本素养	信息意识	认识信息技术推进教育信息化、促进教育教学改革、培养创新人才等方面作用,具有对技术设计、开发、应用、管理与评价的意识
		信息素养	具备信息检索、加工、处理、整合等能力,遵守相关的信息技术应用的法制规范,规范技术应用的行为方式

续表

一级指标	二级指标	三级指标	指标内涵
培训效果	信息化支持与服务能力	信息化环境与资源建设	熟练掌握各种多媒体技术与网络技术，结合学校实际情况，参与信息化环境的规划与建设，设计开发符合教学需要的信息化学习资源
		信息化环境与资源管理	能对学校信息化环境进行安全维护，对各种信息化学习资源进行规范管理，保障师生合理使用
		课程教学与研究的支持	能为教师的课程教学和科研工作提供技术支持与服务
		学校管理工作的支持	能为管理人员的管理和评估工作提供技术支持与服务
		教师专业发展的支持	能参与制定学校教师信息技术应用能力提升的研修计划和方案，并积极组织教师开展各种培训活动，为教师专业发展提供发展建议
	系统化改进	自身持续发展	具有主动利用信息技术学习新知识与新技术以提高业务水平的意识
		学校教育信息化发展	学校教育信息化得到更好的技术保障并稳定有序的推进

第五节 典型案例：高校教师信息化教学能力建设绩效评价

当代，以计算机多媒体技术和网络通讯技术为核心的信息技术正深刻地改变着人们的生产方式、生活方式和学习方式，将人类社会悄然带入一个崭新的时代。在这个时代，信息技术对教育具有革命性的影响，而这种影响的产生是全方位的，需要聚合多方面力量从多层面共同推动。聚焦于高等教育教学的微观层面，指的就是教师需要具有良好的信息素养，具有应用信息技术创新教育教学的意识、态度、方法与技能，积极改革课堂教学模式，改变传统灌输式的课堂教学文化，促进学生学习方式的转变。[①] 这意味着在新时代，信息技术

① 柯清超.技术推动的教育变革与创新[J].中国电化教育，2012(4)：9-13.

与高校课程教学是否能够实现深度融合以及教与学方式是否能够实现变革创新，在很大程度上取决于教师是否能够娴熟灵活地应用信息技术优化教学。这样一来，“信息化教学能力”就成为当下对高校教师教学能力的新要求，“如何提升高校教师信息化教学能力”日渐凸显为高校教师教学能力发展的新趋向。近年来，各级各类高等院校如火如荼地开展教师培训活动，就是为了推动教师信息化教学能力建设，提升教师信息化教学能力，提高教育教学质量。

一、研究概述

自“十一五”期间以来，广东省始终坚持教育信息化为教育发展服务的宗旨，以“技术促进发展”为主题，以加快转变教育发展方式为导向，以促进教育公平、提高教育质量为目的，以改革创新为动力，以促进教育均衡、可持续发展和师生成长为着力点，促进信息技术与教育深度融合，全面提升教育信息化科学发展水平，为建设教育强省、加快实现教育现代化、打造南方教育高地服务。针对高校教师信息化教学能力建设，广东省高等学校教育技术中心和广东省高等学校教育技术教学指导委员会推出了一系列举措，如高校现代教育技术“151 工程”①“广东省高等学校教师教学发展中心建设”“基于清华教育在线平台混合学习行动研究”“青年教师信息化新课堂计划”②。同时，依托广东省高等学校教师教学发展中心组织全省高校教育技术专业人员与学科教师参加系列专题培训。此外，各高校也结合学校教学改革与教师专业发展的需要，自主开展多样化的校本培训，旨在加强教育技术专业队伍和高校教师教育技术能力建设，推动信息化教学环境下的教育教学改革，促进人才培养模式创新，提升教育教学质量。

“一系列加强高校教师信息化教学能力建设的举措与培训活动，其绩效如何？”这是广大教育技术工作者普遍关心的问题。本研究以绩效评价的思想为指导，聚焦于“教师信息化教学能力的绩效问题”，试图在广东开展高校教师信息化教学能力建设的背景下，对高校教师信息化教学能力的绩效进行评价分

---

① 广东省高校现代教育技术“151 工程”，是指在“十五”期间，组织全省高校研制开发 100 个专题学习网站，建设 50 个专业公用资源库，开展 100 项基于网上资源利用的教学改革试验研究。

② “青年教师信息化新课堂”计划（YING：Young-teacher ICT-Based New Class，简称“英课计划”）是一项面向高校青年教师设立的教改项目。项目以应用信息技术变革课堂教学、提高课堂教学质量为导向，以创新课程教学模式为核心，提高广东高校青年教师教学能力，从而提升高校课程教学和人才培养质量。“青年教师信息化新课堂”要求从多方面体现“新课堂”的内容：教学目标要新，强调注重学生能力培养；教学内容要新，注重引进学科的前沿成果；教学手段要新，充分发挥新技术手段的作用；教学结构要新，要打破原有课堂教学的分段结构；教学模式要新，要充分利用混合学习模式开展教学。

析,以期发现存在问题,进而有针对性地提出干预措施,力求为高校教师教学能力持续发展提供借鉴与参考。

二、绩效评价过程与方法

(一)绩效评价过程

开展绩效评价主要按照如下步骤:(1)确定评价的目的。绩效评价的目的是为了判断绩效改进项目的有效性,从而为进一步决策或行动提供建议,以做出适当的反馈和调适。因此,确定评价目的是开展绩效评价的基础。(2)建立绩效评价指标。评价指标的建立有助于规划绩效评价的内容和范畴。评价指标的建立需要以绩效技术的基本原理和操作流程为根本依据,兼顾成本投入和效果产出。(3)实施评价。一般说来,绩效评价活动的实施,首先要明确评价对象(究竟是组织、部门或是个人);然后根据先前建立的评价指标设计数据收集工具,收集相关数据,并对数据进行分类、分析。(4)撰写评价报告。评价的实施过程、收集的数据、分析的结果与得到的结论,最终都需要以评价报告的形式加以呈现。

(二)绩效评价方法

绩效分析追求整体效应,强调持续改进,关注投入产出关系,为教师信息化教学能力的绩效分析提供了一种新的思维方式——不仅要重视培训结果,更应强调培训过程。本次绩效评价主要采用问卷调查和访谈的方法。为了更好地突出对教师培训的绩效考察,一方面,本研究借鉴了柯克帕特里克提出的培训评估四级模型——培训的绩效评估从学员的反应、学习、行为和结果四个层次进行。其中,反应层次主要用来分析教师对学校开展信息化教学培训项目的感受和看法,包括培训教师、培训内容、培训方式等;学习层次主要用来衡量教师经过培训后对信息化教学的知识与技能的掌握程度;行为层次主要用来调查教师在培训中所学习的知识和技能是否可以转化为日常的教学行为;结果层次主要用来分析整个学校信息化教学的绩效改进情况。另一方面,本研究汲取了“背景—输入—过程—成果”(CIPP)评估模型的思想——重视对教师培训过程的评价,涉及培训投入、培训内容、培训方式和培训规模等方面。

1. 调查问卷的编制

调查问卷的设计共分为三个部分(参见附录2):第一部分为教师的基本信息;第二部分为教师信息化教学能力的绩效表现(侧重从培训结果加以考察);第三部分为教师对信息化教学能力培训的看法(侧重从培训过程加以考察)。其中,调查问卷的第二部分重点考察教师信息化教学能力的绩效表现。

在信息时代,信息化教学能力是教师生存与专业发展的根本。从时间维度看,信息化教学能力是渗透在教学各个环节过程中的各种教学能力的综合展现,亦即在进行教学设计并有效地实施、评价教学活动的过程中全面融合信息技术之后,得以生成和发展。从空间维度看,信息化教学能力是一种独特的教师专业知能结构体。它融合了科目主题知识(content knowledge)、教育学知识(pedagogical knowledge)、技术知识(technological knowledge)、有关学习者的知识(knowledge of learners)(包括学生特征以及原有认知水平)和有关情境的知识(knowledge of context)(涵盖班课情境、教育目标与价值、教师关于教与学的认识论、信念等),以及经由教师的切身实践与高超智慧形成的持续张力所衍生出的设计能力、实施能力和评价能力。① 问卷第二部分参照本章第二节“教师信息化教学能力绩效评价指标体系”中的“培训结果绩效评价指标”,采用5点式里克特量表进行编制。同样,调查问卷的第三部分参照本章第二节“教师信息化教学能力绩效评价指标体系”中的“培训过程绩效评价指标”,通过问题的方式加以设计。

在正式发放问卷之前,本研究首先对问卷进行了试测。在问卷试测中,采用Cronbach α 系数检验问卷的信度,总问卷内部一致性 α 系数为0.955,问卷各维度的内部一致性 α 系数都在0.80以上,说明该问卷具有较好的内部一致性信度。

2. 访谈提纲的编制

为了进一步了解高校开展教师信息化教学培训的绩效情况,本研究还对被调查高校负责教师培训工作的主要管理人员进行访谈。在访谈之前,本研究编制了访谈提纲,涉及的问题如表8-12所示。

表8-12　访谈提纲(供管理人员使用)

1. 贵校是否有教师信息化教学能力培养的相关规划?如果有,请简述。
2. 贵校在教师信息化教学能力培养方面的人员与经费投入如何?
3. 贵校针对提升教师信息化教学能力建立了哪些激励和保障机制?
4. 贵校如何开展教师信息化教学能力培训?
5. 您认为,影响教师信息化教学能力发展的主要因素有哪些?贵校如何采取相应的改善举措?

① 刘喆,尹睿.教师信息化教学能力的内涵与提升路径[J].中国教育学刊,2014(10):31-36.

三、教师信息化教学能力的绩效表现

本次绩效评价以广东高校教师为对象。将高等学校划分为“985/211 工程”高校、普通本科院校、高等职业技术学校三个类别,采用分层整群抽样的方法,抽选出 10 所院校,分别为:中山大学、华南理工大学、暨南大学、华南师范大学、华南农业大学、广东财经大学、广州大学、广东技术师范学院、韶关学院、广东外语艺术职业学院。在上述每所高校分别随机选择 20~30 位教师,采用网络调查的方式,共回收问卷 222 份,有效问卷 222 份,有效回收率为 100%。此外,分别在上述 10 所院校中,各邀请 1 名教育技术中心专门负责本校教师信息化教学培训工作的管理人员进行访谈,以进一步了解高校教师信息化教学能力的绩效情况。

调查发现,85.6%的教师对学校组织的培训表示肯定与认同,认为所参与的培训对自身信息化教学能力提升有较大的帮助。通过对信息化教学意识与态度、信息化教学设计能力、信息化教学实施能力和信息化教学评价能力四个分量表的统计分析,分别得到的量表均值为 4.09、4.00、3.94 和 3.75(说明:5 点式里克特量表的参考均值为 3),表明教师普遍认为,参与培训后,自身在信息化教学意识与态度、信息化教学设计能力、信息化教学实施能力和信息化教学评价能力方面有不同程度的提升。其中以信息化教学意识与态度提升最为明显,而信息化教学评价能力最为薄弱。

1. 信息化教学意识与态度

统计结果表明,通过参与培训,教师对信息化教学持有非常强烈的认可意识与态度(如表 8-13 所示),如许多教师认为“高校教师必须掌握信息化教学能力”(均值为 4.45)、“愿意采用多种方式提升自身信息化教学能力”(均值为 4.45)。

表 8-13　信息化教学意识与态度量表的描述统计结果

	均值	标准差
我认为高校教师必须掌握信息化教学能力	4.45	0.787
我认为信息技术对教学有很大帮助	4.42	0.762
我认为信息化教学能更好地促进教学目标的实现	4.36	0.758
我认为信息化教学能培养学生的创新思维能力	4.02	0.922
我愿意应用信息技术手段开展教学	4.44	0.739
我愿意鼓励学生应用信息技术进行学习	4.42	0.725
我愿意采用多种方式提升自身信息化教学能力	4.45	0.734

2. 信息化教学设计能力

信息化教学设计能力主要考察教师是否能运用ICT将学科知识“转化”成学生有效获得的一种整合技术的学科教学智能。其中,有关学生对具体科目主题内容的理解和技术的教学表征是两个关键点。① 结合当前高校信息化教学的实际情况,通过参与培训,教师在信息化教学资源搜集、选择的能力上有较大提升,而“利用软件自主设计与开发适合于教师教学或学生学习的资源”则显得相对薄弱一些(均值为3.82),如表8-14所示。这说明,教师如何针对学生的学习特征以及具体的教育教学情境,以技术的方式合理表征教学内容的设计能力仍显不足。此外,教师对“在信息技术环境下开展教学设计的基本原理与方法”的掌握也不够(均值为3.97)。因此,有关信息化教学设计的方法与流程(如教学目标分析、学习者特征分析、教学资源设计、教学活动组织、教学效果评价)等培训仍需加强,且需处理好基础性与先进性之间的关系,即在保证教师掌握信息化教学设计的基本方法的同时,还应指引教师将教学设计方法自觉灵活地应用于新兴技术环境下的教学中。

表8-14 信息化教学设计能力量表的描述统计结果

	均值	标准差
我能够利用多种途径和策略进一步丰富所教学科的知识	4.20	0.800
我懂得在信息技术环境下开展教学设计的基本原理与方法	3.97	0.856
我可以针对学习者的特征选择合适的教学材料和资源进行教学	4.01	0.793
我可以合理地选择、利用学校网络资源管理平台的数字化教学资源(如多媒体课件、网络课程等)来支持教学	4.08	0.839
我可以利用网络搜集适合于教学的资源	4.38	0.732
我可以利用软件自主设计与开发适合于教师教学或学生学习的资源(如微视频、动画、课件等)	3.82	1.074

3. 信息化教学实施能力

信息化教学实施能力主要评价教师是否能够将培训所学的知识与技能自觉转化为自己日常教学实践,改变过去的教学行为。相比于信息化教学意识与态度、信息化教学设计能力的统计结果,教师的信息化教学实施能力的整体

① Angeli C, Valanides N. Epistemological and methodological issues for the conceptualization, development, and assessment of ICT-TPCK: Advances in technological pedagogical content knowledge[J]. Computer & Education, 2009, 52(1): 154-168.

水平略低。从表 8-15 可以看出,通过参与培训,教师除了能“熟练操作多媒体设备”(均值为 4.26)之外,“运用新技术组织教学活动,改善学生的学习方式”(均值为 3.74)、“在教学中利用信息技术针对不同水平的学生给予个性化指导”(均值为 3.75)、“组织学生利用学校网络教学平台或其他信息技术手段开展各种学习活动”(均值为 3.80)则较为欠缺。这表明,对教师应用信息技术优化课堂教学以及应用信息技术转变学习方式的培训转化效果仍显不足,值得我们关注。

表 8-15　信息化教学实施能力量表的描述统计结果

	均值	标准差
我可以熟练地操作多媒体设备	4.26	0.764
我可以根据教学需要,熟练地使用多种信息技术呈现教学内容	4.17	0.822
我可以组织学生利用学校网络教学平台(如 Blackboard、得实、清华在线等)或其他信息技术手段开展各种学习活动(如自主学习、合作学习、混合学习、项目学习等)	3.80	1.068
我善于尝试运用新技术(如微信、微博等)组织教学活动,改善学生的学习方式	3.74	1.040
我可以在信息化教学中及时获取学生的反馈信息,发现存在的问题,及时调整教学	3.90	0.899
我可以在教学中利用信息技术针对不同水平的学生给予个性化指导	3.75	0.988

4. 信息化教学评价能力

从表 8-16 可以看出,相较于信息化教学意识与态度、信息化教学设计能力和信息化教学实施能力,教师的信息化教学评价能力是最为薄弱的,具体表现在“通过调查问卷等方式收集反映学生学习结果的数据资料,并使用 Excel、SPSS 等工具进行分析和处理”(均值为 3.65)、“组织学生利用学校网络教学平台开展各种评价活动”(均值为 3.72)、“使用网络教学平台发布作业或测验,让学生进行在线检测”(均值为 3.73)、“尝试使用信息化的方式评价学生学习”(均值为 3.75)等方面。这一方面说明教师的信息化教学评价意识不明显,另一方面也可能与当前高校以考试作为评核学生学业成就的主要方式有关。当下,“学习为本评估”(Learning-based Assessment)兴盛,开展多元化的评价不仅可以帮助教师全面了解学生的学习情况,给予学生反馈与指引,而且有助于学生对自己的学习过程形成自我认识,促进元认知能力发展。与此同时,伴随着学习分析技术的涌现,如何针对学生在学习过程中产生的海量数据进行分析和挖掘,进而为学生的未来学习定制个性化学习路径和推送个性化学习资源显得尤为重要。

表 8-16　信息化教学评价能力量表的描述统计结果

	均值	标准差
我能通过调查问卷等方式收集反映学生学习结果的数据资料,并使用 Excel、SPSS 等工具进行分析和处理	3.65	1.085
我能够使用网络教学平台发布作业或测验,让学生进行在线检测	3.73	1.096
我可以组织学生利用学校网络教学平台开展各种评价活动(如自评、他评、师生互评等)	3.72	1.074
我会尝试使用信息化的方式(如概念图、电子学档、电子作品等)评价学生学习	3.75	1.093
我能够对教学资源、支撑环境等各方面进行评价,并进行反思和改进	3.86	0.988

四、影响教师信息化教学能力的因素分析

聚焦于培训过程,培训投入、培训内容以及培训方式是否会对教师信息化教学能力的绩效产生影响呢?本研究进一步对问卷数据与访谈资料进行了整理分析。

(一) 培训投入

1. 培训经费

在经费投入方面,每所高校有着较大的差异。有的专门成立了学校教学信息化工程专项资金,用于支持教师信息化教学培训与教师信息化教学改革研究(如广东财经大学);有的由学校人事处统筹安排(如暨南大学、华南师范大学、广州大学);有的并没有专门的资金支持(如中山大学)。那么,是否高投入就意味着教师的信息化教学能力绩效更佳呢?本研究对 10 所院校教师在信息化教学意识与态度、信息化教学设计能力、信息化教学实施能力和信息化教学评价能力等方面的评价情况进行了对比分析,如表 8-17 所示。

由表 8-17 可以看出,与上述信息化教学意识与态度、信息化教学设计能力、信息化教学实施能力和信息化教学评价能力四个分量表的均值相比(分别为 4.09、4.00、3.94 和 3.75),绝大部分院校的教师通过培训后信息化教学能力有较大提升,但仍有个别院校教师的信息化教学能力提升较不明显,这值得

我们深思。

表 8-17　10 所院校教师信息化教学能力的评价情况

学校	数量	信息化教学意识和态度	信息化教学设计能力	信息化教学实施能力	信息化教学评价能力
A 大学	18	4.52	3.94*	4.01	3.37*
B 学院	31	4.27*	4.04	4.08	3.67*
C 学院	18	3.87*	3.82*	3.81*	3.72*
D 大学	20	4.55	4.12	4.05	3.91
E 大学	33	4.26*	3.73*	3.69*	3.46*
F 大学	16	4.14*	3.96*	3.85*	3.80
G 大学	20	4.41	3.91*	3.37*	3.58*
H 大学	14	4.80	4.29	4.21	4.07
I 学院	20	4.49	4.09	3.93*	3.75
J 大学	32	4.43	4.18	4.17	4.01

说明：* 表示该项的值低于均值。

2. 培训时间

通过统计发现，接近 80%的教师平均一年或一年以上参与一次信息化教学相关培训，12.6%的教师为每半年参与一次，如图 8-1 所示。而且，参与培训的时间多数在一周以内，占 68.9%。这说明高校非常重视教师信息化教学能力建设。

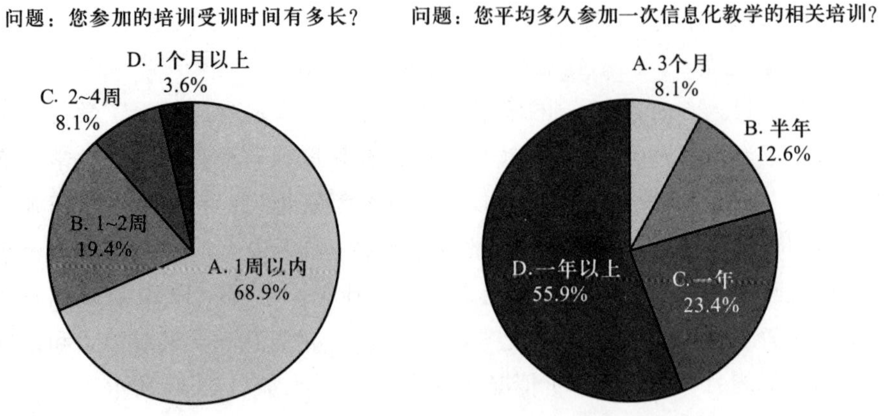

图 8-1　高校教师参与信息化教学培训的时间统计图

上述结论在对“贵校是否有教师信息化教学能力培养的相关规划”这一访谈问题的记录中也得到相应印证。受访的 10 所高校都制定和出台了教师信息化教学能力的培训规划,对教师培训的内容与要求给予明确规定。例如,广州大学制定了教师信息化教学能力的培训规划,该规划旨在对全校 50 岁以下专职教师开展培训,主要内容包括信息化教学资源制作、信息化教学设计、常用教学平台与工具的使用等,培训分为一级和二级,一级共计 56 个学时,二级共计 65 个学时。华南农业大学规定每年对 35 岁以下且中级职称以下从事高校教学工作不满 3 年的青年教师开展教育技术培训,以培养青年教师的信息化教学能力。

(二)培训内容

在培训内容方面,有关信息化教学设备操作、信息化教学资源设计与开发、信息化教学方法与策略、信息化教学过程设计是涉及最多的内容。访谈结果显示,有的高校还会针对不同时期信息化教学的发展动态与前沿趋势,为教师提供最新的内容培训。例如,华南师范大学专门组织教师学习“网络课程与精品课程的建设”“Web2.0 的教师、教学活动与教学研究”等专题内容;华南农业大学开设了“高校微课设计与开发”“大规模开放在线课程应用”等新颖的专题内容;广东财经大学开设了“教学信息化平台 Blackboard 应用操作培训”内容。

(三)培训方式

1. 培训组织形式

在培训组织形式上,基本上以集中面授为主,占 62.2%,而“面授+网络”的混合式培训也逐渐受到关注,占 43.2%,如图 8-2 所示。这既符合当前高校教育教学的发展前景,也能有效解决教师参与培训的时间受限问题。个别高校尝试采用“点面结合”的灵活组织形式,如华南理工大学每年常规性地开展两期教育技术培训,即新教工入职前的教育技术能力培训及针对全校教工信息素养提升的培训。除此常规培训之外,还会根据教学一线师生的需求,深入学院,有针对性地开展小范围的教育技术培训。

但是,根据访谈结果,我们发现尽管教师接受了各种形式的培训,但是真正能将培训所学的知识与技能灵活地运用到真实工作场景的相对较少。这意味着如何增强培训任务与教学实践的关联是至关重要的,否则教师在培训中所学的知识将是“惰性”或“情境无涉”的。

2. 培训教学方式

在培训教学方式上,来自 10 所高校的 222 位教师普遍认为案例教学居多,占 71.6%,而咨询答疑、任务驱动、一对一辅导则相对较为缺乏,如图 8-3 所示。

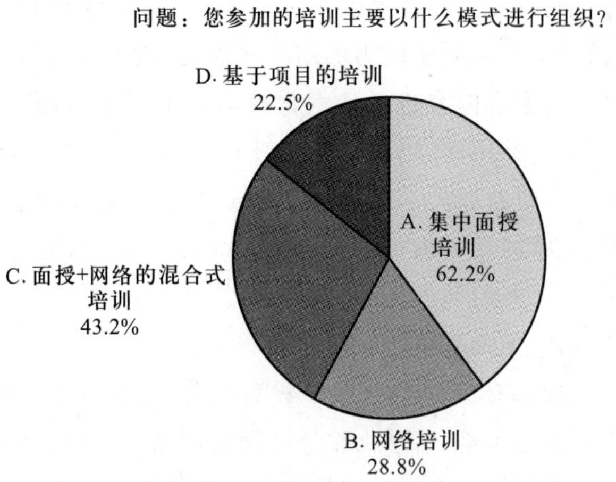

图 8-2　高校教师参与信息化教学培训的组织形式统计图

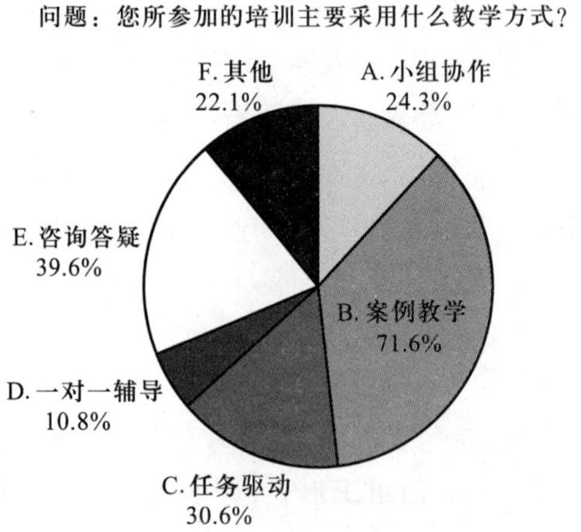

图 8-3　高校教师参与信息化教学培训的教学方式统计图

但是，每所高校的具体做法有所差别。例如，广东财经大学通过任务驱动，整合案例示范、专家引领、个别辅导等多种形式，将教师的培训工作贯穿于教师科研项目的实践环节，以切实提高培训的绩效，体现"问题解决"的绩效思想。

此外，本研究也发现，虽然教师普遍认识到信息化教学的重要性以及必要性，但是若高校未能公平、科学、合理地平衡好"教学"与"科研"的"投入-产出"关系，以及建立起健全的课酬分配制度、职称晋升制度、业绩考核制度、成果认定制度等激励措施，将在很大程度上影响教师参加培训的动机，进而影响信息化教学能力绩效。

五、绩效改进建议

综合上述分析,我们发现目前广东高校教师信息化教学能力存在着不容忽视的几个绩效问题:① 教师对信息技术环境下教学设计基本原理与方法的掌握欠缺,以及信息化教学资源的设计水平有待提高;② 教师利用网络教学平台(如 Blackboard、得实、清华在线等)或者新兴技术手段开展教学活动以及指导学生进行个性化学习的实施能力有待提高;③ 教师运用技术手段开展信息化教学评价的能力有待提高。针对这些绩效问题及其影响因素,结合广东高校的实际情况,本研究提出如下绩效改进建议。

1. 加强整体规划

目前,大部分高校虽然都定期开展教师信息化教学能力培训,但是据访谈了解,大多数情况这些培训仍是作为学校教育技术中心或者人事处的“常规工作”来看待,未能从学校和教师的整体发展进行全方位长远规划。鉴于此,一方面,站在学校全局发展的角度来说,教师教学能力发展是高等学校教学质量建设的重要途径,也是高等学校教学改革的基本保障,应将教师信息化教学能力提升纳入广东高水平大学建设的主要任务中,着力从加快推进高校教育信息化的全局对教师信息化教学能力提升工作进行顶层设计和超前部署,有层次、有计划、分阶段地开展信息化教学能力建设任务。另一方面,立足教师全面发展的角度而言,高校应建立起适合本校特色的教师教学发展中心,探索提升高校教师教学能力的运行机制与有效模式。高校教师教学发展中心的根本宗旨都是为广大教师提供教学服务,帮助教师进行教学职业生涯设计与规划,解答教师教学中的疑惑,解决遇到的困难,提供提升教学必需的技能与手段,创造充分交流、相互合作与资源共享的平台,促进教师追求教学卓越,提升教学质量,培养优秀人才。[①] 应依托高校教师教学发展中心,帮助、引导教师认识到信息化教学能力发展与个人发展的相互促进关系,鼓励教师科学地规划职业生涯,明确职业发展的方向与目标,并为解决教师教学实践中遇到的问题提供“量身定做式”的个性化服务。[②]

2. 健全激励机制

高校应积极探索各种激励机制,制定相应的管理措施,调动教师开展信息

---

① 沈文淮,谢幼如,柯清超等.高校教师教学发展中心促进教师教学能力发展的机制与模式[J].中国电化教育,2012(12):66-70.

② 沈文淮,谢幼如,柯清超等.高校教师教学发展中心促进教师教学能力发展的机制与模式[J].中国电化教育,2012(12):66-70.

化教学应用的积极性,激发教师开展信息化教学应用的自觉行为,促进教师教学能力的可持续发展,使教师真正“乐学、想用”。一方面,应制定合理的教学奖励措施,如课酬分配制度、业绩考核制度、成果认定制度等,打破目前高校在教学与科研之间彼此“失衡”的局面,秉持“教学能力与学术能力并重”教师教学发展的理念,让教师更加愿意投身信息化教学的改革与创新。另一方面,应建立课程改革项目引导机制,实现教学与科研的相互转化,鼓励教师树立起“教学即科研”的意识,在教学过程中不断推陈出新,形成教学研究成果,进而提升自身的信息化教学能力。在设立课程改革项目时需注意如下几点:一是突出与时俱进,即尽可能设立能体现新理论、新媒体、新方法应用的项目,鼓励教师转变教学理念,逼促教师将培训所得转化为自身的教学实践,提高培训绩效;二是强调创新人才培养导向,即引导教师立足人才培养模式创新,应用信息技术优化课堂教学以及应用信息技术转变学习方式,加强信息化教学评价与质量监控,实现信息技术与课程教学高度融合,进而促进自身信息化教学能力的发展。

3. 探索多元形式

除了集中面授或者“面授+网络”的混合式培训,高校应探索多元化形式,加强能力建设与工作实践的有机联系,以切实解决教师在实际教学工作中遇到的真实问题。首先,改变以往大部分学校“普适性”培训的做法,倡导学校针对教师群体的需求差异,开展“适应性”培训。如新入职教师的基本技能培训、副高职称教师的能力提升培训、教学骨干教师的能力创新培训等。其次,打破学校统一培训的固化模式,探索并构建校、院两级教师教学发展管理体制和“学校-学院”“校内-校外”“国内-国外”等培训相结合的运作机制,定期举办教学研修坊、主题沙龙等活动。再次,组织丰富多样的教学增能活动,增强信息时代教师的教学效能感。如优质课堂观摩、本科教学公开课、青年教师教学比赛等。最后,应形成教学研习共同体,组建由高校教学指导委员会和教师教学发展委员会指导,由教学名师、教学督导、资深教师等组成的咨询专家库,采用“教学咨询—教学诊断——对一帮扶—名师工作室”的模式,为教师解决教学实践中遇到的个性化问题。

附录 1

高校教育信息化资源建设与共享绩效评价调查表

有关高等学校：

本次调查的主要目的是了解贵校教育信息化资源建设与共享的基本状况，以便总结经验、发现问题、探求对策。由于调查内容牵涉多个部门，个别数据需要进行统计，学校可根据实际情况组成调查小组开展工作。本调查表所收集的信息只用于本研究目的，将按照相关法律规定严格保密。谢谢！

一、基本信息

<table>
<tr><td>1. 学校名称</td><td colspan="4"></td></tr>
<tr><td rowspan="2">2. 调查小组负责人信息</td><td>姓名</td><td></td><td>部门及职务</td><td></td></tr>
<tr><td>联系方式</td><td></td><td>邮箱</td><td></td></tr>
<tr><td>3. 学校类别及性质</td><td colspan="4">类别：□“985 工程”或“211 工程”院校　□普通本科院校　□高职高专
□成人类高校　□独立学院
性质：□公办　□民办　□合作办学</td></tr>
<tr><td>4. 学校师生人数</td><td colspan="2">4.1 目前在校生人数：____人</td><td colspan="2">4.2 目前学校教师总数为：____人</td></tr>
<tr><td colspan="3">5. 贵校是否设有主管全校教育信息化资源建设与共享的专门机构</td><td colspan="2">□是　□否</td></tr>
<tr><td>6. 该机构名称</td><td colspan="4"></td></tr>
<tr><td>7. 该机构级别</td><td colspan="4">□独立设置的正处级单位　□挂靠设置的副处级单位
□其他(请填写：)</td></tr>
<tr><td>8. 该机构人数</td><td colspan="4">□5 人以下□6~10 人□11~20 人□21 人以上</td></tr>
<tr><td colspan="2">9. 贵校是否有教育信息化发展相关规划</td><td colspan="3">□有(请提供该规划)　□暂无</td></tr>
<tr><td colspan="2">10. 贵校是否开设有教育技术学专业</td><td colspan="3">□是　□否</td></tr>
<tr><td colspan="2">11. 贵校教育技术专业对学校教育信息化资源建设及共享主要起哪些方面的支撑作用？</td><td colspan="3">(1)
(2)
(3)</td></tr>
</table>

二、学校教育信息化资源建设情况

<table>
<tr><td colspan="2">1. 贵校是否有教育信息化资源建设与共享相关规划</td><td>□有（请提供该规划）□暂无</td></tr>
<tr><td colspan="2">2. 贵校是否拥有全校范围内供全日制学生使用的网络教学或辅助教学平台</td><td>□是 □否，有此计划
□否，尚无计划</td></tr>
<tr><td>3. 网络教学平台的来源（如果拥有多个平台，可以按实际情况多选）</td><td colspan="2">□完全从企业购买 □使用开源软件搭建
□企业和学校合作开发 □学校自主研发
□从企业租借产品 □其他（请填写）</td></tr>
<tr><td>4. 网络教学平台的建设费用（如果拥有多个平台，费用请累计）</td><td colspan="2">购买该平台的费用：约　万元
近三年维护该平台的费用：约　万元</td></tr>
<tr><td rowspan="5">5. 网络教学平台的使用情况（如果拥有多个学习平台，请按该栏目格式填写每一个学习平台的使用情况）</td><td colspan="2">5.1 平台域名：http://</td></tr>
<tr><td>5.2 投入使用时间</td><td>年　月</td></tr>
<tr><td>5.3 已开设课程数</td><td>门（覆盖全校已开设专业总数的　%）</td></tr>
<tr><td>5.4 注册学生数</td><td>人（占学校学生总人数的　%）</td></tr>
<tr><td>5.5 日均访问量</td><td>人次</td></tr>
<tr><td>6. 贵校是否已经建立了全校统一的信息化教学资源管理平台</td><td colspan="2">□是 □否，有此计划 □否，尚无计划</td></tr>
<tr><td rowspan="6">7. 学校统一管理的信息化教学资源建设情况</td><td>7.1 专业资源库</td><td>个，约为　GB</td></tr>
<tr><td>7.2 课程群（专业群）</td><td>个</td></tr>
<tr><td>7.3 网络课程</td><td>门，其中校级以上精品课程（精品视频公开课、精品资源共享课）　门</td></tr>
<tr><td>7.4 专题学习网站</td><td>个</td></tr>
<tr><td>7.5 其他教学资源</td><td>个，约为　GB</td></tr>
<tr><td>7.6 资源更新周期</td><td>约：　天</td></tr>
<tr><td>8. 学校建设信息化教学资源遇到的问题（可多选）</td><td colspan="2">□管理层对建设意义认识不足 □教师积极性不高
□担心侵权 □缺少奖励措施
□缺少学校规划的支持 □缺少资金投入
□平台的易用性、便捷性较差，教师们不愿意使用
□缺乏教学资源 □其他（请填写）</td></tr>
</table>

三、学校教育信息化资源共享情况

<table>
<tr><td>1. 校内应用典型案例</td><td colspan="6">1.1 网络课程数占已开课程的比例为 %
1.2 专业主干课程已建有配套网络课程的专业数占全校专业总数的 %
1.3 请列举学校在信息技术与课程教学融合方面比较突出的典型案例：
专业：
课程：
教师：</td></tr>
<tr><td>2. 校内应用情况（可多选）</td><td colspan="6">2.1 主要应用模式
□混合学习模式 □探究式学习模式 □协作学习模式
□自主学习模式 □个性化学习模式 □其他（请填写）
2.2 贵校教学资源平台是否应用于网络公选课 □是 □否
请描述应用情况（如应用课程数、应用方式等）：
2.3 贵校教学资源平台是否应用于全校公共必修课程 □是 □否
请描述应用情况（如应用课程数、应用方式等）：
2.4 贵校是否已应用移动终端进行教学改革试验 □是 □否
课程名称：</td></tr>
<tr><td rowspan="4">3. 校内应用成果</td><td rowspan="4">与教育信息化资源应用相关的教学成果奖个数</td><td>国家级</td><td></td><td rowspan="4">与教育信息化资源应用相关的教学改革项目个数</td><td>国家级</td><td></td></tr>
<tr><td>省级</td><td></td><td>省级</td><td></td></tr>
<tr><td>市级</td><td></td><td>市级</td><td></td></tr>
<tr><td>校级</td><td></td><td>校级</td><td></td></tr>
<tr><td colspan="3">4. 贵校是否将校内教育信息化资源对外界开放共享</td><td colspan="4">□是（请继续做本部分第5题）
□否，有此计划（请跳至本部分第6题）
□否，尚无计划（请跳至本部分第6题）</td></tr>
</table>

续表

5. 学校教育信息化资源的对外开放共享情况(可多选)	5.1 学校教育信息化资源的对外开放共享范围 □国家组织的对口支援　□一定地理区域内的大学之间 □分布于多个地区的高校之间　□服务于基础教育 □服务于企业　□社会大众 □其他(请填写) 5.2 学校共享教育信息化资源的模式 □MOOC 联盟 □开放式教育资源共享协会模式(CORE) □区域共建共享开发应用模式　□远程教育资源共享模式 □其他(请填写)
6. 贵校不开展资源对外界共享的主要顾虑	□担心版权　□没有收益　□资源质量不高 □没有技术支撑及平台　□其他(请填写)

四、教师信息化教学应用能力培训情况

1. 贵校是否有教师信息化教学应用能力培训的相关政策、条例文件	□有(请提供文件)　□暂无
2. 负责教师信息化教学应用能力培训的职能部门是(可多选)	□教务处　□人事处 □教育信息技术中心　□其他(请填写)
3. 学校是否为教师提供信息化教学应用能力的培训	□是,定期培训　□是,不定期培训 □否,但正考虑提供　□否,今后也不打算提供
4. 学校教师目前最需要接受哪些方面的培训(可多选)	□信息技术基本操作　□课件制作技术 □信息化教学设计　□学科教育工具使用 □网络搜索及教育资源获取技能 □其他(请填写)

续表

	培训主题	培训时间（年）	培训等级（国家级、省级、市级、校级）	培训形式（面授式、研讨式、操练式）	培训人次
5. 学校开展教师信息化教学应用能力培训情况（按年度填写）					
	（不够书写，可加页）				

6. 学校用于教师信息化教学应用能力培训的经费	约：（万元/年）
7. 教师参与信息化教学应用能力培训人数	2011 年， 2012 年， 2013 年，
8. 经培训后的教师开展信息化教学应用的人数比例	占培训教师总人数　%

9. 请描述贵校举办教师信息化教学应用能力培训的可推广经验，并说明培训效果。

五、成功经验与困惑

1. 请描述贵校开展教育信息化资源建设及共享的主要举措与成功经验。（限 500 字）

2. 请描述贵校在开展教育信息化建设中面临的主要问题与困惑。（限 500 字）

附录 2

高校教师信息化教学能力建设绩效评价调查问卷

尊敬的老师：

您好！非常感谢您在百忙之中抽空来填答这份问卷，本次调查主要目的是为了对高校教师信息化教学能力建设进行绩效评价，同时总结经验、发现问题，探求绩效改进的策略。调查问卷所收集的信息只用于本研究目的，将严格保密，请您根据实际情况，认真做答。谢谢！

一、教师基本信息

1. 您所在的院校：
2. 您的任教学科：□哲学 □经济学 □法学 □教育学 □文学 □历史学 □理学 □工学 □农学 □医学 □军事学 □管理学 □艺术学
3. 您的性别：□男 □女
4. 您的年龄：□30 岁以下 □31～40 岁 □41～50 岁 □51 岁以上
5. 您的教龄：□1～5 年 □6～10 年 □11～15 年 □16～20 年 □21～25 年 □25～30 年 □30 年以上
6. 您的学历：□本科 □研究生 □博士生及以上

二、教师的信息化教学能力情况

下面是对教师信息化教学能力一些说法，请在符合自己真实情况的选项对应的数字下方打"√"，1 表示完全不符合，2 表示比较不符合，3 表示不确定，4 表示比较符合，5 表示完全符合。答案无对错之分，请放心作答。

信息化教学意识和态度		1 完全 不符合	2 比较 不符合	3 不确 定	4 比较 符合	5 完全 符合
1	我认为高校教师必须掌握信息化教学能力					
2	我认为信息技术对教学有很大帮助					

续表

信息化教学意识和态度		1 完全 不符合	2 比较 不符合	3 不确 定	4 比较 符合	5 完全 符合
3	我认为信息化教学能更好地促进教学目标的实现					
4	我认为信息化教学能培养学生的创新思维能力					
5	我觉得信息技术对改善教学没有任何影响					
6	我愿意应用信息技术手段开展教学					
7	我愿意鼓励学生应用信息技术进行学习					
8	我愿意采用多种方式提升自身信息化教学能力					

信息化教学设计能力		1 完全 不符合	2 比较 不符合	3 不确 定	4 比较 符合	5 完全 符合
1	我能够利用多种途径和策略进一步丰富所教学科的知识					
2	我懂得在信息技术环境下开展教学设计的基本原理与方法					
3	我可以针对学生的特征选择合适的教学材料和资源进行教学					
4	我可以合理地选择、利用学校网络资源管理平台的数字化教学资源（如多媒体课件、网络课程等）来支持教学					
5	我可以利用网络搜集适合于教学的资源					
6	我可以利用软件自主设计与开发适合于教师教学或学生学习的资源（如微视频、动画、课件等）					

信息化教学实施能力		1 完全 不符合	2 比较 不符合	3 不确 定	4 比较 符合	5 完全 符合
1	我可以熟练地操作多媒体设备					
2	我可以根据教学需要,熟练地使用多种信息技术呈现教学内容					
3	我可以组织学生利用学校网络教学平台(如 Blackboard、得实、清华在线等)或其他信息技术手段开展各种学习活动(如自主学习、合作学习、混合学习、项目学习等)					
4	我善于尝试运用新技术(如微信、微博等)组织教学活动,改善学生的学习方式					
5	我可以在信息化教学中及时获取学生的反馈信息,发现存在的问题,及时调整教学					
6	我可以在教学中利用信息技术针对不同水平的学生给予个性化指导					

信息化教学评价能力		1 完全 不符合	2 比较 不符合	3 不确 定	4 比较 符合	5 完全 符合
1	我能通过调查问卷等方式收集反映学生学习结果的数据资料,并使用 Excel、SPSS 等工具进行分析和处理					
2	我能够使用网络教学平台发布作业或测验,让学生进行在线检测					
3	我可以组织学生利用学校网络教学平台开展各种评价活动(如自评、他评、师生互评等)					
4	我会尝试使用信息化的方式(如概念图、电子学档、电子作品等)评价学生学习					
5	我能够对教学资源、支撑环境等各方面进行评价,并进行反思和改进					

三、教师信息化教学能力培训情况

1. 贵校提升教师信息化教学能力的方式有哪些？

A. 出台相关政策　　B. 建立激励机制

C. 开展信息化教学能力培训　　D. 设立有关信息化教学的教改项目

E. 提供信息化教学平台　　F. 提供相关学习资源

G. 组织信息化教学技能比赛　　H. 其他

2. 您平均多久参加一次信息化教学的相关培训？

A. 3个月　　B. 半年　　C. 一年　　D. 一年以上

3. 您参加的培训受训时间有多长？

A. 1周以内　　B. 1~2周　　C. 2~4周　　D. 一个月以上

4. 您所参加的信息化教学培训班主讲教师有：(多选题)

A. 某学科领域专家　　B. 本校优秀教师

C. 教育行政部门领导　　D. 本校教育技术中心的老师

5. 您参加的培训主要以什么模式进行组织？(多选题)

A. 集中面授模式　　B. 网络培训

C. 面授+网络的混合式培训　　D. 基于项目的培训

6. 您所参加的培训主要采用什么教学方式？(多选题)

A. 小组协作　　B. 案例教学　　C. 任务驱动

D. 一对一辅导　　E. 咨询答疑　　F. 其他

7. 您参加信息化教学能力培训的内容涉及哪些方面？(多选题)

A. 信息化教学理论　　B. 信息化教学过程设计能力

C. 信息化教学方法与策略　　D. 信息化教学资源设计与开发

E. 信息化教学设备实训　　F. 其他______

8. 您觉得所参与的培训对信息化教学能力的提升是否有帮助？

A. 有较大帮助

B. 没有太大帮助(如选此项，请直接回答题11)

9. 参与培训后，您在哪些方面有所提升？(多选题)

A. 信息化教学的意识与观念　　B. 信息化教学理论素养

C. 课程信息化资源建设能力　　D. 设备与工具的操作能力

E. 运用技术开展课程教学的能力

10. 参与培训后，您是否能将所学知识技能运用到实际的教学中？

A. 是,经常运用　　B. 是,偶尔运用

C. 否,不懂得如何运用　　D. 否,所学知识与实际脱节

11. 您认为影响信息化教学能力培训效果的主要原因是什么?(请按影响程度从高到低排序)

A. 自主提升意识不高　　B. 学校缺乏激励措施

C. 效果评价机制不完善　　D. 培训方式不适应

E. 培训内容不实用　　F. 教学任务重,精力有限

G. 其他

12. 您对目前的信息化教学能力相关培训有什么改进的意见或建议?

主题词索引

（词条后页码系该词在书中首次出现的页码）

X

Y

Z

参考文献

中文参考文献

1. 教育信息化建设与应用研究课题组.我国教育信息化建设与应用现状调研与战略研究报告[M].北京:高等教育出版社,2010.
2. 祝智庭,尚春光,郭炯.教育技术与教育创新——绩效评价的理论、系统与实践[M].北京:高等教育出版社,2011.
3. 谢幼如,常亚洁.绩效导向的教育信息化评价模型的构建[J].中国电化教育,2015(1):56-61,92.
4. 梁林梅.教育技术学视野中的绩效技术研究[D].广州:华南师范大学,2004.
5. 何克抗.我国教育信息化理论研究新进展[J].中国电化教育,2011(1):1-19.
6. 王海,解月光,张喜艳等.农村基础教育信息化EEE模型的构建与解析[J].中国电化教育,2013(6):39-44.
7. 殷雅竹,李艺.论教育绩效评价[J].电化教育研究,2002(9):20-24.
8. 张喜艳,解月光,魏俊杰等.教育信息化绩效特征结构解析[J].中国电化教育,2011(8):24-27.
9. 黄琼珍.信息化教学资源绩效评价研究[J].中国教育信息化,2010(5):27-30.
10. 左晓梅.关于信息技术教育应用效益评价方法的研究[J].远程教育杂志,2012(6):18-23.
11. 吕新奎.中国信息化[M].北京:电子工业出版社,2002.
12. 张进宝.从“六要素模型”到“CIPO模型”:教育信息化研究思路的再审视[J].中国电化教育,2008(10):5-9.
13. 李新晖.教育信息化绩效成熟度模型研究[J].电化教育研究,2008(7):23-27.
14. 焦宝聪,赵意焕,董黎明.基于数据包络分析的教育信息化绩效评价模型[J].电化教育研究,2007(4):38-41.
15. 张晓卉,解月光,王海.基于EEE模型的农村基础教育信息化绩效评价体系应用方法研究[J].中国电化教育,2013(1):30-35.

16. 杜娟,王宁.生态视野下基础教育信息化评价模型的构建研究[J].中国电化教育,2014(7):63-69.

17. 成江荣,解月光.农村中小学教育信息化绩效评价指标体系的构建[J].中国电化教育,2011(2):47-52.

18. 李文光,范坤,赵莹.深圳市基础教育信息化建设与应用评价指标体系的探索[J].中国电化教育,2014(1):40-44.

19. 郭伟刚,李亚娟,岑健林等.学校教育信息化绩效评价模型的设计和应用[J].中国电化教育,2010(4):36-40.

20. 岑健林,郭伟刚,杨柱等.佛山地区教育信息化绩效评价的研究和实践[J].中国电化教育,2010(11):32-35.

21. 卢丹,解月光,魏国宁.UNESCO 亚太地区教育信息化绩效指标体系的诠释与启示[J].外国教育研究,2013(5):88-94.

22. 吴砥,尉小荣,卢春等.教育信息化发展指标体系研究[J].开放教育研究,2014(1):92-99.

23. 张喜艳,解月光,高嵩.以人为本:农村基础教育信息化绩效评估的价值取向[J].中国电化教育,2014(12):55-58.

24. 金娣,王刚.教育评价与测量[M].北京:科学教育出版社,2002.

25. 马宁,余胜泉.面向过程的学校信息化建设评价及成熟度模型建构[J].远程教育杂志,2010(1):13-17.

26. 柯清超,郑大伟,曾颖欣等.基础教育领域数字教育资源的评价研究[J].电化教育研究,2014(2):55-61.

27. 杜占元.杜占元副部长在教育管理信息化工作研讨会暨 2012 年全国教育信息中心主任会议上的讲话[J].中国教育信息化,2013(1):3-5.

28. 李克东.数字化学习(上)——信息技术与课程整合的核心[J].电化教育研究, 2001(8): 46-49.

29. 黄荣怀,江新.创新与变革——教育信息化的核心价值[M].北京:科学出版社,2007.

30. 张进宝,张晓英,赵建华等.国际教育信息化发展报告(2013—2014)[M].北京:北京师范大学出版社,2014.

31. 黄荣怀,张进宝,董艳.关于网络教学过程认证标准的研究[J].开放教育研究,2003(5):5-9.

32. 陈斌.构建现代远程教育质量评价内容体系[J].中国电化教育,2007(4):42-45.

33. 黄宇,周少华.现代远程教学质量评价指标体系研究[J].中国电化教育,2006(6):35-37.

34. 丁兴富.远程教育质量保证国际比较研究及其主要结论——“远程教育质量保证及质量评估与认证国际比较研究”成果[J].中国远程教育,2005(2):2.

35. 顾小清,林阳,祝智庭.区域教育信息化效益评估模型构建[J].中国电化教育.2007(5): 23-27.

36. 刘美凤,方圆媛.绩效改进[M].北京:北京大学出版社,2011.

37. 张建伟.中小学教师的教育信息技术绩效标准研究(下)[J].中国电化教育,2003(3):13-17.

38. 孔祯祥,任玲玲,郭旭凌.学校信息化领导力的概念与评价研究[J].电化教育研究,2014(12):34-41.

39. 沈文淮,谢幼如,柯清超等.高校教师教学发展中心促进教师教学能力发展的机制与模式[J].中国电化教育,2012(12):66-70.

40. 郑云翔,谢虎.高校课程信息化教学绩效成熟度模型研究[J].电化教育研究,2014(8):71-77.

英文参考文献

1. Angeli C,Valanides N.Epistemological and methodological issues for the conceptualization,development,and assessment of ICT-TPCK:Advances in technological pedagogical content knowledge (TPCK) [J]. Computers & Education, 2009, 52(1):154-168.

2. Aoki H,Kim J M,Lee W G.Propagation & level:Factors influencing in the ICT composite index at the school level[J].Computers & Education,2013,60(1): 310-324.

3. Bauer K.Trends in electronic content at the Cushing/Whitney Medical library: 1999-2003[J].Journal of electronic resources in medical libraries,2004,1(4): 31-43.

4. Hodgkinson G D.The role and relevance of ines in Canada[J].Comparative and International Education/Éducation Comparée et Internationale,2012,31(2):7.

5. Hung C H. A Study of the learning achievements of e-schoolbag into social studies on elementary students [D]. Pingtung: National Pingtung University of Education,2012.

6. Laurillard D.Modelling benefits-oriented costs for technology enhanced learning

[J].Higher Education,2007,54(1):21-39.

7. Lebas M,Euske K.A conceptual and operational delineation of performance[J]. Business performance measurement:Theory and practice,2002:65-79.

8. McMartin F,Iverson E,Wolf A,et al.The use of online digital resources and educational digital libraries in higher education[J].International Journal on Digital Libraries,2008,9(1):65-79.

9. Nicol D,Coen M.A model for evaluating the institutional costs and benefits of ICT initiatives in teaching and learning in higher education[J].Research in Learning Technology,2003,11(2):46-60.

10. Rodríguez P,Nussbaum M,López X,et al.A monitoring and evaluation scheme for an ICT-supported education program in schools[J].Journal of Educational Technology & Society,2010,13(2):166-179.

11. Schwarz C V,White B Y.Metamodeling knowledge:Developing students' understanding of scientific modeling[J].Cognition and instruction,2005,23(2):165-205.

12. Stolovitch H D,Keeps E J.Handbook of human performance technology(2nd Ed)[M].San Francisco:Jossey-Bass Pfeiffer,1999.

13. Software Engineering Institute.The capability maturity model—guidelines for improving the software process[M].New York:Addison-Wesley Publishing Company,1995.

14. Solar M,Sabattin J,Parada V.A maturity model for assessing the Use of ICT in school education[J].Journal of Educational Technology & Society,2013,16(1):206-218.

15. Svenningsen K.An evaluation model for electronic resources utilizing cost analysis[J].The Bottom Line,1998,11(1):18-23.

16. Tyler R W.Changing concepts of educational evaluation[J].Journal of Education Research,1986,10(1):1-113.

17. Xie Y, Yin R, Chang Y, et al. Current status and solutions towards the construction and sharing of digital educational resources in colleges and universities[C].Educational Innovation through Technology(EITT),2014 International Conference of IEEE,2014.